超低能耗、近零能耗
建筑设计与施工指南

中国建筑科学研究院有限公司
北京构力科技有限公司　组织编写

朱峰磊　张永炜　主　编

中国建筑工业出版社

图书在版编目（CIP）数据

超低能耗、近零能耗建筑设计与施工指南 / 中国建筑科学研究院有限公司，北京构力科技有限公司组织编写；朱峰磊，张永炜主编 . -- 北京：中国建筑工业出版社，2024. 11. -- ISBN 978-7-112-30591-9

Ⅰ . TU201.5-62；TU7-62

中国国家版本馆 CIP 数据核字第 20246SC620 号

备注：文中长度和厚度单位为mm，高度单位为m。

责任编辑：徐仲莉　王砾瑶
责任校对：赵　力

超低能耗、近零能耗建筑设计与施工指南

中国建筑科学研究院有限公司
北京构力科技有限公司　　组织编写
朱峰磊　张永炜　　　　　主　　编
*
中国建筑工业出版社出版、发行（北京海淀三里河路9号）
各地新华书店、建筑书店经销
北京点击世代文化传媒有限公司制版
建工社（河北）印刷有限公司印刷
*
开本：787毫米×1092毫米　1/16　印张：17¾　字数：376千字
2024年11月第一版　2024年11月第一次印刷
定价：**68.00**元
ISBN 978-7-112-30591-9
　　（43797）

本书编写委员会

中建八局科技建设有限公司
上海建工集团股份有限公司
中国电建集团河南省电力勘测设计院有限公司
广东美的暖通设备有限公司
中色科技股份有限公司
四川省公路规划勘察设计研究院有限公司
池州市规划勘测设计总院有限公司
重庆市斯励博工程咨询有限公司
常州市规划设计院

主　　编：朱峰磊　张永炜

副 主 编：倪　欣　崔　静　刘　平　魏铭胜　刘剑涛　何思思
王佳员　康　皓　厉盼盼　姜　立　郭振伟　龙毅湘
王建芳　蒙　飞　尤洛峰

编写委员会：郝　楠　刘平平　孙　明　刘　昊　梁丽华　梁若熙
张佳蕾　杨　焕　樊　洵　杨奕泓　杨　仪　裴尚慧
樊粉玲　潘　程　李　曼　黄腾威　朱珍英　李晓硕
王　沁　罗　斌　李　杏　李柯秀　李晓男　琚佳德
郭子轩　王晨锘　范济农　高　天　范梦兰　陈金亚
李　彤　徐名扬　闻　旻　罗　峥　聂　璐　林　林
林毅隆　王　瑶　王新花　张跃飞　许彩玲　楚仲国
周晓伟　张延斌　周　盼　杜　娟　周　迎　杨　洁
王梦林　程梦雨　撒书培　张丽娜　何军民　吴俊楠
丁佳伟　李晓俊　阳小华　彭德柱　原瑞增　李奇琪
朱淑静　王　龙　蒋列钧　杜欢欢　姜树新　陈定艺
刘根保　易　嘉　刘　谨　王　飞　江　宇　林　波
史光超　慕　晔　张之强　张小刚　马婷婷　沈正昊
王侃翮　唐兆彦　张润良　葛霏斐　贾　珍　苗　亮
谭宏霞　杨　雷　张　梅　颜　艳　陈　力　徐朝前

前　言

随着时代的发展，能源问题已经成为世界关注的焦点问题，节约能源成为当今不可回避的难题。不断降低建筑能耗，提升建筑能效，利用可再生能源，推动建筑迈向超低能耗建筑成为建筑领域的中长期发展目标，也是实现"30·60双碳"目标的关键路径。我国超低能耗建筑的发展，一直是在国家和相关部门的引导下进行的，各种支持鼓励政策的出台，相关标准、指南的颁布，示范项目的广泛建立，都体现了国家在推动超低能耗建筑发展上从宏观到微观的重视。

如今，超低能耗建筑已经在我国遍地开花，超低能耗建筑遵循"被动优先，主动优化"的原则，良好的超低能耗建筑设计极大地降低了建筑的能耗需求。实现超低能耗建筑与每一个设计企业息息相关，掌握超低能耗的技术方案将大大提升企业的核心竞争力。

《超低能耗、近零能耗建筑设计与施工指南》全面介绍了超低能耗和近零能耗建筑的基本概念、相关地方性政策、性能化设计、能效指标等，也会在文末与大家分享超低能耗的实际案例。

本书主要技术内容是：1. 认识超低、近零能耗建筑；2. 超低能耗政策及标准；3. 建筑与围护结构设计；4. 机电系统设计；5. 可再生能源设计；6. 超低能耗施工技术；7. 新产品、新技术；8. 超低能耗案例及增量成本分析；9. 超低能耗建筑评审流程及测评机构。

本书由中国建筑科学研究院有限公司、北京构力科技有限公司联合建设主管部门、协会、设计单位、建造企业、高校、咨询机构、建材设备企业等专家、学者共同撰写。由于笔者水平有限，书中内容难免遗漏，笔者在此热忱地欢迎专家领导、设计同仁批评指正。

目　录

第 1 章

认识超低、近零能耗建筑

随着我国建筑能耗的不断增长，建筑节能成为建筑可持续发展的重要课题。近年来，超低能耗、近零能耗建筑因其高效的节能减排优势，逐渐成为我国建筑节能发展的趋势。为了进一步认识超低能耗、近零能耗建筑，本章首先从用能角度分析建筑节能的重要性，引出超低能耗、近零能耗建筑的概念，然后介绍国内外超低能耗、近零能耗建筑的定义、标准和政策，同时分享国外知名的近零能耗建筑和国内典型的近零能耗建筑示范项目，最后分析我国超低能耗建筑和近零能耗建筑的特点。

1.1　宏观背景

1.1.1　能源与环境问题

改革开放以来，我国经济持续繁荣发展，能源消耗也呈现快速增长的趋势。据中国建筑节能年度发展研究报告统计，我国 2019 年的耗煤量相较于 2009 年增加了 13 亿吨标准煤，但是能源消费弹性系数远高于发达国家，而且能源利用率比发达国家低 10%，因此我国的能源利用率需要进一步提升。

图 1-1 为我国能源消耗总量趋势及组成图，其结果显示我国不仅能源消耗量大，且多以燃烧煤炭为主要能源供应方式。由此带来的系列环境问题，如有害气体粉尘排放量超标、酸雨严重、温室效应等，对环境构成威胁。随着建筑建设面积的快速增长，建筑能耗无疑也将随着时间的增长而迅速增长。预计到 2030 年我国建筑能耗强度将上升到 40%，其中居住建筑能耗占建筑总能耗的 62%。我国为了实现经济和环境健康持续发展，必须重视资源节约和环境保护。

图 1-2 为我国建筑业能源消费总量趋势，其结果显示我国的建筑能源消费总量呈现逐年增长的趋势。分析我国能源消费速率和能源开发速度，发现能源开发量难以长期维持能源消费量。为了应对巨大的建筑能耗压力，保证经济稳健增长，建筑节能无疑是当前以及今后很长一段时间内的重要课题与任务。建筑节能既有利于改进技术、节约能源，又能提升室内环境的舒适度。

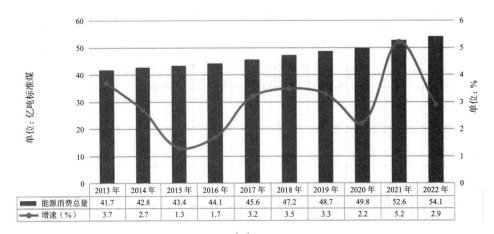

（a）

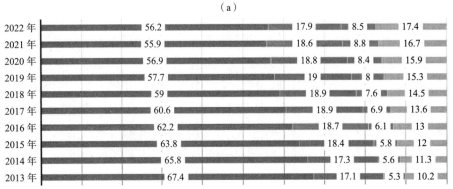

■煤炭 ■石油 ■天然气 ■一次电力及其他　　　　单位：%

（b）

图 1-1　能源消耗总量趋势及组成图

（a）能源消耗总量趋势；（b）能源消耗组成

数据来源：国家统计局

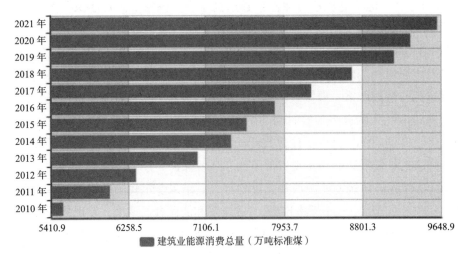

■建筑业能源消费总量（万吨标准煤）

图 1-2　建筑业能源消费总量趋势

数据来源：国家统计局

1.1.2 建筑节能

能源危机以来，节约能源被广泛认为是实现可持续发展的必要举措。建筑能耗约占全球能耗的 30%，并呈现迅速增长的趋势。从建筑部门开始实施建筑节能，这一举措被认为是解决能耗持续增长的有效方案，因此受到广泛关注。从能源利用的角度来看，建筑节能可分为主动节能和被动节能。主动节能包括各种非传统能源收集设备和存储设备，取代了一些传统能源的使用。主动节能的特点是维护管理工作量大，技术复杂，一次性投资成本较高，同时还需要使用一定数量的常规能源。考虑到用户、环境发展与建筑物本身之间的联系，被动节能应运而生。被动节能主要通过保温技术、遮阳设置、通风开孔设计、合理的建筑朝向、外部形状、室内空间、色彩设计、施工措施、建筑材料等技术来节约传统能源的成本。其特点是技术简单、绿色环保，符合全球可持续发展的趋势。建筑节能措施是达到超低能耗、近零能耗建筑设计目的的主要方法之一。

1.1.3 超低、近零能耗建筑

超低能耗、近零能耗建筑由于出色的建筑节能设计理念，以及在减少碳排放和提高建筑能效方面的成功应用，被广泛认为是一种有效解决建筑行业带来的环境和能源问题的方案。一般来说，近零能耗建筑由两种节能策略组成：通过节能措施来最大限度地降低能源需求（被动设计），使用可再生能源利用技术和其他技术来满足能源需求（主动设计）。一种是被动策略，包括遮阳、保温隔热、气密性设计、自然通风、采光以及高性能门窗，可以最大限度地减少近零能耗建筑的能源需求。另一种是主动策略，即使用可再生能源和一些高效主动技术，主要包括高效照明、节能电器和新风热回收系统等。

下一阶段，我国的建筑节能发展过程可分为三个阶段：超低能耗、近零能耗和零能耗，根据我国的实际情况，实现"零能耗"建筑非常具有挑战性，近零能耗建筑是现阶段目标。但是，随着我国建筑节能技术和产品的快速发展，零能耗建筑有望在将来实现。因此，近零能耗建筑是现阶段我国建筑节能主要的发展目标。2019年我国正式出台了《近零能耗建筑技术标准》GB/T 51350—2019，首次定义了超低能耗建筑、近零能耗建筑、零能耗建筑的概念，并规定了能效指标的范围，如表 1-1 所示。

《近零能耗建筑技术标准》GB/T 51350—2019 居住建筑能效指标　　　表 1-1

建筑能耗综合值		≤ 55[kWh/（m²·a）] 或 ≤ 6.8[kgce/（m²·a）]				
建筑本体性能指标	供暖年耗热量[kWh/（m²·a）]	严寒地区	寒冷地区	夏热冬冷地区	温和地区	夏热冬暖地区
		≤ 18	≤ 15	≤ 8		≤ 5

续表

建筑本体性能指标	供冷年耗冷量 [kWh/ (m² · a)]	$\leq 3+1.5 \times WDH_{20}+2.0 \times DDH_{28}$	
	建筑气密性 (换气次数 N_{50})	≤ 0.6	≤ 1.0
可再生能源利用率		$\geq 10\%$	

资料来源：中华人民共和国住房和城乡建设部 . 近零能耗建筑技术标准 GB/T 51350—2019 [S].2019.

1.2　超低、近零能耗建筑在国内外及欧盟发展现状

1.2.1　超低、近零能耗建筑定义、政策及标准

尽管国内外不同国家对超低能耗、近零能耗有不同的衡量和定义标准，但它们的共同点在于均倡导被动式设计理念，并强调利用可再生能源来满足能源需求，同时衡量和定义上的差异导致各国政策标准的不同要求。以下列举一些国内外政策及标准。

1. 德国

德国被动房标准是最严格的建筑能效标准之一，它可以满足欧洲国家制定的一系列高能效要求，被认为是到 2050 年转向低碳经济的关键战略。表 1-2 为德国被动房标准的主要性能指标要求。德国被动房的概念是基于高性能的保温隔热、良好的气密性和有组织的通风，同时将能源需求降至最低。被动房提供了一个健康、舒适的生活环境，其中要求有严格的气密性和受控制的通风能防雾霾、隔声降噪等。被动式建筑的优势不仅体现在对业主的健康上，还体现在建筑质量的提高，让建筑物更加适应当地环境。同时减少了对外界能源的依靠，因此降低了建筑全生命周期的运行费用。随着被动房的进一步发展，人们发现将太阳能光热光电系统与能量存储技术相结合，能实现被动房零能耗。

德国被动房标准　　　　　　　　　　　　　表 1-2

供暖需求 [kWh/ (m² · a)]	制冷及除湿需求 [kWh/ (m² · a)]	一次能源需求 [kWh/ (m² · a)]
≤ 15	$\leq 15+$ 除湿部分	60

2. 美国

美国"净零能耗建筑"（Net Zero Energy Building）是指在满足热舒适性的前提下，每年一次能源消耗总量小于或等于可再生能源系统总发电量的建筑。美国能源部也对"净零能耗建筑"做出了解释：它是一座节能建筑，在能源来源上，实际每年交付的能源小于或等于现场可再生出口能源。其具体技术路线为，通过提升建筑自身的能效（包括主动式设计以及高效的设备等），以及产生或购买清洁可再生能

源（净零能耗和净零碳）。

为了实现建筑零能耗，美国设定了建筑能耗目标，针对学校和办公建筑发布了两份能源设计指南，对不同气候区域的建筑设定了具体的能源使用目标。目前，美国商业和住宅建筑的节能标准分别为《ASHRAE 标准 90.1》（商业建筑和高层居住建筑能效标准）和《IECC-2021》（美国国家节能规范），它们由国家组织发布，具有强制性，其中包括对设计方法的详细描述和对设计师的指导。

3. 欧盟

欧盟认为，近零能耗建筑（Nearly Zero Energy Building）是一种能源利用率高，所需外部能量接近零或非常低，主要是由可再生能源（包括现场或附近生产的可再生能源）覆盖的建筑。为了实现零碳的目标，《建筑能源性能指令》提出了关键性要求：所有的可再生能源发电设备必须设在项目所在地，或者直接接入项目；必须按照使用能耗大小，安装等量的可再生能源发电设施；热损失系数低于 0.8W/（m²·K）；按照燃料和电力节约的方法，计算目标排放率。

欧盟要求每个成员国必须制定与近零能耗建筑相关的具体条例，其中包括建筑主要能源使用的具体值。大多数成员国已阐明了近零能耗建筑允许的最大一次能源消耗值。2020 年开始，欧盟跟踪其成员国的近零能耗建筑市场的成熟度，总共涉及 10 个评估指标，并且可以加权方式汇总执行。该评估工具可以直观地了解整个欧盟的近零能耗建筑市场。

4. 韩国

在《应对气候变化的零能源建设行动计划》中，韩国提出了零能耗建筑的设计方法，并定义零能耗建筑为能够最大限度地提高建筑保温性能、最大限度地降低能耗并采用可再生能源实现能源自给的建筑。2017 年，韩国国家能源规划和零能耗建筑认证部门提出了建筑节能目标，计划到 2025 年，新建建筑实现零能耗。

5. 日本

日本正式颁布了"2011 年节能技术战略"，目标是通过改善建筑围护结构，采用高效节能设备，逐步将建筑能耗和碳排放量降至零。其中指出，到 2020 年新建的公共建筑和标准住房将实现零能耗建筑。到 2030 年，新建成的建筑和房屋将实现零能耗建筑。

6. 中国

超低能耗、近零能耗建筑是解决当前能源和环境问题的可行途径。超低能耗、近零能耗建筑将成为中国房地产市场的下一个发展方向。自 2010 年以来，在先进建筑节能技术和有效节能减排的推动下，近零能耗建筑作为高效的节能建筑而受到广泛关注。在明确出台的国家政策和试点示范效应的推动下，一些地方政府也相继出台了近零能耗建筑设计标准或技术导则，并补充了一系列激励措施。目前近零能耗建筑的市场尽管有限，但其将会随着技术路线的清晰化而蓬勃发展。

图 1-3 为中国近零能耗建筑试点项目面积，结果显示：我国的近零能耗建筑面

积呈现逐年递增的趋势。2016 年建筑面积仅比 2015 年增长 50%，在政府明确提供财政补贴后，2018 年建筑面积比 2017 年增长了 60%。2017 年，我国的近零能耗建筑面积近 $2 \times 10^6 \mathrm{m}^2$，而 2020 年较 2017 年近零能耗建筑面积增长近 5 倍，与其相关产业值达到近 1000 亿元。虽然近零能耗建筑项目数量逐年快速增长，但项目总量远低于欧洲国家，主要原因是我国的近零能耗建筑项目起步较晚。在未来，我国建筑业将进入超低能耗时代，我国近零能耗建筑的数量将保持快速增长的态势。

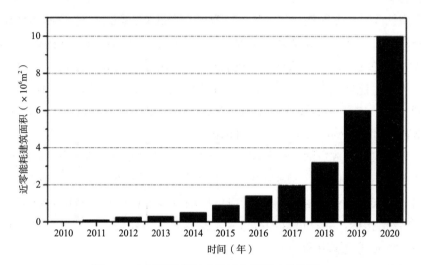

图 1-3　中国近零能耗建筑试点项目建筑面积

1.2.2　超低、近零能耗建筑实践

从 20 世纪 70 年代初超低能耗、近零能耗建筑概念的萌芽到今天的整合和推进阶段，一些国家和联盟提出了近零能耗建筑的发展目标，并开始在政策和经济上支持近零能耗建筑的发展。在能源战略的推动下，国外近零能耗建筑得到快速发展，建设了许多近零能耗建筑和社区。

英国的贝丁顿零碳社区（BedZED）（图 1-4），利用产居一体的设计：住宅区向南，以便白天吸收热量；工作间靠北，以减少白天办公区过多热气，降低冷负荷。BedZED 在建造过程中就地取材和大量使用回收钢材，既节省了运输能耗，又降低了成本。建筑师通过墙体保温、窗户保温、绿色屋顶和新风热回收等减少建筑热量损失，实现了非传统供暖的目标。另外，BedZED 采用热电联产系统，以当地木材废弃物为燃料，为社区居民提供生活用电和热水，进而实现零碳的目标。

Ekihouse 是巴斯克大学为 2012 年西班牙马德里太阳能十项全能竞赛设计和开发的工业化太阳能住宅原型（图 1-5）。建筑的设计策略主要是太阳能技术和被动式设计的充分结合，以实现能源自给自足，为居住者提供高品质的生活。Ekihouse 的光伏屋顶（10kWp）既能够保护南向外墙不受太阳辐射的直接影响，减少建筑内部的过热问题，每年又能产生 8313kWh 的电量，减少 2800kg 二氧化碳的排放。在极端条件下，当被动式策略无法满足需求时，可通过住宅安装的通风和空调系统实现 90% 的能量回收。此外，室外的蒸发冷却系统能够降低室内环境温度达 4℃，还安装了雨水和灰水处理净化系统。

图 1-4　贝丁顿零碳社区

图 1-5　Ekihouse 太阳能住宅原型

KPH 住宅是韩国在德国被动房的基础上开发的，以提供更好的热舒适度和更佳的节能效果的经济适用房作为研究目标。KPH 住宅的设计要素主要包括气候的适应性、紧凑的外形、良好的隔热性能、高气密性、节能窗、外部遮阳装置和热回收通风。KPH 样板房在建筑的南面开了大窗户，在冬季能够吸收太阳辐射，为建筑增温，减少供暖需求，可以使房屋的热舒适度更高，日落后采用三层玻璃窗加保温罩，以维持建筑物内的热量稳定。安装外遮阳和百叶窗可以减少夏季过热。样板房的尺寸在 100～135m²，每平方米成本从 1500 美元到 1800 美元不等。KPH 住宅的目标是将单户住宅的市场成本降下来，以创造人们未来能负担得起的净零住宅。

河北省秦皇岛"在水一方"的被动房项目是中国第一个认证的被动式超低能耗居住建筑。其中 C15 是一个高层住宅建筑，地上 18 层，地下 1 层，总建筑面积 6718m²，体形系数 0.3，每层层高 3m，楼高 84.2m，如图 1-6 所示。建筑采用外墙外保温形式，围护结构热工参数如下：屋面传热系数 [0.11W/（m²·K）]，外墙传热系数 [0.14W/（m²·K）]，窗墙面积比（北 0.26、东 0.02、南 0.71、西 0.02）、窗框传热系数 [0.59W/（m²·K）]、玻璃传热系数 [0.7W/（m²·K）] 等。建筑空调系统采用带热回收的新风热泵一体机，其中热回收效率大于 75%。每个住户阳台护栏上都装有分户式太阳能热水系统以提供生活热水，配备容积为 80L 的热水储罐，以电作为辅助热源，每人每天洗澡的热水量（60℃）取 16L，用于其他目的的取 9L，则有效的生活热水量为 25L/ 天 / 人。

随着中国建筑节能技术的发展，近零能耗建筑案例逐渐增多。这些建筑大多为低层办公楼或独立式住宅，一般可分为两类：近零能耗示范项目和近零能耗房地产项目。表 1-3 列出了中国一些典型的近零能耗示范项目和房地产项目，它们是中国近零能耗建筑的试点探索。这些项目的成功实施，为中国近零能耗建筑的发展奠定了坚实的基础，为将来推广近零能耗建筑提供了宝贵的指导。目前，中国一些发达的城市，如北京、上海、广州和深圳等，已经开始探索近零能耗建筑和社区的设计方法和相关技术。

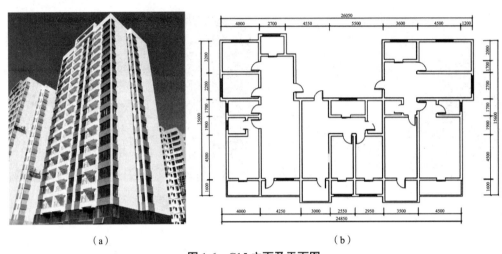

（a）   （b）

图1-6   C15 立面及平面图

（a）C15 立面图；（b）C15 平面图

中国典型近零能耗建筑项目（部分）   表1-3

项目名	类型	地点	项目信息	节能效果
南京锋尚国际公寓	房地产	南京	建筑面积53290m²，总建筑面积75000m²	每年节省132万度电
上海世博会汉堡之家	示范	上海	总建筑面积3001m²，5层，地上4层，面积2217m²，地下1层，面积784m²	世博会184天的总能耗为66.9kWh/m²，节能率为60%
宁波诺丁汉大学可持续能源技术研究中心大楼	示范	宁波	建筑面积1556.3m²，建筑面积3878m²，地上5层，面积705m²，地下1层，面积851.3m²，主要包括办公室、实验室和会议室	从理论上讲，在运行过程中可以减少至少60%的能耗
广州珠江城市大厦	示范	广州	建筑面积210000m²，地下5层，地上71层，高309.6m，是超高层建筑	年耗电量40kWh/m²，平均能耗为北京市同类建筑的30%，夏季空调耗电量为普通建筑的10%
清华大学超低能耗示范楼	示范	北京	占地面积560m²，总建筑面积3000m²，楼高5层，地上4层，地下1层，包括办公室、实验室及相关辅助室	节能约45%，并使用可再生能源发电以在未来50年内将碳排放量减少7100t
香港"零碳世界"	示范	香港	占地面积14700m²，建筑面积约5000m²，地上2层，地下1层	节能65%，节水50%，绿色建材使用率100%
绿色魔法学校	示范	台湾	占地面积4800m²，建筑面积3054m²，地上3层，地下1层	节能65%，节水50%，绿色建材使用率100%

续表

项目名	类型	地点	项目信息	节能效果
中新天津生态城	房地产	天津	占地面积 543m², 建筑面积 1245.7m², 地上 3 层, 面积 953.2m², 地下 1 层, 面积 292.5m²	空调能耗为 32.72kWh/(m²·a), 总能耗为 47.16kWh/(m²·a), 节能 60%
尚德太阳能发电有限公司研发大楼	房地产	无锡	建筑面积 16000m², 其中包括研发大楼 (7 层) 和娱乐大楼 (3 层)	每年的净发电量为 110 万度, 占建筑电能需求的 80% 以上

通过对比国内外的实践项目发现：中国近零能耗建筑技术标准发布较晚，国内大多数近零能耗建筑行业的技术创新、新材料和设备的研发不足，新技术的应用仍沿用国外标准或指南；近零能耗建筑的推广规模很小，并且对近零能耗示范项目的政策支持不足，导致近零能耗建筑的社会影响极小；我国大多数政府法规都是强制性的，缺乏刺激和鼓励近零能耗建筑发展的指导性政策。因此，在未来大力发展近零能耗建筑，需要解决的问题有：基础理论、定义、指标体系；设计、施工工艺、性能检测；被动式部品和主动式设备；可再生能源一体化；用户端的控制与调试技术，如图 1-7 所示。

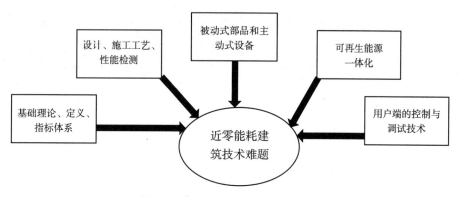

图 1-7 中国近零能耗建筑技术难题

1.3 超低能耗建筑、近零能耗建筑、零能耗建筑与传统住宅建筑的区别

1.3.1 超低能耗建筑与住宅建筑的不同

适应气候特征和场地条件，通过被动式建筑设计最大限度地降低建筑供暖、空调、照明需求，通过主动技术措施最大限度地提高能源设备与系统效率，充分利用可再生能源，以最少的能源消耗提供舒适室内环境，且其室内环境参数和能效指标符合《近零能耗建筑技术标准》GB/T 51350—2019 规定的建筑被称为超低能耗建筑。

其中，节能是超低能耗建筑的核心理念，相比常规建筑，超低能耗建筑有着超高的密封性能，使得其对温度的控制得到极大的提升，足以营造一个"冬暖夏凉"的室内空间。根据地域不同，最多可减少室内60%能源消耗，普通建筑的湿度容易受到外界环境的影响，较难稳定在舒适范围。相比之下，超低能耗建筑通过提高建筑外围护结构的质量和标准，能够保证房间全年都处于舒适的湿度范围内，供暖和空调的电量需求相比普通建筑大幅度降低，不仅能让房间维持在20～26℃的舒适温度，还减少了住户的电费。新风系统能够将新鲜空气送入室内，同时将室内污浊空气排出。目前普通建筑很少存在新风装置，如果不开窗，房间内的空气可能会很快变得浑浊，而超低能耗建筑有很大的换气量，不需要开窗就可以享受室内新鲜空气。一般超低能耗建筑的外墙厚度要大于普通建筑，因此能够有效隔绝室外噪声的影响。外窗普遍采用三玻两腔的玻璃和断热型材，可以显著降低室外噪声。

1.3.2　超低能耗、近零能耗和零能耗建筑的区别

住房和城乡建设部于2019年9月开始实施的《近零能耗建筑技术标准》GB/T 51350—2019（图1-8），基本已经从政策方面给出超低能耗建筑、近零能耗建筑和零能耗建筑三者的区别和不同指标要求。

图1-8　住房和城乡建设部关于《近零能耗建筑技术标准》的发布通告

1.3.2.1　近零能耗建筑

从定性角度来说，适应气候特征和自然条件，通过被动式技术手段，最大限度

地降低建筑供暖供冷需求，最大限度地提高能源设备与系统效率，利用可再生能源，优化能源系统运行，以最少的能源消耗提供舒适室内环境，其建筑能耗水平应较相关国家标准和行业标准降低 60%～75%。在国家现行标准下，近零能耗建筑需要满足能耗及气密性两项约束性指标。

"近零能耗建筑"（Nearly Zero Energy Building）一词源于欧盟，取自欧盟于2010 年 7 月 9 日发布的《建筑能效指令》，要求各成员国确保自 2018 年 12 月 31 日起，所有政府持有或使用的新建建筑达到"近零能耗建筑"要求；自 2020 年 12 月31 日起，所有新建建筑达到"近零能耗建筑"要求。

近零能耗建筑可通过节能设计和高效运行，使室内环境更加适合人们生活与居住，同时将能耗强度大幅度降低，让夏热冬暖和夏热冬冷地区的建筑节能效用达到75% 以上，公共建筑节能达到 60% 以上。

根据《近零能耗建筑技术标准》GB/T 51350—2019 的定义，室内环境参数和能效指标符合《近零能耗建筑技术标准》GB/T 51350—2019 规定的建筑，其建筑能耗水平应较国家标准《公共建筑节能设计标准》GB 50189—2015 和行业标准《严寒和寒冷地区居住建筑节能设计标准》JGJ 26—2010、《夏热冬冷地区居住建筑节能设计标准》JGJ 134—2010、《夏热冬暖地区居住建筑节能设计标准》JGJ 75—2012降低 60%～75%。

1.3.2.2　超低能耗建筑

超低能耗建筑是以适应气候特征和自然条件，通过被动式技术手段，大幅度降低建筑供暖供冷需求，提高能源设备与系统效率，以更少的能源消耗提供舒适室内环境的建筑。

根据《近零能耗建筑技术标准》GB/T 51350—2019 的定义，超低能耗建筑是近零能耗建筑的初级表现形式，其室内环境参数与近零能耗建筑相同，能效指标略低于近零能耗建筑，其建筑能耗水平应较国家标准《公共建筑节能设计标准》GB50189—2015 和行业标准《严寒和寒冷地区居住建筑节能设计标准》JGJ 26—2010、《夏热冬冷地区居住建筑节能设计标准》JGJ 134—2010、《夏热冬暖地区居住建筑节能设计标准》JGJ 75—2012 降低 50% 以上。

1.3.2.3　零能耗建筑

根据《近零能耗建筑技术标准》GB/T 51350—2019 的定义，零能耗建筑能是近零能耗建筑的高级表现形式，其室内环境参数与近零能耗建筑相同，充分利用建筑本体和周边的可再生能源资源，使可再生能源年产能大于或等于建筑全年全部用能的建筑。

适应气候特征和自然条件，通过被动式技术手段，最大限度地降低建筑供暖供冷需求，最大限度地提高能源设备与系统效率，充分利用建筑物本体及周边或外购的可再生能源，使可再生能源全年供能大于或等于建筑物全年全部用能的建筑。"零能耗建筑"（Zero Energy Building）一词源于美国。美国能源部建筑技术项目在

《建筑技术项目 2008—2012 年规划》中提出，建筑节能发展的战略目标是使"零能耗住宅"（Zero Energy Home）在 2020 年达到市场可行，使"零能耗建筑"（Zero Energy Building）在 2025 年可商业化。

"零能耗住宅"是指通过与可再生能源发电发热系统连接，建筑物每年产生的能量与消耗的能量达到平衡的低层居住建筑。"零能耗建筑"既包括"零能耗住宅"，又包括中高层居住建筑和公共建筑，其技术路线为使用更加高效的建筑围护结构、建筑能源系统和家用电器，使建筑物的全年能耗降低为目前的 25%～30%，由可再生能源对其供能，达到全年用能平衡。美国对"零能耗建筑"这一名词的使用，也经过多次变更，先后使用过"Zero Net Energy Building""Net Zero Energy Building"等词语。最终，2015 年 9 月美国能源部发布零能耗建筑（Zero Energy Building）官方定义：以一次能源为衡量单位，其全年能源消耗小于或等于建筑物本体和附近的可再生能源产生能源的节能建筑。

在实际应用中，有些建筑虽使用了综合手段降低建筑物能耗，但依然难以仅使用建筑物本体及附近的可再生能源平衡能源消耗达到零能耗，而需要通过外购部分绿电实现零能耗。因此，亦可在建筑物本身能效很高且建筑物表皮及附近可再生能源得到充分利用的前提下，通过外购可再生能源达到零能耗。

第2章

超低能耗政策及标准

结合超低能耗、近零能耗建筑发展的背景，本章首先详述了超低、近零能耗建筑发展的基础、目标以及重点任务。其次，介绍了全国各省、市、地区对于超低能耗的补贴政策，国家对于推行超低能耗、近零能耗建筑的力度可见一斑。最后，本章罗列了超低能耗、近零能耗建筑的相关标准体系，以及全国各个地区施行超低能耗、近零能耗建筑项目，可快速了解地方的政策指标和标准规范。

2.1 超低能耗市场政策要求

2.1.1 发展基础

"十三五"期间，我国建筑节能与绿色建筑发展取得重大进展。绿色建筑实现跨越式发展，法规标准不断完善，标识认定管理逐步规范，建设规模增长迅速。城镇新建建筑节能标准进一步提高，超低能耗建筑建设规模持续增长，近零能耗建筑实现零的突破。公共建筑能效提升持续推进，重点城市建设取得新进展，合同能源管理等市场化机制建设取得初步成效。

既有居住建筑节能改造稳步实施，农房节能改造研究不断深入。可再生能源应用规模持续扩大，太阳能光伏装机容量不断提升，可再生能源替代率逐步提高。装配式建筑快速发展，政策不断完善，示范城市和产业基地带动作用明显。绿色建材评价认证和推广应用稳步推进，政府采购支持绿色建筑和绿色建材应用试点持续深化。

2.1.2 发展目标

依据《中华人民共和国国民经济和社会发展第十四个五年规划和2035年远景目标纲要》《中共中央 国务院关于完整准确全面贯彻新发展理念做好碳达峰碳中和工作的意见》《中共中央办公厅 国务院办公厅关于推动城乡建设绿色发展的意见》等文件，到2025年，完成既有建筑节能改造面积3.5亿平方米以上，建设超低能耗、近零能耗建筑 0.5 亿平方米以上，装配式建筑占当年城镇新建建筑的比例达到 30%，全国新增建筑太阳能光伏装机容量 0.5 亿千瓦以上，地热能建筑应用面积 1 亿平方米以上，城镇建筑可再生能源替代率达到 8%，建筑能耗中电力消费比例超过 55%。

2.1.3　重点任务

以《建筑节能与可再生能源利用通用规范》GB 55015—2021 确定的节能指标要求为基线，启动实施我国新建民用建筑能效"小步快跑"提升计划，分阶段、分类型、分气候区提高城镇新建民用建筑节能强制性标准，重点提高建筑门窗等关键部件节能性能要求，推广地区适应性强、防火等级高、保温隔热性能好的建筑保温隔热系统。推动政府投资公益性建筑和大型公共建筑提高节能标准，严格管控高耗能公共建筑建设。引导京津冀、长三角等重点区域制定更高水平节能标准，开展超低能耗建筑规模化建设，推动零碳建筑、零碳社区建设试点。在其他地区开展超低能耗建筑、近零能耗建筑、零碳建筑建设示范。推动农房和农村公共建筑执行有关标准，推广适宜节能技术，建成一批超低能耗农房试点示范项目，提升农村建筑能源利用效率，改善室内热舒适环境。

2.2　超低能耗补贴政策

2.2.1　北京市

1. 2023 年 6 月颁布的《北京市建筑绿色发展奖励资金示范项目管理实施细则（试行）》

超低能耗建筑按照实施建筑面积给予每平方米不超过 200 元的市级奖励资金，单个示范项目最高奖励不超过 600 万元。

2.《北京经济技术开发区 2021 年度绿色发展资金支持政策》

为了通过示范项目的引领作用，推动开发区内超低能耗建筑、近零能耗建筑的规模化发展，对评为超低能耗建筑、近零能耗建筑的项目给予 100 元 /m² 的区级配套奖励，单个项目奖励金额不超过 500 万元。在项目确认为北京市超低能耗建筑示范项目，且建成并通过北京市组织的专项验收后拨付奖励资金。

2.2.2　上海市

1. 2020 年印发的《上海市建筑节能和绿色建筑示范项目专项扶持办法》

提出了超低能耗示范项目，达到《上海市超低能耗建筑技术导则（试行）》要求，可以获得每平方米补贴 300 元。

2. 2020 年印发的《关于推进本市超低能耗建筑发展的实施意见》

超低能耗建筑项目符合本市相关技术要求并经审核通过的，其外墙面积可不计入容积率，但其建筑面积最高不应超过总计容建筑面积的 3%；采用外墙保温一体化（仅采用内保温一体化的除外）的建筑项目符合本市相关技术要求并经审核通过的，其外墙保温层面积可不计入容积率，但其建筑面积最高不应超过总计容建筑面积的 1%。

3.《上海市超低能耗建筑行动计划（2023—2025）》

提出下一步通过 3 年的努力，再新增落实 600 万平方米超低能耗建筑，推动关键技术创新和重点产业发展，着力构建"中心引领、新城发力、重点突出"的超低能耗建筑发展空间格局。

4. 上海市住房和城乡建设管理委员会印发的《2024 年各区和相关委托管理单位推进建筑领域绿色低碳发展工作任务分解目标》（表 2-1）

大力推进新建建筑低碳发展，严格执行国家建筑节能强制性标准和本市建筑能耗限额设计标准。进一步推进超低能耗建筑规模化发展，各区和新片区管委会至少各落实 1 个超低能耗建筑项目。加强超低能耗建筑项目建设全过程的监督管理。积极开展超低能耗、零碳建筑创新示范。

关于上海市推进超低能耗建筑发展的工作任务分解目标　　　　　表 2-1

单位	超低能耗建筑试点项目（个）	以下区域完成超低能耗集中示范区选址
浦东新区	1	—
黄浦区	1	—
徐汇区	1	—
长宁区	1	—
静安区	1	—
普陀区	1	—
虹口区	1	—
杨浦区	1	—
宝山区	1	—
闵行区	1	—
嘉定区	1	嘉定新城
金山区	1	—
松江区	1	松江新城
青浦区	1	青浦新城、长三角一体化示范区
奉贤区	1	奉贤新城
崇明区	1	崇明生态岛
虹桥管委会	—	—
新片区管委会	1	南汇新城
自贸区管委会	—	—
度假区管委会	—	—

单位	超低能耗建筑试点项目（个）	以下区域完成超低能耗集中示范区选址
长兴岛管委会	—	—
合计	17	7

2.2.3 天津市

2021 年天津市发布的《天津经济技术开发区促进绿色发展暂行办法》中，鼓励企业建设被动式超低能耗建筑示范项目。被动式超低能耗建筑示范项目 150 元 /m²，单个示范项目补贴总额不超过 150 万元。

2.2.4 重庆市

2022 年重庆市发布的《重庆市绿色低碳建筑示范项目和资金管理办法》（渝建绿建〔2022〕17 号）：

申报近零能耗建筑示范的项目，应为本市行政区域内新建、改建、扩建的公共建筑或居住建筑，建筑面积不小于 2000m²，由建设单位或业主单位向市住房城乡建设委提出申请。

对申请补助的零能耗建筑、近零能耗建筑、超低能耗建筑示范项目按示范面积分别给予 200 元 /m²、120 元 /m²、80 元 /m² 的补助资金。单个示范项目补助资金总额，分别不得超过 400 万元、240 万元、160 万元。

2.2.5 河北省

1. 河北省

《关于支持被动式超低能耗建筑产业发展若干政策》：

其地上建筑面积 9% 以内给予奖励，奖励的建筑面积不计入项目容积率核算。

被动式超低能耗建筑在办理商品房价格备案时，指导价格可适当上浮，比例不超过 30%（责任单位：省发展改革委，各市政府，雄安新区管委会）。

2. 石家庄市

《石家庄市建筑节能补助专项资金管理办法》：

2020 年底前开工建设的（以取得《建筑工程施工许可证》时间为准，下同），补助标准按《石家庄市人民政府关于加快推进被动式超低能耗建筑发展的实施意见》（石政规〔2018〕3 号）文件执行；2021 年 1 月 1 日以后开工建设的，每平方米被动区域面积补助 50 元，单个项目不超过 100 万元。

3. 衡水市

《关于加快推进被动式超低能耗建筑发展的实施意见》：

按其地上建筑面积的 9% 给予奖励，奖励的建筑面积不计入项目容积率核算。

对单个项目（以立项批准文件为准）建筑面积不低于 2 万平方米的被动式超低

能耗建筑示范项目给予资金补助。补助标准在目前的每平方米不超过 400 元的基础上，随着技术提高、成本降低、规模扩大，逐步降低补助标准至每平方米不超过 200 元。

4. 廊坊市

《关于加快推进绿色建筑产业发展的若干意见》：

对采用被动式超低能耗建筑方式建设的项目和采用装配式建筑方式建设的商品房项目，分别按其地上建筑面积 9% 和 3% 给予奖励，奖励的建筑面积不计入项目容积率核算，奖励政策纳入规划条件。

5. 张家口市

依据《张家口市装配式建筑和被动式超低能耗项目建筑面积及财政奖励实施细则》对新开工建设的装配式或被动式超低能耗建筑商品房建设项目（含农房），由项目所在地政府财政予以 100 元 /m² 资金补贴，单个项目不超过 300 万元。

6. 定州市

《关于进一步推进装配式和被动式超低能耗建筑发展若干政策的通知》：

对于采用被动式超低能耗建筑方式建设的项目，因墙体保温等技术增加的建筑面积，按其地上建筑面积的 9% 以内给予奖励，奖励的建筑面积不计入项目容积率。

2.2.6　浙江省

1. 台州市

《台州市人民政府办公室关于进一步支持建筑业做优做强的实施意见》：

采用超低（近零）能耗的商品房项目，不超过建设超低（近零）能耗的地上建筑面积的 4% 可不计入成交地块的容积率核算（责任单位：市住房和城乡建设局、市发展改革委、市自然资源和规划局）。

2. 绍兴市

《绍兴市人民政府办公室关于印发促进建筑业高质量发展若干政策的通知》：

对所建项目当年获评国家零碳建筑、近零能耗建筑、超低能耗建筑认证的建设单位，按照实施面积分别给予每平方米 100 元（单个项目奖励最多不超过 200 万元）、80 元（单个项目奖励最多不超过 150 万元）和 60 元（单个项目奖励最多不超过 100 万元）奖励，且不超过建安费用的 5%（本条款不与绿色建筑奖励重复奖励）。

2.2.7　广东省

1. 广州市

《广州市绿色建筑和建筑节能管理规定》：

第十九条　（三）超低能耗建筑、近零能耗建筑和零能耗建筑的外墙面积可以按照不超过总计容建筑面积 3% 的比例不计入容积率核算。

2. 深圳市

《关于支持建筑领域绿色低碳发展若干措施》：

建筑面积每平方米资助 150 元，单个项目资助金额上限为 500 万元，且不超过项目建安工程费用的 5%。

3. 惠州市

《惠州市城乡建设领域绿色循环发展与节能降耗专项资金申报指南（征求意见稿）》《惠州市城乡建设领域绿色循环发展与节能降耗专项资金管理办法（试行）》：

支持标准：按建筑面积，每平方米支持 150 元，单个项目支持上限为 150 万元。支持金额均不超过申请项目建安费用的 4%。

2.2.8 江苏省

南京市：

《南京市绿色建筑示范项目管理办法》：

2021 年南京市城乡建设委员会同市财政局，修订印发了《南京市绿色建筑示范项目管理办法》，增加超低能耗建筑示范类型，对超低能耗、近零能耗、零能耗建筑分别给予 30 元 /m²、80 元 /m²、100 元 /m² 的补助资金。

2.2.9 湖北省

1. 武汉市

武汉市城乡建设局关于印发《武汉市省级建筑节能以奖代补资金使用管理办法》的通知：

武汉市省级建筑节能以奖代补资金使用管理办法中，超低能耗建筑示范，按 100 元 /m² 补助，最高限额 100 万元；近零能耗建筑项目，按 200 元 /m² 奖励，项目最高奖励限额 300 万元。

2. 石首市

《石首市人民政府办公室关于推进被动式超低能耗建筑发展的实施意见（试行）》：

容积率支持。符合被动房建筑标准建设的居住建筑，因墙体保温技术增加的外墙外保温层、墙面抹灰和装饰面等均不计算建筑面积，不计入容积率核算范围。

2.2.10 四川省

成都市发布《成都市优化空间结构促进城市绿色低碳发展政策措施》，对符合超低能耗建筑标准的示范项目给予最高不超过 300 万元补贴。

2.2.11 安徽省

1. 合肥市

《合肥市促进经济发展若干政策》：

对新建民用建筑达到超低能耗建筑、近零能耗建筑、三星级绿色建筑标准的，分档给予最高 300 万元奖励。

2. 蚌埠市

《蚌埠市推进超低能耗建筑试点城市建设实施方案》：

新建、改扩建达到超低能耗建筑标准，通过近零能耗建筑测评机构评审的，给予最高不超过 150 元 /m² 奖补，单个项目奖补最高不超过 400 万元。

2.2.12 黑龙江省

黑龙江省发布的《关于支持超低能耗建筑产业发展的若干措施》：

实施容积率奖励。在办理规划审批（或验收）时，对于采用超低能耗建筑方式建设的项目，因墙体保温等技术增加的建筑面积，按其地上建筑面积 10% 以内给予奖励，奖励的建筑面积不计入项目容积率核算，具体奖励面积比例由各市（地）政府确定。

加大资金扶持。设立省级发展超低能耗建筑专项资金，对超低能耗建筑示范项目给予资金补助。对新建建筑按建筑面积每平方米补助最高 600 元。

2.2.13 宁夏回族自治区

宁夏回族自治区发布的《宁夏城乡建设低碳示范项目资金管理办法》：

对符合超低能耗建筑项目，奖励标准为 600 元 /m²，单一项目奖补资金最多不超过 300 万元；近零能耗建筑示范的项目，奖励标准为 800 元 /m²，单一项目奖补资金最多不超过 400 万元；零能耗建筑项目奖励标准为 1000 元 /m²，单一项目奖补资金最多不超过 500 万元；近零能耗农村住宅项目，奖励标准为 600 元 /m²，单一项目奖补资金最高不超过 8 万元。

2.3 超低能耗、近零能耗建筑相关标准体系

现行国家超低能耗及近零能耗标准如表 2-2 所示。

现行国家超低能耗及近零能耗标准　　　　表 2-2

序号	标准	编号	适用区域
1	《近零能耗建筑技术标准》	GB/T 51350—2019	全国

现行严寒和寒冷地区超低能耗及近零能耗标准、导则如表2-3所示。

现行严寒和寒冷地区超低能耗及近零能耗标准、导则　　　表2-3

序号	标准	编号	适用区域
1	《黑龙江省超低能耗公共建筑节能设计标准》	DB23/T 3335—2022	黑龙江省
2	《黑龙江省超低能居住建筑节能设计标准》	DB23/T 3337—2022	黑龙江省
3	《超低能耗居住建筑设计标准》	DB11/T 1665—2019	北京市
4	《近零能耗居住建筑技术标准》	DBJ04/T 459—2023	山西省
5	《近零能耗公共建筑技术标准》	DBJ04/T 459—2023	山西省
6	《超低能耗居住建筑节能设计标准》	DBJ61/T 189—2021	陕西省
7	《零能耗公共建筑设计标准》	DB13（J）/T 8535—2023	河北省
8	《被动式超低能耗居住建筑节能设计标准（2021年版）》	DB13（J）/T 8359—2020	河北省
9	《被动式超低能耗公共建筑节能设计标准（2021年版）》	DB13（J）/T 8360—2020	河北省
10	《超低能耗公共建筑节能设计标准》	DBJ41/T 246—2021	河南省
11	《超低能耗居住建筑节能设计标准》	DBJ41/T 205—2018	河南省
12	《被动式超低能耗居住建筑节能设计标准》	DB37/T 5074—2016	山东省
13	《超低能耗公共建筑技术标准》	DB37/T 5237—2022	山东省
14	《超低能耗居住建筑设计标准》	DB/T 29—274—2019	天津市
15	《被动式低能耗建筑技术导则（居住建筑）》	DB63/T 1682—2018	青海省
16	《青岛市被动式低能耗建筑节能设计导则》	—	青岛市
17	《天津生态城超低能耗居住建筑设计导则》	—	天津市
18	《近零能耗建筑技术标准》	XJJ 158—2022	新疆维吾尔自治区
19	《超低能耗公共建筑节能设计标准》	DB22/T 5128—2022	吉林省
20	《超低能耗居住建筑节能设计标准》	DB22/T 5129—2022	吉林省
21	《超低能耗居住建筑节能设计标准》	DB2101/T 0048—2022	沈阳市

现行夏热冬冷地区超低能耗及近零能耗标准、导则如表2-4所示。

现行夏热冬冷地区超低能耗及近零能耗标准、导则　　　表2-4

序号	标准	编号	适用区域
1	《近零能耗建筑技术标准》	DBJ50/T—451—2023	重庆市
2	《被动式超低能耗居住建筑节能设计规范》	DB42/T 1757—2021	湖北省
3	《超低能耗居住建筑节能设计标准》	DBJ43/T 017—2021	湖南省
4	《上海市超低能耗建筑技术导则（试行）》	—	上海市
5	《江苏省超低能耗居住建筑技术导则（试行）》	—	江苏省
6	《近零能耗建筑技术标准》	DB34/T 4293—2022	安徽省
7	《合肥市超低能耗建筑技术导则（试行）》	—	合肥市

现行夏热冬暖地区和温和地区超低能耗及近零能耗标准、导则如表 2-5 所示。

现行夏热冬暖及温和地区超低能耗及近零能耗标准、导则 表 2-5

序号	标准	编号	适用区域
1	《深圳市超低能耗建筑技术导则》	—	深圳市
2	《福建省超低能耗建筑导则》	—	福建省
3	《海南省超低能耗建筑技术导则（试行）》	—	海南省

第 3 章

建筑与围护结构设计

超低能耗建筑是一种可持续的建筑方式，利用高效保温、隔热性能的非透明和透明围护结构，利用太阳能、地热能等可再生能源利用形式，并通过高效热回收新风系统，确保室内环境的舒适性。同时，超低能耗建筑最大限度地减少供暖和制冷能源的需求。为实现上述目标，超低能耗建筑在设计和建造过程中，需充分考虑当地的气象、地理特征和场地条件等因素。通过采取节能布局、被动式得热、建筑遮阳、自然通风采光优化以及提升围护结构热工性能等措施，力求降低建筑的供暖、空调、通风和照明等需求，以及适应各种气候和环境条件。这种建筑方式旨在创造一种冬暖夏凉、健康舒适、采光通风良好的低能耗建筑环境。

本章节主要分析我国各个省市超低能耗标准中对于场地及建筑单体绿色性能化设计的要求，并将其与绿色建筑的要求进行对比，分析其指标限值的差异点，帮助设计师对于其中的关联与区分有更清晰的把控。最后将针对绿色性能化指标如何通过软件实现计算进行说明，通过模拟可对具体项目的设计情况有整体的把控，在施工前进行预测。

3.1 总平面与场地设计

建筑总平面规划是对建筑进行宏观控制的过程，针对外部场地的风、光、声、热等环境因素进行设计优化。总平面规划需考虑地理环境、气候条件、使用功能和技术材料等因素，以优化外部空间热环境，为后续建筑设计提供坚实基础，实现节能设计。从某种意义上讲，建筑的外部空间与形态设计直接影响其建成后的使用方式和耗能方式，是建筑节能设计中最重要的一个环节。

3.1.1 环境分析

在进行建筑节能设计时，需要分析项目所在区域的各种复杂气候环境条件，如阳光强度、风力大小和风向变化、降水多寡、温度波动以及空气湿度变化等。特别是对于被动式超低能耗建筑，其设计理念更需要紧密结合具体的环境条件，采取针对性的措施，以实现建筑在风、光、热等物理条件上的优化。

首先，需要基于因地制宜原则，深入分析建筑体量及其功能条件与周边环境的对应关系，包括对当地太阳辐射照度、城市主导风向、平均气温和空气湿度等气候条件的全面考量。通过这些分析，总结出本地的气候特征和应对性，为建筑的节能设计提供基础依据。

在此基础上，还需要评估地形、地貌、地质等自然条件是否适宜建设。不仅能确保建筑的安全和稳定，还能实现高效的自然通风、日照采光、水资源利用。此外，评估场地及周边的能源资源，如太阳能、风能、地热能等，也是至关重要的一步。这些能源资源的合理利用，不仅能满足建筑的能源需求，还能有效减少对外部能源的依赖。

总之，在需要综合考虑多种气候环境条件和场地因素的前提下，在规划利用地址和采用低影响开发技术时，尽可能挖掘场地的有利因素，规避不利环境因素。同时，采用适宜的建造方式，结合场地微气候营造、绿化屋面、人工湿地等综合手段，实现自然环境与人工环境的和谐统一。

3.1.2　场地设计

场地设计是总平面布局的一部分，场地设计应选择在生态不敏感区或对生态环境影响小的区域。对于已确定的场地选址，应尊重并保留有价值的生态要素原则，尽可能维持其完整性，实现人工环境与自然环境的过渡和融合。

超低能耗建筑场地设计包括以下措施：

（1）尊重地形和地貌，充分利用地形，节省建设土方量，降低成本，保护土壤和植被，减少开挖带来的资源与能源消耗。

（2）结合水文特征，保护土壤资源，减少对水资源的消耗。

（3）尊重现状植被，保留有价值的生态要素，维持其完整性，使居住区像共生的生物那样，实现人工环境与自然环境的过渡和融合。

（4）保护土壤资源，减少对土壤的破坏，保护土壤的碳汇功能。

（5）合理管理水资源，减少水体富营养化和湿地退化，保护和提升水体的碳汇功能。

3.1.3　建筑布局

建筑朝向是影响建筑能耗和微气候条件的重要因素，是指建筑物正立面墙面法线与正南方向之间的夹角。建筑朝向直接关系到太阳能、风能利用等问题。这些微气候又会直接影响供热、制冷、采光、通风等能耗需求。主导朝向对于建筑能耗来说是"双刃剑"。例如，对于夏热冬冷地区的建筑，冬季需要充足的太阳热能来照射内部空间，同时需避免冷风侵袭，降低供暖能耗；夏季需要采用遮阳和反射装置来减少太阳辐射进入室内或阳光直接长时间照射建筑外墙面，同时组织良好的自然通风，降低制冷能耗。

合理进行建筑布局设计对降低建筑能耗有非常重要的影响，能很大程度上提高能源效率并降低建筑能耗。影响建筑物朝向的因素主要有日照条件、风向条件、场地形状、道路走向、地形变化，如图 3-1、图 3-2 所示。

图 3-1　场地声环境模拟

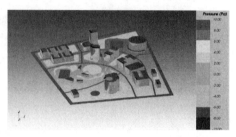

图 3-2　场地风环境模拟

因此，可以从以下几个方面进行优化：

（1）建筑的平面布局与朝向应合理选择并利用景观、生态绿化等措施，在夏季增强自然通风，减少热岛效应，在冬季增加日照，避免冷风对建筑的影响。

（2）建筑的主朝向宜为南北朝向，为建筑日照、采光与通风创造条件，主入口宜避开冬季主导风向。

（3）控制场地铺装材料的太阳辐射反射系数，优先选用浅色铺装材料，降低场地铺装吸收的太阳辐射热量，改善室外热环境。

例如北京市 2022 年冬奥的延庆冬奥村 / 冬残奥村 D6 组团超低能耗示范项目（图 3-3），总平面面积 10856.22m²。延庆冬奥村，位于北京延庆小海陀山脚下，依山而建，错落有致，每个院子都以自然生长的树木为中心，使冬奥村融入山林之中。充分利用当地的地形地貌及自然资源，合理进行建筑布局，最大限度地降低了建筑的供冷供暖需求，实现节能降耗。

图 3-3　延庆冬奥村

3.2　室内绿色性能设计

室内环境调控对于降低能源消耗，实现室内环境的舒适、健康和可持续发展至关重要。超低能耗建筑设计通过优化热环境、光环境、声环境和室内空气质量，可以有效地降低能源消耗和碳排放。在热环境方面，高效保温隔热材料和合理建筑布局结合遮阳设计，减少热量流失和太阳辐射，稳定室内温度；光环境中，智能照明系统和低能耗技术如 LED 灯具与自然采光相结合，提供充足光照并降低照明能耗；声环境通过隔声和吸声材料以及合理布局减少噪声，提升声学舒适度；室内空气质量则依靠高效空气净化系统和低 VOC 室内材料确保空气清洁。这些策略共同营造了一个节能、健康、舒适的室内空间。评定建筑空间内部的性能化指标是否满足标准的要求，可通过绿色建筑性能模拟分析软件进行风、光、声、空气质量等性能指标模拟，以此判定其是否达到超低能耗标准中对于绿色性能设计参数的指标要求。

3.2.1　自然采光

天然采光的优化不仅减少了对人工照明的依赖，降低了照明能耗，并且通过增加室内外的自然信息交流，有助于调节空间使用者的心情。超低能耗建筑的自然采光设计是实现能源节约和提升室内环境质量的关键策略，如图 3-4 所示。

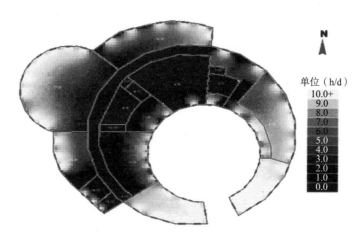

图 3-4　天然采光模拟计算

实现高效自然采光的设计方法包括：

（1）气候适应性设计

根据不同气候特征，优化建筑朝向和设计，如严寒、寒冷地区注重日照利用，其他气候区则重视遮阳和通风。

（2）建筑设计手法

对于大进深或地下空间，采用半地下室设计和设置天窗，以最大化自然采光并减少对人工照明的依赖；采用退台等建筑形态设计手法，优化日照条件，增强自然采光效果。

（3）窗墙面积比优化

合理选择窗墙面积比，平衡采光和能源效率，尤其是在夏热冬冷地区，通过外立面设计实现自然采光和热负荷控制；并通过选择具有适宜遮阳系数和太阳得热系数的玻璃，有效控制太阳辐射，提高能源效率。

（4）采光中庭设计

在进深较大的建筑中设置采光中庭和天窗，以顶部采光改善中庭及深处空间的光照。

（5）其他采光技术

在自然光不足的空间，利用导光管和棱镜系统等技术措施来提高天然光的利用效率，促进健康和舒适。

（6）模拟分析工具

在设计阶段使用模拟分析工具，结合绿色建筑评价标准的变化，采用动态采光模拟方法，预测和优化自然采光效果，优化采光设计。

3.2.2 噪声控制

超低能耗建筑的噪声控制是确保室内环境舒适性的关键环节之一，室内减少噪声干扰应采取隔声、吸声、消声、隔振等措施使建筑声环境满足使用功能要求，主要通过空气声隔声和撞击声隔绝两种方式实现。空气声隔声着重于减少外部噪声的侵入，这通常通过提高建筑外围护结构如外墙、窗户和门的隔声性能来实现。而撞击声隔绝则针对内部结构传播的噪声，通过优化楼板、墙体等的结构设计来降低噪声传递。为了满足这些要求，超低能耗建筑通常采用性能更强的隔声材料，且室内的噪声级限值需遵循《建筑环境通用规范》GB 55016—2021 的高标准进行设计（表 3-1）。

主要功能房间室内的噪声值　　　　　　　　　　　　　　　　表 3-1

房间的使用功能	噪声限值（A 声级，dB）	
	昼间	夜间
睡眠	40	30
日常生活	40	
阅读、自学、思考	35	
教学、医疗、办公、会议	40	

此外,《建筑节能与绿色建筑发展"十三五"规划》中提供了包括噪声控制在内的室内环境质量指导性政策。《近零能耗建筑技术标准》GB/T 51350—2019 作为国家标准,为超低能耗建筑设计提供了总体要求,间接涵盖了噪声控制。这些标准和规范共同指导建筑师和工程师在设计阶段采用综合性措施,通过精细施工和高性能材料的应用,实现建筑优异的室内声环境。

在计算软件中,通过设置影响室内噪声级主要有三个因素,即室外或临近设备房的声源噪声量、建筑构件的隔声量和室内噪声源产生的噪声量,即可进行室内外噪声对建筑房间内部噪声的综合计算。

噪声控制措施主要包括以下几点:

(1)建筑布局优化

通过合理的建筑群布局和场地规划,可以减少外部噪声对建筑内部的影响。例如,利用建筑物或绿化带作为屏障,阻挡噪声传播。

(2)外墙和门窗的隔声设计

选用具有良好隔声性能的建筑材料和构件,如隔声墙、双层玻璃窗等,以降低外部噪声的侵入。

(3)室内声学设计

在室内采用吸声材料和结构,如吸声天花板、吸声墙面板等,以改善室内声学环境。

(4)建筑气密性

提高建筑的气密性,减少外部噪声通过缝隙渗透进入室内。

(5)设备隔振减噪

对于建筑内部的机械设备,如电梯、空调系统、水泵等,采取隔振和消声措施,减少设备运行时产生的噪声。

3.2.3　空气质量

室内建筑装饰装修材料、家具、设备等会产生甲醛、苯等有害污染物,若其含量超过一定的范围要求,对人体健康会产生危害,需要采取一定的空气净化措施来优化房间空气质量。通过空气质量模块对建筑室内房间进行模拟,可得到其污染物浓度的预测值。

1. 有机化合污染物的计算原理

有机化合污染物预评价时,应综合考虑建筑情况、室内装修设计方案、装修材料的种类和使用量、室内新风量、环境温度等诸多影响因素,以各种装修材料、家具制品挥发的主要污染物的释放特征为基础,以"总量控制"为原则。依据装修设计方案,选择典型功能房间(卧室、客厅、办公室等)使用的主要建材(3~5 种)及固定家具制品,对室内空气中甲醛、苯、总挥发性有机物的浓度水平进行预评估。

2. 颗粒污染物计算原理

颗粒物浓度预评价时,全装修项目通过建筑设计因素(门窗渗透风量、新风量、净化设备效率、室内源等)及室外颗粒物水平（建筑所在地近1年环境大气检测数据），对建筑内部颗粒物浓度进行估算，预评价的计算方法参考现行行业标准《公共建筑室内空气质量控制设计标准》JGJ/T 461中室内空气质量设计计算的相关规定。

室外颗粒物浓度值取自《建筑室内细颗粒物（PM2.5）污染控制技术规程》T/CECS 586—2019以及项目所在地气象参数中大气PM2.5和PM10的全年动态浓度值设置。通过模拟得到颗粒物浓度的逐时达标图如图3-5所示，结果见表3-2。

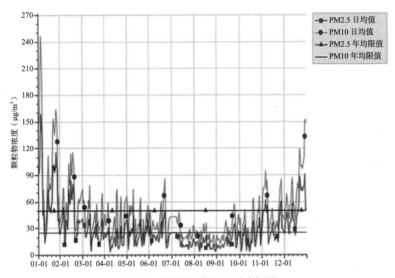

图 3-5　颗粒物浓度逐时达标图

主要功能空间室内颗粒污染物浓度达标统计表　　　　表 3-2

房间名称	房间类型	房间面积（m²）	室内PM2.5年均浓度值（μg/m³）	室内PM10年均浓度值（μg/m³）	是否满足要求
房间 RM01010	卧室	61.11	24.8（限值≤25.00）	40.3（限值≤50.00）	满足
房间 RM01022	卧室	50.26	22.5（限值≤25.00）	36.6（限值≤50.00）	满足
房间 RM01026	卧室	54.83	23.5（限值≤25.00）	38.2（限值≤50.00）	满足

3.3　屋顶系统设计

3.3.1　超低能耗建筑屋面系统设计要求

屋面作为建筑物中主要的围护结构之一，其对于建筑物热耗的贡献不可忽视。屋面的保温性能对于维持室内舒适温度和降低空调能耗起关键性作用，从节能设计的角度，需对屋面进行保温隔热性能的优化设计。屋面保温是为了减少冬季外部的严寒对建筑尤其是顶层房屋的影响，保障低能耗下有相对舒适的室内环境，屋面隔热是为了减少建筑顶层房屋夏季对空调的依赖。而对于超低能耗建筑是优先考虑屋面保温还是隔热，这取决于建筑物所在的气候区域。

表 3-3、表 3-4 汇总了国家及各地方近零能耗、超低能耗标准中对屋面热工性能的指标要求，可以发现不同气候区域的屋面热工指标存在比较明显的差异。

1. 公共建筑屋面热工性能要求总览（表 3-3）

公共建筑屋面热工性能要求表　　　　　　　　　　表 3-3

地区	屋面传热系数 K[W/（m²·K）]		标准依据
	严寒地区	寒冷地区	
全部	0.10 ~ 0.20	0.10 ~ 0.30	《近零能耗建筑技术标准》GB/T 51350—2019
河北省	0.10 ~ 0.20	0.10 ~ 0.25	《被动式超低能耗公共建筑节能设计标准（2021年版）》DB13（J）/T 8360—2020
吉林省	≤ 0.15	—	《吉林省超低能耗绿色建筑技术导则》（2019年）
乌鲁木齐市	≤ 0.20	—	《乌鲁木齐市超低能耗建筑及近零能耗建筑适用技术应用导则》（2022年）
地区	夏热冬冷地区	夏热冬暖地区	标准依据
全部	0.15 ~ 0.35	0.30 ~ 0.60	《近零能耗建筑技术标准》GB/T 51350—2019
上海市	约束值≤ 0.45 参考值≤ 0.30	—	《上海市超低能耗建筑技术导则（试行）》（2019年）
安徽省	≤ 0.25	—	《近零能耗建筑技术标准》DB34/T 4293—2022
广州市	—	无 K 值要求，太阳辐射吸收系数 a ≤ 0.30	《岭南特色超低能耗建筑技术指南》（2020年）
深圳市	—	热惰性指标 D ≥ 2.5, 推荐值≤ 0.80 目标值≤ 0.60	《深圳市超低能耗建筑技术导则》（2021年）
		热惰性指标 D<2.5, 推荐值≤ 0.40 目标值≤ 0.30	
地区	温和地区		标准依据
全部	0.20 ~ 0.60		《近零能耗建筑技术标准》GB/T 51350—2019

2. 居住建筑屋面热工性能要求总览（表3-4）

居住建筑屋面热工性能要求表　　　　　　　　　　表 3-4

地区	屋面传热系数 $K[W/（m^2 \cdot K）]$		标准依据
	严寒地区	寒冷地区	
全部	0.10 ~ 0.15	0.10 ~ 0.20	《近零能耗建筑技术标准》GB/T 51350—2019
河北省	≤ 0.15	≤ 0.15	《被动式超低能耗居住建筑节能设计标准（2021年版）》DB13（J）/T 8359—2020
吉林省	≤ 0.15	—	《吉林省超低能耗绿色建筑技术导则》（2019年）
青海省	0.10 ~ 0.20	—	《被动式低能耗建筑技术导则（居住建筑）》DB 63/T 1682—2018
乌鲁木齐市	超低能耗≤ 0.15 近零能耗≤ 0.12	—	《乌鲁木齐市超低能耗建筑及近零能耗建筑适用技术应用导则》（2022年）
北京市 天津市	—	现行值 $0.10 < K \leqslant 0.20$ 目标值 $K \leqslant 0.10$	《超低能耗居住建筑设计标准》DB11/T 1665—2019 《超低能耗居住建筑设计标准》DB/T 29-274—2019
河南省	—	≤ 0.25	《河南省超低能耗居住建筑节能设计标准》DBJ41/T 205—2018
山东省	—	0.15 ~ 0.25	《被动式超低能耗居住建筑节能设计标准》DB37/T 5074—2016
江苏省	—	≤ 0.25	《江苏省超低能耗居住建筑技术导则（试行）》（2020年）
地区	夏热冬冷地区	夏热冬暖地区	标准依据
全部	0.15 ~ 0.35	0.25 ~ 0.40	《近零能耗建筑技术标准》GB/T 51350—2019
夏热冬冷地区	气候区 A， $K \leqslant 0.35$ 气候区 B、C， $K \leqslant 0.30$ 气候区 D， $K \leqslant 0.25$	—	《夏热冬冷地区被动式居住建筑技术指南》T/CABEE—JH2018020
河南省	≤ 0.25	—	《河南省超低能耗居住建筑节能设计标准》DBJ41/T 205—2018
上海市	约束值≤ 0.64 参考值≤ 0.30	—	《上海市超低能耗建筑技术导则（试行）》（2019年）
江苏省	≤ 0.30	—	《江苏省超低能耗居住建筑技术导则（试行）》（2020年）
湖南省	≤ 0.35	—	《湖南省超低能耗居住建筑节能设计标准》DBJ43/T 017—2021
湖北省	A 区≤ 8层， $K \leqslant 0.20$ A 区≥ 9层， $K \leqslant 0.25$	—	《被动式超低能耗居住建筑节能设计规范》DB42/T 1757—2021
安徽省	≤ 0.25	—	《近零能耗建筑技术标准》DB34/T 4293—2022

续表

地区	夏热冬冷地区	夏热冬暖地区	标准依据
广州市	—	K 值 ≤ 0.80 太阳辐射吸收系数 a ≤ 0.30	《岭南特色超低能耗建筑技术指南》（2020 年）
深圳市	—	热惰性指标 D ≥ 2.5, 推荐值 ≤ 0.80 目标值 ≤ 0.60	《深圳市超低能耗建筑技术导则》（2021 年）
		热惰性指标 $D<2.5$, 推荐值 ≤ 0.40 目标值 ≤ 0.30	

地区	温和地区	标准依据
全部	0.20 ~ 0.60	《近零能耗建筑技术标准》GB/T 51350—2019

注:《夏热冬冷地区被动式居住建筑技术指南》T/CABEE—JH2018020 中的子气候区,是基于不同城市温度、相对湿度、太阳辐照量等气象参数,根据供暖度日数和供冷度日数,将建筑供暖、供冷需求特征一样的地区划分出来的。A 区气候特征为夏季炎热、冬季冷,代表城市为韶关、重庆、桂林、南平;B 区气候特征为夏季炎热、冬季寒冷,代表城市为南昌、武汉、长沙、合肥、南京、杭州、上海;C 区气候特征为夏季热、冬季寒冷,代表城市为成都、绵阳;D 区气候特征为夏季热、冬季严寒,代表城市为遵义、安康、信阳、汉中。具体可见该标准第 3 章基本规定中的 3.0.2。

3.3.2　屋面系统常用构造方案

屋顶保温材料的选择,除了满足更高保温性能外,还应具备较低的吸水率,可选保温材料类型包括挤塑聚苯板、模塑聚苯板、聚氨酯保温板、泡沫玻璃等。屋面保温层应与外墙保温层连续,屋面保温层靠近室外一侧应设置防水层,防水层应延续到女儿墙顶部盖板内,使保温层得到可靠防护;屋面结构层上,保温层下应设置隔汽层屋面构造,如图 3-6 所示。

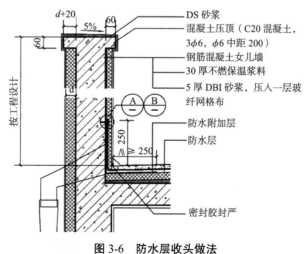

图 3-6　防水层收头做法

资料来源:《建筑构造通用图集　工程做法》19BJ1—1

3.3.2.1　夏热冬冷地区屋面构造做法

夏热冬冷地区超低能耗建筑屋面做法与普通屋面构造有所不同,以上海市为例,一般采用倒置式屋面,但倒置式屋面易产生保温层内蓄满水、保温效果失效的技术问题,因此超低能耗屋面需要在原有倒置式屋面做法的基础上增设防水层。

另外,考虑到上海市多雨多风的气候特点,类似于上海市的夏热冬冷地区的屋面设计,往往还需要加设 40～50mm 的加筋细石混凝土层,工法参照常规工法实施。尤其需要注重的是应加设排汽管,有利于保温层保持干燥,如图 3-7 ~图 3-10 所示。

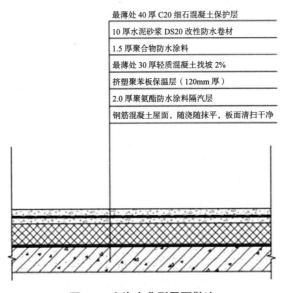

最薄处 40 厚 C20 细石混凝土保护层

10 厚水泥砂浆 DS20 改性防水卷材

1.5 厚聚合物防水涂料

最薄处 30 厚轻质混凝土找坡 2%

挤塑聚苯板保温层(120mm 厚)

2.0 厚聚氨酯防水涂料隔汽层

钢筋混凝土屋面,随浇随抹平,板面清扫干净

图 3-7　上海市典型屋面做法

资料来源:上海市典型项目案例

有保温上人屋面

1. 防滑地砖,防水砂浆勾缝

2. 20 厚聚合物砂浆铺卧

3. 10 厚低强度等级砂浆隔离层

4. 防水卷材或涂膜层

5. 20 厚 1:3 水泥砂浆找平层

6. 保温层

7. 最薄 30 厚 LC5.0 轻集料混凝

土 2% 找坡层

8. 钢筋混凝土屋面板

图 3-8　卷材、涂抹防水屋面构造

资料来源:《平屋面建筑构造》12J201

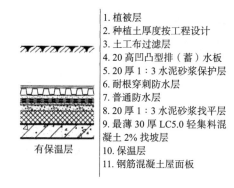

1. 植被层
2. 种植土厚度按工程设计
3. 土工布过滤层
4. 20 高凹凸型排（蓄）水板
5. 20 厚 1：3 水泥砂浆保护层
6. 耐根穿刺防水层
7. 普通防水层
8. 20 厚 1：3 水泥砂浆找平层
9. 最薄 30 厚 LC5.0 轻集料混凝土 2% 找坡层
10. 保温层
11. 钢筋混凝土屋面板

有保温层

图 3-9　种植屋面构造
资料来源：《平屋面建筑构造》12J201

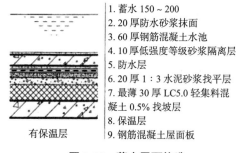

1. 蓄水 150～200
2. 20 厚防水砂浆抹面
3. 60 厚钢筋混凝土水池
4. 10 厚低强度等级砂浆隔离层
5. 防水层
6. 20 厚 1：3 水泥砂浆找平层
7. 最薄 30 厚 LC5.0 轻集料混凝土 0.5% 找坡层
8. 保温层
9. 钢筋混凝土屋面板

有保温层

图 3-10　蓄水屋面构造
资料来源：《平屋面建筑构造》12J201

3.3.2.2　严寒和寒冷地区屋面构造做法

严寒和寒冷地区超低能耗项目屋面构造技术要点包括：

（1）被动式低能耗建筑屋面按Ⅰ级防水要求设防，材料选择要满足相容性要求。

（2）屋面基层上方、保温层下方应设置隔汽层；屋面保温层上方应设置防水层。隔汽层与防水层之间应保证干作业施工，屋面保温板应采用聚氨酯胶粘剂粘接。

（3）屋面隔汽层材料应选用耐碱铝箔面层玻纤胎自粘性改性沥青隔汽卷材。不可空铺隔汽卷材，不可用普通防水涂料或防水卷材替代隔汽卷材。

（4）隔汽层在屋面上应形成全封闭的构造层，沿周边女儿墙上翻至女儿墙顶部，或沿立墙面上翻至与屋面防水层相连接。

3.3.2.3　夏热冬暖地区屋面构造做法

由于夏热冬暖地区太阳辐射较强，屋面热供性能对于建筑物尤其是高层建筑的顶层用户的影响较大，因此，夏热冬暖地区超低能耗建筑在设计时需重点考虑屋面的隔热性能，以减少对顶层室内热舒适性的影响。同时考虑到夏热冬暖地区空气湿度较大、降雨充足的特点，可结合屋面种植等措施降低建筑的供冷需求。

屋面的保温材料主要采用 XPS 板、EPS 板、PU 板、泡沫玻璃保温板等，如图 3-11～图 3-13 所示。

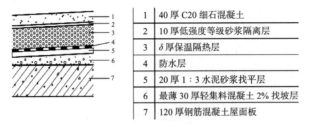

1	40 厚 C20 细石混凝土
2	10 厚低强度等级砂浆隔离层
3	δ 厚保温隔热层
4	防水层
5	20 厚 1：3 水泥砂浆找平层
6	最薄 30 厚轻集料混凝土 2% 找坡层
7	120 厚钢筋混凝土屋面板

图 3-11　倒置式屋面构造

资料来源:《建筑围护结构节能工程做法及数据》09J908—3

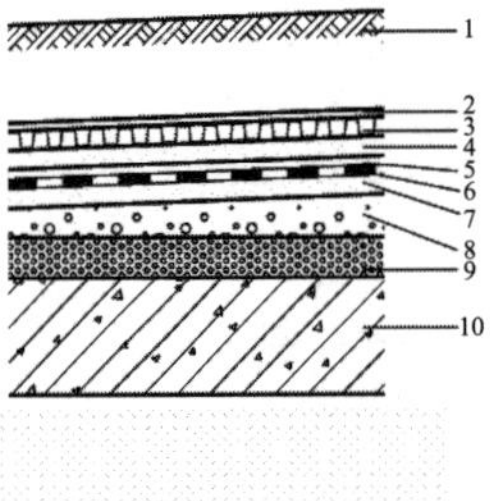

层次及材料	分层厚度 δ（mm）
1、种植土	100～300
2、无纺布过滤层	—
3、凹凸型排（蓄）水板，凸点向上	—
4、1：3 水泥砂浆保护层	20
5、隔离层	—
6、耐根穿刺（自粘）防水层	—
7、1：3 水泥砂浆找平层	20
8、2% 找坡层	≥30
9、保温（隔热）层（可选配）	设计值
10、钢筋混凝土屋面板	设计值

图 3-12　种植屋面构造

资料来源:《种植屋面建筑构造》14J206

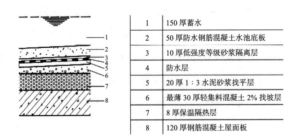

1	150 厚蓄水
2	50 厚防水钢筋混凝土水池底板
3	10 厚低强度等级砂浆隔离层
4	防水层
5	20 厚 1：3 水泥砂浆找平层
6	最薄 30 厚轻集料混凝土 2% 找坡层
7	8 厚保温隔热层
8	120 厚钢筋混凝土屋面板

图 3-13　蓄水屋面构造

资料来源:《建筑围护结构节能工程做法及数据》09J908—3

3.3.3　屋面女儿墙和屋面管道构造

3.3.3.1　女儿墙

对女儿墙等凸出屋面的结构体，其保温层应与屋面、墙体保温层连续，不得出现结构性热桥。女儿墙、土建风道出风口等薄弱环节，宜设置金属盖板，以提高其耐久性，金属盖板与结构连接部位，应采取避免热桥的措施，如图 3-14 所示。

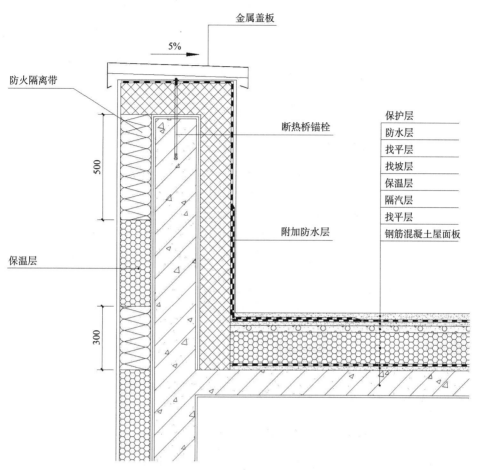

图 3-14 典型屋面女儿墙示意图
资料来源：《上海市超低能耗建筑技术导则（试行）》

3.3.3.2 出屋面管道

出屋面管道的预留洞口宜大于管道外径 100mm 以上。伸出屋面外的管道应设置套管进行保护，套管与管道间应填充保温材料，保温材料厚度不小于 50mm。

常用出屋面管道填充保温材料如下：

1. 泡沫混凝土

具有良好的保温性能，且隔热效果显著，隔声效果优良、防火性能好、具有抗渗性能，并且施工方便，安全、环保、无毒、无污染。

2. 泡沫玻璃保温板

具有重量轻、导热系数小、吸水率小、不燃烧、不霉变、强度高、耐腐蚀、无毒、物理化学性能稳定等优点，广泛用于石油、化工、地下工程等行业，兼具隔热、保温、保冷和吸声的功能，可用于民用建筑外墙和屋顶的隔热保温。化学性能稳定，易加工且不变形，而且经久耐用。

具体做法可参照图 3-15。

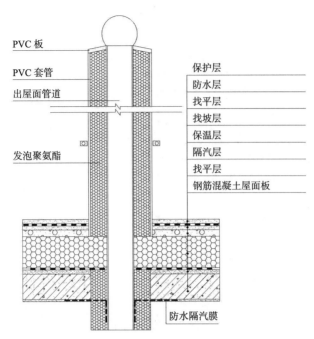

图 3-15 出屋面管道保温做法示意图

资料来源:《上海市超低能耗建筑技术导则（试行）》

3.4 外墙系统设计

3.4.1 超低能耗建筑外墙系统设计要求

外墙作为建筑物中占比最大的围护结构之一，其承担的建筑的耗热量也是最大的，因此外墙的保温隔热性能对整个建筑的节能效果起决定性作用。超低能耗建筑外墙设计时，主要考虑外墙的保温和隔热性能，并综合考虑建筑朝向、墙体颜色等因素，以降低外墙传热系数，达到低能耗设计效果。

表 3-5、表 3-6 汇总了国家及各地方近零能耗、超低能耗标准中对外墙热工性能的指标要求，不同气候区域的外墙热工指标还是有较大差异的。

1. 公共建筑外墙热工性能要求总览（表 3-5）

公共建筑外墙热工性能要求   表 3-5

地区	外墙传热系数 K [W/（m²·K）]		标准依据
	严寒地区	寒冷地区	
全部	0.10 ~ 0.25	0.10 ~ 0.30	《近零能耗建筑技术标准》GB/T 51350—2019
河北省	0.10 ~ 0.20	0.10 ~ 0.25	《被动式超低能耗公共建筑节能设计标准（2021 年版）》DB13（J）/T 8360—2020
吉林省	≤ 0.15	—	《吉林省超低能耗绿色建筑技术导则》（2019 年）
乌鲁木齐市	≤ 0.25	—	《乌鲁木齐市超低能耗建筑及近零能耗建筑适用技术应用导则》（2022 年）

续表

地区	夏热冬冷地区	夏热冬暖地区	标准依据
全部	0.15 ~ 0.40	0.30 ~ 0.80	《近零能耗建筑技术标准》GB/T 51350—2019
上海市	约束值≤ 0.72 参考值≤ 0.40	—	《上海市超低能耗建筑技术导则（试行）》（2019 年）
安徽省	≤ 0.40	—	《近零能耗建筑技术标准》DB34/T 4293—2022
广州市	—	无 K 值要求， 太阳辐射吸收系数 $a \leqslant 0.30$	《岭南特色超低能耗建筑技术指南》（2020 年）
深圳市	—	热惰性指标 $D \geqslant 2.5$， 推荐值≤ 1.50 目标值≤ 0.80	《深圳市超低能耗建筑技术导则》（2021 年）
		热惰性指标 $D<2.5$， 推荐值≤ 0.70 目标值≤ 0.30	

地区	温和地区	标准依据
全部	0.20 ~ 0.80	《近零能耗建筑技术标准》GB/T 51350—2019

2. 居住建筑外墙热工性能要求总览（表 3-6）

居住建筑外墙热工性能要求　　　　表 3-6

地区	外墙传热系数 K [W/（$m^2 \cdot K$）]		标准依据
	严寒地区	寒冷地区	
全部	0.10 ~ 0.15	0.15 ~ 0.20	《近零能耗建筑技术标准》GB/T 51350—2019
河北省	≤ 0.15	≤ 0.15	《被动式超低能耗居住建筑节能设计标准》（2021 年版）DB13（J）/T 8359—2020
吉林省	≤ 0.15	—	《吉林省超低能耗绿色建筑技术导则》（2019 年）
青海省	0.10 ~ 0.20	—	《青海省被动式低能耗建筑技术导则（居住建筑）》DB 63/T 1682—2018
乌鲁木齐市	超低能耗≤ 0.15 近零能耗≤ 0.12	—	《乌鲁木齐市超低能耗建筑及近零能耗建筑适用技术应用导则》（2022 年）
北京市 天津市	—	现行值 0.15< K ≤ 0.20 目标值 K ≤ 0.15	《超低能耗居住建筑设计标准》DB11/T 1665—2019 《超低能耗居住建筑设计标准》DB/T 29-274—2019
河南省	—	≤ 0.25	《河南省超低能耗居住建筑节能设计标准》DBJ41/T 205—2018
山东省	—	0.15 ~ 0.25	《被动式超低能耗居住建筑节能设计标准》DB37/T 5074—2016
江苏省	—	≤ 0.30	《江苏省超低能耗居住建筑技术导则（试行）》（2020 年）

续表

地区	夏热冬冷地区	夏热冬暖地区	标准依据
全部	0.15 ~ 0.40	0.30 ~ 0.80	《近零能耗建筑技术标准》GB/T 51350—2019
夏热冬冷地区	气候区 A，$K \leqslant 0.45$ 气候区 B、C，$K \leqslant 0.40$ 气候区 D，$K \leqslant 0.35$	—	《夏热冬冷地区被动式居住建筑技术指南》T/CABEE—JH2018020
河南省	$\leqslant 0.30$	—	《河南省超低能耗居住建筑节能设计标准》DBJ41/T 205—2018
上海市	约束值 $\leqslant 0.80$ 参考值 $\leqslant 0.40$	—	《上海市超低能耗建筑技术导则（试行）》（2019 年）
江苏省	$\leqslant 0.40$	—	《江苏省超低能耗居住建筑技术导则（试行）》（2020 年）
湖南省	$\leqslant 0.50$	—	《湖南省超低能耗居住建筑节能设计标准》DBJ43/T 017—2021
湖北省	A 区 $\leqslant 3$ 层，$K \leqslant 0.30$ A 区 $4 \sim 8$ 层，$K \leqslant 0.35$ A 区 $\geqslant 9$ 层，$K \leqslant 0.40$	—	《被动式超低能耗居住建筑节能设计规范》DB42/T 1757—2021
安徽省	$\leqslant 0.40$	—	《近零能耗建筑技术标准》DB34/T 4293—2022
广州市	—	K 值 $\leqslant 1.00$ 太阳辐射吸收系数 $a \leqslant 0.30$	《岭南特色超低能耗建筑技术指南》（2020 年）
深圳市	—	热惰性指标 $D \geqslant 2.5$，推荐值 $\leqslant 1.50$ 目标值 $\leqslant 0.80$ 热惰性指标 $D<2.5$，推荐值 $\leqslant 0.70$ 目标值 $\leqslant 0.30$	《深圳市超低能耗建筑技术导则》（2021 年）

地区	温和地区	标准依据
全部	0.20 ~ 0.80	《近零能耗建筑技术标准》GB/T 51350—2019

注：《夏热冬冷地区被动式居住建筑技术指南》T/CABEE—JH2018020 中的子气候区，是基于不同城市温度、相对湿度、太阳辐照量等气象参数，根据供暖度日数和供冷度日数，将建筑供暖、供冷需求特征一样的地区划分出来的。A 区气候特征为夏季炎热、冬季冷，代表城市为韶关、重庆、桂林、南平；B 区气候特征为夏季炎热、冬季寒冷，代表城市为南昌、武汉、长沙、合肥、南京、杭州、上海；C 区气候特征为夏季热、冬季寒冷，代表城市为成都、绵阳；D 区气候特征为夏季热、冬季严寒，代表城市为遵义、安康、信阳、汉中。具体可见该标准第 3 章基本规定中的 3.0.2。

3.4.2　主要气候区常用保温体系方案

外墙保温技术有内保温、夹心保温和外保温三种。外墙外保温体系中，把抗裂砂浆抹面层厚度为 3 ~ 7mm 的称为薄抹灰外墙外保温系统。最常见的外墙薄抹灰系统是 EPS 板薄抹灰外墙外保温系统，如图 3-16 所示。主要有 EPS（聚苯板）、XPS（挤塑板）、PUR（硬泡聚氨酯板）、PIR（聚异氰脲酸酯板）、PF（酚醛）、岩棉板 / 条、发泡陶瓷、发泡水泥等保温材料的薄抹灰外墙外保温系统。

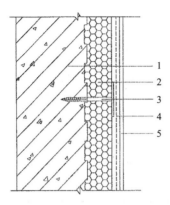

1—现浇混凝土外墙；2—EPS 板；3—辅助固定件；
4—抹面胶浆复合玻纤网；5—饰面层

图 3-16　EPS 板现浇混凝土外保温系统
资料来源：《外墙外保温工程技术标准》JGJ 144—2019

　　近年来，全国发生多起建筑工程外墙保温层脱落、起火等事故，对人民群众生命财产安全造成严重危害，外墙外保温系统的"痛点"得到国家和各地住房城乡建设管理部门高度重视。目前，河南、河北、重庆、上海、浙江嘉兴、湖北宜昌等地均已发文，禁限使用薄抹灰相关工艺的外墙外保温系统。

　　超低能耗项目必须考虑满足当地禁限规则的要求，因此大部分超低能耗项目采用复合保温，如外保温 + 内保温，或者夹心保温 + 内保温的形式。主要集中在外墙自保温做法、免拆模板外保温系统、大模内置外保温系统，外墙保温一体板施工工艺、结构保温一体化施工工艺以及预制装配式保温等技术。

1. 夏热冬冷地区常用外墙保温形式

（1）外墙保温结构一体化

　　上海市《外墙保温系统级材料应用统一技术规定（暂行）》，墙保温一体化系统通过利用连接件将保温材料置于预制混凝土墙体中，或利用保温板反打一体化预制、保温模板一体化现浇等安全、可靠技术，使保温材料和混凝土主体墙结合成有机整体，进而实现墙体和保温同步施工的墙体系统，如图 3-17 所示。

外墙保温一体化（上海市）：

　　超低能耗建筑项目符合上海市相关技术要求并经审核通过的，其外墙面积可不计入容积率，但其建筑面积最高不应超过总计容建筑面积的 3%；采用外墙保温一体化（仅采用内保温一体化的除外）的建筑项目符合上海市相关技术要求并经审核通过的，其外墙保温层面积可不计入容积率，但其建筑面积最高不应超过总计容建筑面积的 1%。具体按照表 3-7 执行。

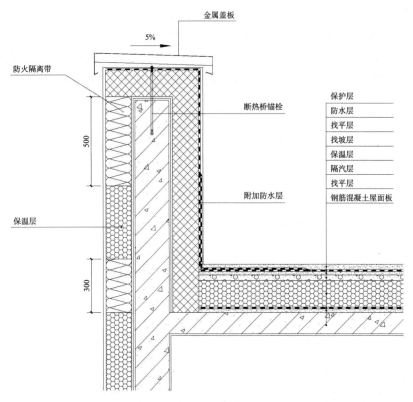

图 3-17　保温一体化做法示意图

容积率计算类型	上海市超低能耗补贴政策	表 3-7
	符合《上海市超低能耗建筑技术导则（试行）》要求，同时外墙平均传热系数 ≤ 0.4 且采用外墙保温一体化的建筑项目	符合上海市建筑外墙保温一体化技术目录要求的其他采用外墙保温一体化的建筑项目
不计容外墙或外墙保温层面积不应超过总计容建筑面积的比例	3%	1%

（2）预制混凝土夹心保温外墙板系统构造

在墙厚方向，采用内外叶预制钢筋混凝土墙板，中间夹保温材料，通过连接件相连而成的钢筋混凝土复合墙板系统，简称预制混凝土夹心保温外墙板系统，如图 3-18 所示。

（3）预制混凝土反打保温外墙板薄抹灰系统构造

保温板和混凝土主墙体一体化反打预制后，施工现场在保温板表面涂覆抗裂砂浆、内置耐碱玻纤网作为防护层的墙体保温系统，如图 3-19 所示。

（4）现浇混凝土复合保温模板外墙保温系统构造

施工现场以保温板为外侧模板，并设置连接件，与现浇混凝土主墙体形成保温层和主墙体为一体的外墙保温系统，如图 3-20 所示。

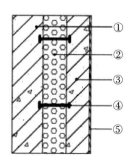

①—内叶板；②—保温材料；③—外叶板；④—连接件；⑤—饰面层

图 3-18　预制混凝土夹心保温外墙板系统构造图

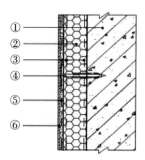

①—混凝土墙体；②—保温板；③—双层钢丝网；
④—连接件；⑤—抗裂砂浆复合耐碱玻纤网；⑥—饰面层

图 3-19　预制混凝土反打保温外墙板薄抹灰系统构造图

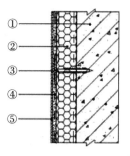

①—混凝土墙体；②—保温模板复合双层钢丝网；③—连接件；
④—抗裂砂浆复合耐碱玻纤网；⑤—饰面层

图 3-20　现浇混凝土复合保温模板外墙保温系统构造图

2. 严寒、寒冷地区常用外墙保温形式

（1）现浇混凝土内置保温系统

通过不锈钢腹丝焊接网架或金属连接件将现浇混凝土结构层和防护层可靠连接，中间设置保温层，层间设置混凝土挑板，在保温层两侧结构层和防护层同时浇筑混凝土，形成保温与外墙结构为一体的外墙保温系统，如图 3-21、图 3-22 所示。

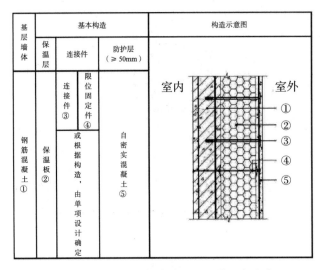

图3-21　现浇混凝土内置保温系统—点连式

资料来源：河北省《被动式超低能耗居住建筑节能设计标准（2021年版）》DB13（J）/T 8360—2020

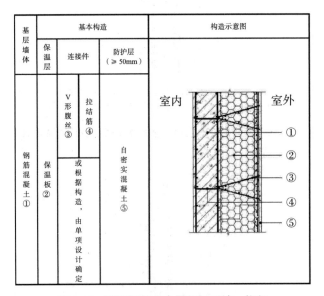

图3-22　现浇混凝土内置保温系统—桁架

资料来源：河北省《被动式超低能耗居住建筑节能设计标准（2021年版）》DB13（J）/T 8360—2020

（2）钢丝网架复合板喷涂砂浆外墙保温系统

由内斜插金属腹丝与复合保温板外单侧或双侧钢丝网片焊接形成钢丝网架复合保温板，通过金属连接件将钢丝网架（片）复合保温板与现浇混凝土构层可靠连接，外侧钢丝网喷涂砂浆作为防护层、内侧结构层浇筑混凝土形成保温与主体结构为一体的外墙保温系统；或者将钢丝网架（片）复合保温板与钢结构、框架结构主体可靠连接，内、外侧钢丝网喷涂砂浆作为防护层，形成钢丝网架复合保温板外墙保温系统，如图3-23、图3-24所示。

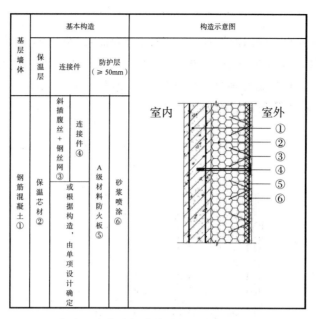

基层墙体	基本构造			构造示意图
	保温层	连接件	防护层（≥50mm）	
钢筋混凝土①	保温芯材②	斜插腹丝+钢丝网③ 连接件④ 或根据构造，由单项设计确定	A级材料防火板⑤ 砂浆喷涂⑥	室内　室外 ①②③④⑤⑥

图 3-23　钢丝网架复合板喷涂砂浆外墙保温系统—剪力墙

资料来源：河北省《被动式超低能耗居住建筑节能设计标准（2021 年版）》DB13（J）/T 8360—2020

基本构造				构造示意图
防护层（≥50mm）	保温层	连接件	防护层（≥50mm）	
A级材料防火板② 砂浆喷涂①	保温芯材③	斜插腹丝+钢丝网④ 连接件⑤ 或根据构造，由单项设计确定	A级材料防火板② 砂浆喷涂①	室内　室外 ①②③④⑤

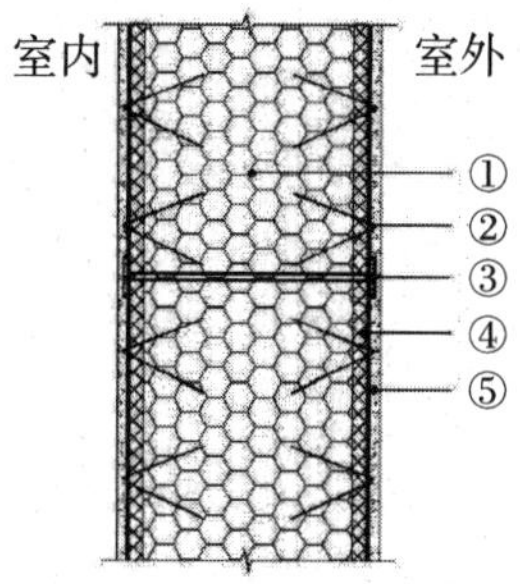

图 3-24　钢丝网架复合板喷涂砂浆外墙保温系统—填充墙

资料来源：河北省《被动式超低能耗居住建筑节能设计标准（2021 年版）》DB13（J）/T8360—2020

3. 夏热冬暖地区常用外墙保温形式

由于夏热冬暖地区的气候特点，加强围护结构的保温性能取得的节能效果并不明显，保温加厚、节能效果逐渐减弱反而会带来夏天室内散热慢、供冷需求增大的问题。因此，对于夏热冬暖地区的超低能耗建筑，不应效仿北方盲目加强保温厚度，反而得不偿失。

夏热冬暖地区的外墙保温形式比较多样，有内保温、外保温、自保温、内外保温，采用的保温材料主要有 XPS 板、EPS 板、硬泡聚氨酯板、泡沫玻璃保温板、无机轻集料保温砂浆、胶粉聚苯颗粒保温浆料、玻化微珠保温浆料等；主体层有烧结煤矸石多孔砖、自保温混凝土复合砌块、蒸压加气混凝土砌块等，如图 3-25、图 3-26 所示。

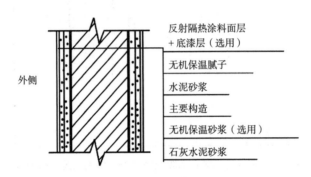

图 3-25 外保温常规做法

资料来源：夏热冬暖地区典型建筑外墙对建筑能耗影响研究

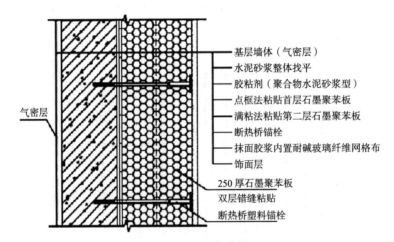

图 3-26 外保温构造做法

3.4.3 外墙组合保温系统的性能要求

外墙组合保温系统为外墙保温结构一体化组合内保温外墙保温系统。其中外墙保温结构一体化系统的热阻应不小于组合保温系统热阻的 60%；组合保温系统中的外墙内保温系统，燃烧性能为 B_1 级的保温材料不能使用在厨房、楼梯间等有防火 A 级要求的房间。

1. 砖混结构承重墙三组合保温技术

外墙三组合保温构造层次由内至外依次为内饰面层、抹面层、内保温层、界面层、找平层、自保温墙体、找平层、界面层、外保温层、抹面层和饰面层。自保温外墙采用淤泥烧结保温砖砌筑，找平层采用 1 ∶ 3 水泥砂浆；界面层为界面砂浆，内外保温层通常采用 EPS/XPS 板及矿、岩棉板、真空绝热板等保温隔热性能优良的材料。

2. 框架结构填充墙三合一保温系统

外墙三合一保温系统的构造层次由内到外依次为内饰面层、抹面胶浆、内保温层、找平层、自保温墙体、找平层、界面层、外保温层、抹面胶浆、外饰面层。自保温墙体采用膨胀玻化微珠保温砌块非承重墙体，找平层采用 1 ∶ 3 水泥砂浆；内保温层在涂料饰面时为石膏基膨胀玻化微珠轻质保温砂浆，面砖饰面时为水泥基膨胀玻化微珠轻质保温砂浆，外保温层为水泥基膨胀玻化微珠轻质保温砂浆（取自：外墙内外组合保温技术及其适宜性研究）。

低能耗建筑外墙外保温系常用系统：在严寒和寒冷地区，大部分低能耗建筑采用外保温系统，在此总结了几种类型可供参考：

（1）EPS/XPS 外墙外保温系统；

（2）岩棉板外墙外保温系统；

（3）石墨聚苯板外墙外保温系统；

（4）XPS 板与 STP 板复合外墙外保温系统（图 3-27）；

（5）石墨板与 STP 板复合外墙外保温系统。

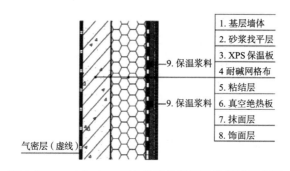

图 3-27　XPS 与 STP 复合外墙外保温构造做法示意图

3.4.4　典型做法案例（部分省市）

1. 上海市

目前，上海市执行《上海市超低能耗建筑技术导则（试行）》，大部分项目是为了实现超低能耗的技术目标。结合上海市禁限材料规则，在外墙保温形式和材料选择上有一定的要求。目前，上海市的超低能耗项目基本使用外墙保温一体化的形式，且外墙保温一体化的保温厚度一般不能超过 100mm，为了满足外墙 0.4W/（m² · K）的传热系数限值要求，需要适当增加相应厚度的内保温（20 ~ 30mm）。

上海市典型超低能耗构造做法见表 3-8。

上海市典型超低能耗构造做法   表 3-8

围护结构（目标：超低能耗建筑）			K [W/ (m^2·K)]
外墙 （外墙保温一体化）	施工工艺 1	保温反打预制外墙 + 内保温	0.35 ~ 0.38
	具体做法	硅墨烯（85 ~ 100mm）+ 挤塑聚苯板	
	施工工艺 2	现浇免拆模板外墙 + 内保温	
	具体做法	硅墨烯（85 ~ 100mm）+ 无机保温膏料 / 挤塑聚苯板 / 自调温和相变蓄能材料	
	施工工艺 3	预制夹心保温外墙 + 内保温	
	具体做法	聚氨酯（50 ~ 65mm）+ 挤塑聚苯板 / 无机保温膏料	

2. 湖南省

该项目设计目标是超低能耗建筑，在外墙做法上采用了墙体自保温加外保温的形式，保证传热系数在 0.25W/ (m^2·K) 左右，以及外窗的传热系数在 1.2W/ (m^2·K) 左右。

湖南省典型超低能耗构造做法见表 3-9。

湖南省典型超低能耗构造做法   表 3-9

围护结构（目标：超低能耗建筑）			K [W/ (m^2·K)]
屋面	做法	90mm 挤塑聚苯乙烯泡沫板	0.35
外墙	施工工艺	外墙自保温 + 外保温形式	0.25
	具体做法	200mm 加气混凝土砌块 +120mm 石墨聚苯板	

3. 黑龙江省

该项目是在严寒地区的，外墙保温一般采用外保温的形式。在幕墙（外窗）的选择上，该项目结合当地的材料库，选用铝包木四玻三腔的规格，整窗传热系数达到 0.078W/ (m^2·K)；玻璃太阳得热系数为 0.42，传热系数为 0.46W/ (m^2·K)，满足了超低能耗建筑的设计要求。

黑龙江省典型超低能耗构造做法见表 3-10。

黑龙江省典型超低能耗构造做法   表 3-10

围护结构（目标：超低能耗建筑）			K [W/ (m^2·K)]
屋面	做法	400mm 挤塑聚苯乙烯泡沫板	0.07
外墙	施工工艺	外墙（铝板幕墙）+ 外保温形式	0.1
	具体做法	100mm 铝板幕墙 +350mm 岩棉板	

4. 北京市

该项目在北京市实施建造，目标是要达到零能耗建筑，其外墙采用 300mm 厚岩棉带，外墙传热系数为 0.14W/ (m^2·K)。然而，北方超厚的外墙外保温系统在施工可行性上有一定的局限性，据了解，北方采用的超厚的外墙外保温薄抹灰系统，是通过粘锚加托架、分层保温（如：错峰保温）的方式实现。

北京市典型超低能耗构造做法见表 3-11。

北京市典型超低能耗构造做法 表 3-11

围护结构构件（目标：零能耗建筑）			$K[W/(m^2 \cdot K)]$
屋面	做法	300mm 挤塑聚苯板	0.11
外墙	施工工艺	外保温形式（粘锚加托架，分层保温的方式）	0.14
	具体做法	300mm 岩棉带	

5. 河南省

河南省从较早的时期就开始超低能耗建筑的建设，该项目是由中国建筑西南建筑设计研究院有限公司、河南建科工程咨询有限公司与中国建筑第三工程局有限公司配合实施的郑州市党风廉政宣传教育基地搬迁项目。不仅在围护结构以及设计初期进行了超低能耗的考量，更重要的是施工方各利益相关者之间的早期配合促成了超低能耗建筑的落地。

河南省典型超低能耗构造做法见表 3-12。

河南省典型超低能耗构造做法 表 3-12

围护结构（目标：超低能耗建筑）		
屋面	做法	220mm 厚燃烧性能为 B_1 级的石墨聚苯板
外墙	施工工艺	外保温形式且双重保温组合形式
	具体做法	30mm 厚真空绝热板 +60mm 厚岩棉板，外表面干挂陶瓷薄板或铝板，保温采用无锚栓施工，减少热桥

3.5 透光围护结构设计

3.5.1 超低能耗建筑透光围护结构设计要求

门窗、幕墙作为建筑围护中沟通室内外光热环境的主要构件，为人们日常生活中的采光、通风、日照、视野等方面提供了便利，同时也是最容易造成热量散失的部位。相关研究分析给出：建筑物中建筑物总耗能的 50% 是通过门窗损失掉的。因此，要显著提升室内热舒适度和建筑节能效果，通过对外门窗、幕墙的热工性能进行设计优化是切实有效的办法。对于超低能耗建筑来说，其门窗、幕墙的热工设计尤为关键。从节能设计影响因素方面分析，主要包括门窗及幕墙的类型的选择、玻璃系统的搭配、气密性的控制、合理遮阳措施的应用等。

表 3-13 ~ 表 3-16 汇总了国家及各省市近零能耗、超低能耗标准中对外窗（包括透光幕墙、外门透光部分）热工性能的指标要求，相比常规建筑中外窗（包括透

光幕墙、外门透光部分）节能设计要求有很大的提高，不同气候区域的热工要求差异明显。

1. 公共建筑透明围护结构热工性能要求总览（表3-13、表3-14）

公共建筑透明围护结构热工性能要求（传热系数）　　表3-13

地区	外窗（包括透光幕墙、外门透光部分）传热系数 K [W/（m²·K）]		标准依据
	严寒地区	寒冷地区	
全部	≤ 1.20	≤ 1.50	《近零能耗建筑技术标准》GB/T 51350—2019
河北省	≤ 1.00（含采光顶）	≤ 1.00（含采光顶）	《被动式超低能耗公共建筑节能设计标准（2021年版）》DB13（J）/T 8360—2020
吉林省	≤ 1.00	—	《吉林省超低能耗绿色建筑技术导则》（2019年）
地区	夏热冬冷地区	夏热冬暖地区	标准依据
全部	≤ 2.20	≤ 2.80	《近零能耗建筑技术标准》GB/T 51350—2019
上海市	约束值≤ 1.80 参考值≤ 1.40	—	《上海市超低能耗建筑技术导则（试行）》（2019年）
安徽省	超低能耗≤ 1.80 近零能耗≤ 1.20	—	《近零能耗建筑技术标准》DB34/T 4293—2022
深圳市	—	推荐值≤ 3.50 目标值≤ 2.80	《深圳市超低能耗建筑技术导则》（2021年）
地区	温和地区		标准依据
全部	≤ 2.20		《近零能耗建筑技术标准》GB/T 51350—2019

公共建筑透明围护结构热工性能要求（综合太阳得热系数）　　表3-14

地区	外窗（包括透光幕墙、外门透光部分）综合太阳得热系数 SHGC		标准依据
	严寒地区	寒冷地区	
全部	冬季≥ 0.45 夏季≤ 0.30	冬季≥ 0.45 夏季≤ 0.30	《近零能耗建筑技术标准》GB/T 51350—2019
乌鲁木齐市	冬季≥ 0.50 夏季≤ 0.30		《乌鲁木齐市超低能耗建筑及近零能耗建筑适用技术应用导则》（2022年）
地区	夏热冬冷地区	夏热冬暖地区	标准依据
全部	冬季≥ 0.40 夏季≤ 0.15	冬季无要求 夏季≤ 0.15	《近零能耗建筑技术标准》GB/T 51350—2019
上海市	综合遮阳系数（东西南向）约束值≤ 0.30 参考值≤ 0.25 换算后综合太阳得热系数（东西南向）约束值≤ 0.26 参考值≤ 0.22	—	《上海市超低能耗建筑技术导则（试行）》（2019年）

续表

地区	夏热冬冷地区	夏热冬暖地区	标准依据
安徽省	冬季 ≥ 0.40 夏季 ≤ 0.25	—	《近零能耗建筑技术标准》DB34/T 4293—2022
深圳市	—	推荐值 ≤ 0.28 目标值 ≤ 0.15	《深圳市超低能耗建筑技术导则》（2021 年）
地区	**温和地区**		**标准依据**
全部	冬季无要求 夏季 ≤ 0.30		《近零能耗建筑技术标准》GB/T 51350—2019

2. 居住建筑透明围护结构热工性能要求总览（表 3-15、表 3-16）

居住建筑透明围护结构热工性能要求（传热系数）　　表 3-15

地区	外窗（包括透光幕墙、外门透光部分）传热系数 K [W/（$m^2 \cdot$ K）]		标准依据
	严寒地区	寒冷地区	
全部	≤ 1.00	≤ 1.20	《近零能耗建筑技术标准》GB/T 51350—2019
河北省	≤ 1.00（含采光顶）	≤ 1.00（含采光顶）	《被动式超低能耗居住建筑节能设计标准（2021 年版）》DB13（J）/T 8359—2020
青海省	0.70 ~ 1.20	—	《青海省被动式低能耗建筑技术导则（居住建筑）》DB 63/T 1682—2018
乌鲁木齐市	超低能耗 ≤ 1.00 近零能耗 ≤ 0.80	—	《乌鲁木齐市超低能耗建筑及近零能耗建筑适用技术应用导则》（2022 年）
北京市 天津市	—	现行值 0.80 < K ≤ 1.00 目标值 K ≤ 0.80	《超低能耗居住建筑设计标准》DB11/T 1665—2019 《超低能耗居住建筑设计标准》DB/T 29—274—2019
山东省	—	≤ 1.00	《被动式超低能耗居住建筑节能设计标准》DB37/T 5074—2016
地区	**夏热冬冷地区**	**夏热冬暖地区**	**标准依据**
全部	≤ 2.00	≤ 2.50	《近零能耗建筑技术标准》GB/T 51350—2019
夏热冬冷地区	气候区 A，K ≤ 2.00 气候区 B、C，K ≤ 1.80 气候区 D，K ≤ 1.60	—	《夏热冬冷地区被动式居住建筑技术指南》T/CABEE-JH2018020
河南省	≤ 1.20	—	《河南省超低能耗居住建筑节能设计标准》DBJ41/T 205—2018
上海市	约束值 ≤ 1.80 参考值 ≤ 1.40	—	《上海市超低能耗建筑技术导则（试行）》（2019 年）
江苏省	≤ 1.60	—	《江苏省超低能耗居住建筑技术导则（试行）》（2020 年）
湖南省	≤ 1.40	—	《湖南省超低能耗居住建筑节能设计标准》DBJ43/T 017—2021

续表

地区	外窗（包括透光幕墙、外门透光部分）传热系数 K [W/（m²·K）]		标准依据
	严寒地区	寒冷地区	
湖北省	A区≤8层，K≤1.40 A区≥9层，K≤1.50	—	《被动式超低能耗居住建筑节能设计规范》DB42/T 1757—2021
安徽省	超低能耗≤1.80 近零能耗≤1.20	—	《近零能耗建筑技术标准》DB34/T 4293—2022
广州市	—	≤3.5	《岭南特色超低能耗建筑技术指南》（2020年）
深圳市	—	推荐值≤3.50 目标值≤2.80	《深圳市超低能耗建筑技术导则》（2021年）

地区	温和地区	标准依据
全部	≤2.00	《近零能耗建筑技术标准》GB/T 51350—2019

居住建筑透明围护结构热工性能要求（综合太阳得热系数） 表 3-16

地区	外窗（包括透光幕墙、外门透光部分）综合太阳得热系数 $SHGC$		标准依据
	严寒地区	寒冷地区	
全部	冬季≥0.45 夏季≤0.30	冬季≥0.45 夏季≤0.30	《近零能耗建筑技术标准》GB/T 51350—2019
河北省	冬季≥0.40	冬季≥0.30	《被动式超低能耗居住建筑节能设计标准（2021年版）》DB13（J）/T 8359—2020
青海省	冬季≥0.50 夏季≤0.30	—	《青海省被动式低能耗建筑技术导则（居住建筑）》DB 63/T 1682—2018
乌鲁木齐市	超低能耗 冬季≥0.50 夏季≤0.30 近零能耗 冬季≥0.55 夏季≤0.30	—	《乌鲁木齐市超低能耗建筑及近零能耗建筑适用技术应用导则》（2022年）
北京市 天津市	—	现行值 冬季≥0.45 夏季≤0.30 目标值 冬季≥0.45 夏季≤0.30	《超低能耗居住建筑设计标准》DB11/T 1665—2019 《超低能耗居住建筑设计标准》DB/T 29—274—2019
山东省	—	0.30～0.60	《被动式超低能耗居住建筑节能设计标准》DB37/T 5074—2016
江苏省	—	南向 冬季≥0.60 夏季≤0.20 东西北向 夏季≤0.40	《江苏省超低能耗居住建筑技术导则（试行）》（2020年）

续表

地区	夏热冬冷地区		标准依据
全部	冬季≥0.40 夏季≤0.30		《近零能耗建筑技术标准》GB/T 51350—2019
夏热冬冷地区	气候区A 南向 冬季≥0.45 夏季≤0.25	气候区A 东西向 冬季≥0.45 夏季≤0.20	《夏热冬冷地区被动式居住建筑技术指南》T/CABEE-JH2018020
	气候区B、D 南向 冬季≥0.40 夏季≤0.25	气候区B、D 东西向 冬季≥0.40 夏季≤0.20	
	气候区C 南向 冬季≥0.40 夏季≤0.30	气候区C 东西北向 冬季≥0.40 夏季≤0.25	
河南省	冬季≥0.40 夏季≤0.15		《河南省超低能耗居住建筑节能设计标准》DBJ41/T 205—2018
上海市	综合遮阳系数 （东西南向） 约束值≤0.40 参考值≤0.35	玻璃遮阳系数 （东西南向） 约束值≥0.60 参考值≥0.60	《上海市超低能耗建筑技术导则（试行）》（2019年）
	换算后综合太阳得热系数（东西南向） 约束值≤0.35 参考值≤0.30	换算后玻璃太阳得热系数（东西南向） 约束值≥0.52 参考值≥0.52	
江苏省	南向 冬季≥0.60 夏季≤0.20	东西北向 夏季≤0.20	《江苏省超低能耗居住建筑技术导则（试行）》（2020年）
湖南省	东西南向 冬季≥0.45 夏季≤0.25		《湖南省超低能耗居住建筑节能设计标准》DBJ43/T 017—2021
湖北省	A区 冬季≥0.40 夏季≤0.30		《被动式超低能耗居住建筑节能设计规范》DB42/T 1757—2021
安徽省	冬季≥0.50 夏季≤0.30		《近零能耗建筑技术标准》DB34/T 4293—2022
地区	夏热冬暖地区		标准依据
全部	夏季≤0.15		《近零能耗建筑技术标准》GB/T 51350—2019
深圳市	推荐值≤0.28	目标值≤0.15	《深圳市超低能耗建筑技术导则》（2021年）
地区	温和地区		标准依据
全部	冬季≥0.40 夏季≤0.30		《近零能耗建筑技术标准》GB/T 51350—2019

3.5.2 影响门窗性能的主要因素

超低能耗建筑应选择保温效果较好的外门窗，其影响性能的主要参数包括传热系数、遮阳系数以及气密性能。窗节能性能的主要因素有外窗太阳得热系数、遮阳系数、玻璃层数、Low-E膜的层数和位置（采用Low-E玻璃时，要达到较低的太阳得热系数，膜层宜位于最外片玻璃的内侧）、中空玻璃的填充气体、边部密封、型材材质、型材截面设计及开启方式等。

根据国家建筑标准设计图集《建筑节能门窗》16J607中所列的节能门窗选型，整窗传热系数 K =1.0～1.4W/（m²·K）建议选用玻纤聚氨酯窗、铝包木窗、断热桥、聚氨酯复合窗等高性能门窗。

1. 型材

（1）玻纤聚氨酯外窗

玻纤增强聚氨酯窗框型材是以玻璃纤维为增强材料、聚氨酯树脂为基体树脂，通过拉挤工艺制备而成，是一种热固性高性能复合材料，如图3-28所示。由于聚氨酯本身为保温材料，做成门窗型材，门窗综合传热系数低、保温好、轻质高强、耐火、耐腐蚀防盐雾、尺寸稳定。

（2）铝包木外窗

铝包木外窗是以铝合金挤压型材为框、挺、扇的主料作受力杆件（承受并传递自重和荷载的杆件），另外覆以实木装饰制作而成的窗，如图3-29所示。外铝结构坚固、内木美观大方，有很好的防变形和抗老化能力，自然和谐、维护建筑物的整体美观。

图3-28　玻纤聚氨酯窗

图3-29　铝包木外窗

（3）聚氨酯合金外窗

聚氨酯隔热铝合金是以聚氨酯硬泡（MDI）为核心，以欧洲节能门窗结构为基础设计的新一代聚氨酯铝合金节能门窗材料，聚氨酯合金外窗结构如图3-30所示，分析数据见图3-31、图3-32。

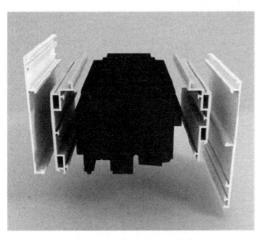

图 3-30　聚氨酯合金外窗双层结构

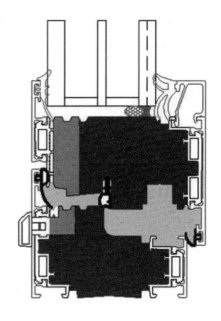

图 3-31　门窗设计原理

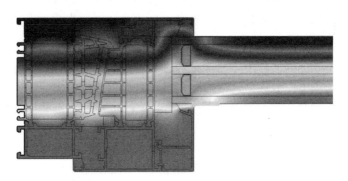

图 3-32　聚氨酯铝合金材料模拟等温线及热流图像

（4）断桥铝合金外窗

断桥铝合金为目前外窗常用型材，如图 3-33 所示。

图 3-33　断桥铝合金外窗

针对不同的窗框，由于材质不同导致窗材料关键技术指标也各不相同，具体参数见表3-17。

不同窗框主要技术指标 表 3-17

技术指标	铝合金	尼龙隔热条	塑钢	聚氨酯复合	铝木复合材料
密度（g/cm³）	2.79	1.3	1.5	2.1	0.35 ~ 2.1
导热系数 [W/（m²·K）]	160	0.3	0.35	0.34	0.15 ~ 0.20
弯曲强度（MPa）	250	80 ~ 180	30	≥ 1200	124 ~ 150
弯曲模量（GPa）	50 ~ 80	2 ~ 5	2.2 ~ 5	41.3	10 ~ 22
尺寸收缩率（≤，%）	0.6	0.4	0.4	0.2	2
线膨胀系数，10-5K-1	2.2 ~ 2.4	2.4 ~ 3.5	5 ~ 8.5	0.5 ~ 0.8	2 ~ 3

2. 玻璃系统类型

超低能耗建筑适配窗户的玻璃系统通常选用三玻两腔系统以及更多中空层数的系统，玻璃的透光性有普通透明及中透光、低透光、高透光几种形式，玻璃系统的中空层一般为填充气体（空气或氩气等惰性气体）或者处理成真空态。通常在项目应用中，一种玻璃系统规格为了适配不同气候区的节能要求，在透光性和太阳得热性能方面需要具备可调节性，这就需要在玻璃外侧镀膜的技术手段来满足不同场景的使用需求，也就是在设计中常见的 Low-E 及 Low-E 单（双）银玻璃系统。常见的三玻两腔中空 Low-E 玻璃系统见图 3-34，典型玻璃系统见图 3-35。

序号	名称	玻璃配置	传热系数 [w/（m²·K）]	太阳得热系数 SHGC
1	90 系列内平开隔热铝合金窗	5+12A+5+12A+5Low-E	0.9 ~ 1.1	0.35 ~ 0.39
2	100 系列内平开隔热铝合金窗	5+12Ar+5Low-E+12Ar+5Low-E	0.9 ~ 1.1	0.24 ~ 0.31
3	100 系列内平开隔热铝合金窗	5+12Ar+5+V+5Low-E	0.8 ~ 1.0	0.35 ~ 0.39
4	65 系列内平开塑料窗	5+12Ar+5Low-E+12Ar+5Low-E	1.1 ~ 1.3	0.24 ~ 0.31
5	82 系列内平开塑料窗	5+12Ar+5+12Ar+5Low-E	1.0 ~ 1.2	0.30 ~ 0.37
6	82 系列内平开塑料窗	5+12Ar+5Low-E+12Ar+5Low-E	0.8 ~ 1.0	0.24 ~ 0.31

图 3-34　常见的三玻两腔中空 Low-E 玻璃系统

资料来源：《近零能耗建筑技术标准》GB/T 51350—2019

C.0.3 典型玻璃配合不同窗框的整窗传热系数表

玻璃品种及规格		玻璃中部传热系数 K_g（W/m²·K）	传热系数				
			非隔热金属型材 $K_f=10.8$W/(m²·K) 框面积 15%	隔热金属型材 $K_f=5.8$W/(m²·K) 框面积 20%	塑料型材 $f=2.7$W/(m²·K) 框面积 25%	隔热金属型材多腔密封 $K_f=5.0$W/(m²·K) 框面积 20%	多腔密封型材 $K_f=2.0$W/(m²·K) 框面积 25%
热反射玻璃	6 高透光热反射玻璃	5.7	6.5	5.7	4.9	—	—
	6 中透光热反射玻璃	5.4	6.2	5.5	4.7	—	—
单片 Low-E 玻璃	6 高透光 Low-E 玻璃	3.6	4.7	4.0	3.4	—	—
	6 中透光 Low-E 玻璃	3.5	4.6	4.0	3.3	—	—
中空玻璃	6 透明 +12 空气 +6 透明	2.8	4.0	3.4	2.8	—	—
	6 中透光热反射 +12 空气 +6 透明	2.4	3.7	3.1	2.5	2.9	2.3
	6 高透光 Low-E+12 空气 +6 透明	1.9	3.2	2.7	2.1	2.5	1.9
	6 中透光 Low-E+12 空气 +6 透明	1.8	3.2	2.6	2.0	2.4	1.9
	6 高透光 Low-E+12 氩气 +6 透明	1.5	2.9	2.4	1.8	2.2	1.6
	6 中透光 Low-E+12 氩气 +6 透明	1.4	2.8	2.3	1.7	2.1	1.6

图 3-35 典型玻璃系统

资料来源:《深圳市超低能耗建筑技术导则》附录 C

3.6 遮阳设计

在超低能耗建筑中，建筑遮阳专项设计是实现室内热环境和光环境调控的关键要素。建筑遮阳是指在建筑物外部设置遮阳设施，以减少太阳辐射对室内的影响，降低室内温度，减少空调负荷，提高室内舒适度。建筑遮阳的主要功能包括：首先，通过遮挡太阳辐射热，避免夏季室内温度过高，从而降低制冷能耗。其次，建筑遮阳设施能够有效防止太阳光直接照射，减少眩光的产生。

3.6.1 超低能耗建筑遮阳设计要求

1.《近零能耗建筑技术标准》GB/T 51350—2019 中对建筑遮阳的要求

遮阳设计应根据房间的使用要求、窗口朝向及建筑安全性综合考虑。可采用可调节或固定等遮阳措施，也可采用可调节太阳得热系数（SHGC）的调光玻璃进行遮阳。南向宜采用可调节外遮阳、可调节中置遮阳或水平固定外遮阳的方式。东向和西向外窗宜采用可调节外遮阳设施。

2. 河北省《被动式超低能耗居住建筑节能设计标准（2021 年版）》DB13（J）/T 8360—2020 中对建筑遮阳的要求

（1）寒冷地区建筑东、西向和南向外窗宜采取遮阳措施。遮阳设计应根据夏季供冷需求和冬季太阳辐射得热进行优化。

（2）建筑遮阳设计宜优先采用可调节外遮阳。当采用固定式遮阳时，南向宜采用水平遮阳，东、西朝向宜采用组合遮阳。

（3）建筑遮阳应与建筑立面、门窗洞口构造一体化设计。当采用外遮阳系统时，应符合下列规定：

1）采用固定遮阳时，应对与主体连接部位采取热桥处理措施；

2）采用活动遮阳时，活动遮阳系统与外墙外保温系统相连时，应采用构造措施削弱热桥影响。

3.《上海市超低能耗建筑技术导则（试行）》中对建筑遮阳的要求

（1）东向、西向、南向外窗（透光幕墙）以及屋顶透光部分应设置外遮阳措施，优先采用活动外遮阳形式。

（2）采用固定外遮阳时，应通过计算分析对外遮阳构件的尺寸、间距等进行优化设计。南向宜采用水平式外遮阳，东、西向宜采用挡板式遮阳，如图3-36所示。

（3）采用活动外遮阳时，可采用金属百叶、卷帘、中置百叶等形式。

（4）采用绿化遮阳时，应利用合适的植物布置在建筑需要遮阳的部位，发挥遮阳的功用。

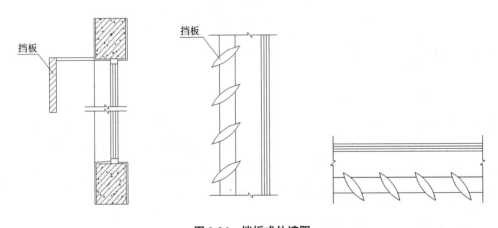

图3-36　挡板式外遮阳

4.《海南省超低能耗建筑技术导则（试行）》中对建筑遮阳的要求

（1）超低能耗建筑遮阳应与建筑主体统一设计，外观协调，安全耐久。活动式遮阳构件和设施宜采用电动控制、群组控制或智能控制，实现遮阳可调。

（2）超低能耗建筑遮阳构件宜呈百叶或网格状。实体遮阳构件宜与建筑窗口、墙面和屋面之间留有间隙。

（3）超低能耗建筑遮阳设计宜与太阳能光伏系统和太阳能热水系统结合，进行太阳能利用与建筑一体化设计。

3.6.2　遮阳分类及常用设计方案

　　按与外围护结构的相对位置划分，常用的遮阳措施主要包括中置遮阳及外遮阳。中置遮阳通常采用百叶形式内装于中空玻璃腔体内，能遮挡太阳直射辐射，并将吸收的热量经过热通道排往室外，提供遮阳和调光功能，不影响立面设计，维护成本低。与无遮阳相比，中置遮阳进入室内的热量平均降低 70%。外遮阳是在建筑透明部位外部的遮阳装置，常选用卷帘、百叶、遮阳板等措施进行布置，采用外遮阳措施时，需兼顾外立面美观性设计。与无遮阳相比，外遮阳可以将绝大部分太阳辐射阻挡在室外，进入室内的热量降低 90% 以上。

　　东向、西向、南向外窗（透光幕墙）以及屋顶透光部分应设置外遮阳措施，优先采用活动外遮阳形式。采用固定外遮阳时，应通过计算分析对外遮阳构件的尺寸、间距等进行优化设计。南向宜采用水平式外遮阳，东向、西向宜采用挡板式遮阳。采用活动外遮阳时，可采用金属百叶、卷帘、中置百叶等形式。采用绿化遮阳时，应利用合适的植物布置在建筑需要遮阳的部位，发挥遮阳的功用。在进行景观设计时，宜考虑在建筑物的南向与西向种植高大落叶乔木，利用绿化植物对建筑进行遮阳；宜采取立体绿化方式，形成对外围护结构的遮阳隔热。可考虑在外墙下种植攀缘植物，利用攀缘植物（如爬山虎）进行遮阳。因超低能耗建筑对于冬夏季热平衡要求较高，因此适合选用的遮阳方式为中置百叶遮阳或外遮阳，比如建筑外置金属遮阳百叶（电动为主）、外置织物遮阳卷帘（电动为主）、中置百叶遮阳等，如图 3-37 所示。

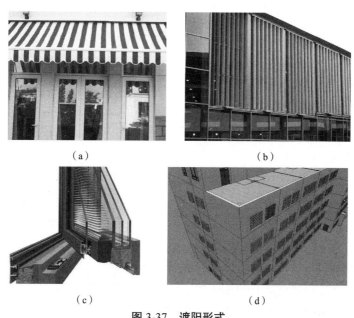

（a）　　　　　　　　　　　　（b）

（c）　　　　　　　　　　　　（d）

图 3-37　遮阳形式

（a）外置织物固定遮阳；（b）外置金属遮阳百叶；（c）中置百叶遮阳；（d）百叶遮阳模型展示

3.7 建筑气密性

超低能耗建筑的气密性设计是确保建筑节能效果的重要一环。设计原则包括确保建筑整体气密性良好，减少室内外空气交换，降低能耗。设计目标为在建筑的全生命周期内，实现室内环境的舒适性、节能性及健康性，并减少能源消耗。

3.7.1 相关标准要求

1.《近零能耗建筑技术标准》GB/T 51350—2019 中对建筑气密性的要求

（1）室内外正负压差 50Pa 的条件下，每小时换气次数（N_{50}）要求如表 3-18 所示。

不同地区近零能耗建筑气密性要求（换气次数 N_{50}）　　　　　　　　表 3-18

类型	严寒	寒冷	夏热冬冷	夏热冬暖	温和
近零/零能耗居住建筑	≤ 0.6			≤ 1.0	
近零/零能耗公共建筑	≤ 1.0			—	
超低能耗居住建筑	≤ 0.6			≤ 1.0	
超低能耗公共建筑	≤ 1.0			—	

（2）外门窗气密性能应符合外窗气密性能不宜低于 8 级；外门、分隔供暖空间与非供暖空间的户门气密性能不宜低于 6 级。

（3）外门窗外表面与基层墙体的连接处宜采用防水透汽材料密封，门窗内表面与基层墙体的连接处应采用气密性材料密封。

（4）建筑围护结构气密层应连续并包围整个外围护结构，建筑设计施工图中应明确标注气密层的位置。

（5）围护结构设计时，应进行气密性专项设计。

（6）建筑设计应选用气密性等级高的外门窗，外门窗与门窗洞口之间的缝隙应做气密性处理。

（7）气密层设计应依托密闭的围护结构层，并应选择适用的气密性材料。

（8）围护结构洞口、电线盒、管线贯穿处等易发生气密性问题的部位应进行节点设计，并应对气密性措施进行详细说明；穿透气密层的电力管线等宜采用预埋穿线管等方式，不应采用桥架敷设方式。

（9）不同围护结构的交界处以及排风等设备与围护结构交界处应进行密封节点设计，并应对气密性措施进行详细说明。

2. 河北省《被动式超低能耗居住建筑节能设计标准（2021 年版）》DB13（J）/T 8360—2020 中对建筑气密性的要求

（1）室内外正负压差 50Pa 的条件下，每小时换气次数（N_{50}）不超过 0.6 次。

（2）外门窗的气密、水密和抗风压性能应按现行国家标准《建筑外门窗气密、水密、抗风压性能检测方法》GB/T 7106 检测。气密性能等级应为现行国家标准《建筑幕墙、门窗通用技术条件》GB/T 31433 中的 8 级；水密性能不应低于 4 级；抗风压性能应按现行国家标准《建筑结构荷载规范》GB 50009 经计算确定，且多层建筑不应低于 3 级、高层建筑不应低于 4 级，并应满足设计要求。

（3）户门应具有良好的保温、气密性能，气密性能等级应按现行国家标准《建筑外门窗气密、水密、抗风压性能检测方法》GB/T 7106 进行检测，其气密性能等级应为现行国家标准《建筑幕墙、门窗通用技术条件》GB/T 31433 中的 8 级。

（4）建筑围护结构的气密层设计应符合下列规定：

1）建筑设计施工图中应明确标注气密层位置；

2）气密层应连续完整，包绕整个气密区域；

3）由不同材料构成的气密层的连接处，应采取气密搭接等密封措施；

4）当采用装配式墙板时，有气密要求的墙板间及墙板与梁、柱、结构板拼缝处应设置气密层加强构造，宜在室内侧粘贴气密性材料；

5）主体钢结构工程，有气密要求的钢构件之间、钢构件与墙板、楼面板的拼缝应采取耐久性密封措施，以保证气密层的连续。

（5）有气密要求的填充墙抹灰层应连续完整，抹灰层厚度不应小于 15mm，且不同材料连接缝隙及墙体拐角等部位应采取防开裂措施。

（6）外门窗安装时，外门窗与结构墙之间的缝隙应采用耐久性良好的密封材料密封，室内一侧使用防水隔汽材料，室外一侧宜使用防水透汽材料。

（7）开关、插座、接线盒、消火栓等在有气密要求的填充墙体设置时，应采取气密性加强措施。

（8）穿气密层的管线应采用耐久性良好的密封材料密封，室内一侧使用防水隔汽材料，室外一侧宜采用防水透汽材料，且应满足相关标准的粘贴要求。

（9）入户线管穿线完毕后应进行气密性封堵。

3.《上海市超低能耗建筑技术导则（试行）》中对建筑气密性提出要求

（1）室内外正负压差 50Pa 的条件下，每小时换气次数（N_{50}）不超过 1.0 次。

（2）外窗，采用高气密性外窗，气密性不低于《建筑外门窗气密、水密、抗风压性能检测方法》GB/T 7106—2019 规定的 8 级，窗与结构墙之间的缝隙采用耐久性良好的密封材料密封，室内一侧使用防水隔汽膜，室外一侧使用防水透汽膜，以防止水汽的渗漏。

（3）外遮阳设计应与主体建筑结构可靠连接，连接件与基层墙体之间应设置保温隔热垫块。穿墙管洞，PC（预制混凝土）墙体预埋套管，穿墙管道采用套管安装，套管与套管之间采用岩棉填实，并用预压膨胀密封带和硅酮密封胶封堵，穿墙管道。

（4）在外围护内侧采用防水隔汽膜，在外围护外侧采用防水透汽膜。

4.《海南省超低能耗建筑技术导则（试行）》中对建筑气密性的要求

（1）超低能耗建筑的外门窗应有良好的气密性能，外窗气密性等级宜不低于7级。

（2）气密层设计应依托密闭的围护结构层，并应选择适用的气密性材料。

（3）围护结构洞口、电线盒、管线贯穿处等易发生气密性问题的部位应进行节点设计，并应对气密性措施进行详细说明：穿透气密层的电力管线等宜采用预埋穿线管等方式，不应采用桥架敷设方式。

（4）不同围护结构的交界处以及排风等设备与围护结构交界处应进行密封节点设计，并应对气密性措施进行详细说明。

3.7.2　气密性设计要点

建筑气密性是实现超低能耗建筑目标的核心因素之一，它直接关联到建筑与外界的能量交换和能量流失。良好的气密性能显著减少冬季冷风的渗透，有效降低夏季非受控通风导致的供冷需求增加，同时避免湿气侵入引发的发霉、结露和建筑损坏。此外，气密性能还能减少室外噪声和空气污染对室内环境的不利影响，从而提升建筑的室内环境质量。在超低能耗建筑中，由于其极低的能效指标，气密性对能耗的影响变得尤为重要，超低能耗建筑气密性设计应以建筑整体气密性的控制作为设计目标，对气密层、门窗构件、墙面洞口的设置予以重点考虑，如穿墙孔洞、出屋面管井（风井）、出屋面管道，以及被动式外门窗、PC拼缝等。

在设计和施工超低能耗建筑时，应特别关注外围护结构的气密性，这包括内外抹灰层、各类洞口的密封、穿墙管线的妥善处理、风井及烟井的封闭等。通过这些措施，可以确保建筑的气密层连续并包围整个外围护结构，从而有效控制空气和水分的渗透。为了验证建筑的气密性能，可以采用鼓风门法等检测手段，测量在一定压差下的换气次数，确保气密性能达到相关标准要求。

超低能耗建筑气密性设计主要应遵循以下原则：

（1）建筑围护结构的气密层应连续并包绕整个气密区，建筑设计施工图中应明确标注气密层的位置。建筑围护结构气密层应连续并包围整个外围护结构。

（2）围护结构设计时，应进行气密性专项设计。由不同材料构成的气密层的连接处，应采取气密搭接等密封措施；当采用装配式墙板时，有气密要求的墙板间及墙板与梁、柱、结构板拼缝处应设置气密层加强构造，宜在室内侧粘贴气密性材料；主体钢结构工程，有气密要求的钢构件之间、钢构件与墙板、楼面板的拼缝应采取耐久性密封措施，以保证气密层的连续；有气密要求的填充墙抹灰层应连续完整，抹灰层厚度不应小于15mm，且不同材料连接缝隙及墙体拐角等部位应采取防开裂措施。

（3）建筑设计应选用气密性等级高的外门窗，外门窗与门窗洞口之间的缝隙应做气密性处理。处理外门窗与窗洞口之间缝隙的主要措施是采用耐久性良好的密封材料密封，室内侧宜使用防水隔汽膜，室外侧使用防水透汽膜，隔汽膜（透汽膜）性能指标应符合相关标准的规定，且应满足下列要求：

1）防水隔汽膜（透汽膜）与门窗框粘贴宽度不应小于 15mm，粘贴应紧密，无起鼓漏气现象；

2）防水隔汽膜（透汽膜）与基层墙体粘贴宽度不应小于 50mm，粘贴密实，无起鼓漏气现象。

（4）气密层设计应依托密闭的围护结构层，并应选择适用的气密性材料。

（5）围护结构洞口、电线盒、管线贯穿处等易发生气密性问题的部位应进行节点设计，并应对气密性措施进行详细说明。除此之外，穿透气密层的电力管线等宜采用预埋穿线管等方式，不应采用桥架敷设方式。围护结构洞口、电线盒和管线贯穿处等部位不仅是容易产生热桥的部位，同时也是容易产生空气渗透的部位，其气密性的节点设计应配合产品和安装方式进行设计。

关于超低能耗建筑气密性设计门窗设计节点可参考图 3-38，气密性处理见图 3-39，气密层标注示意图见图 3-40。

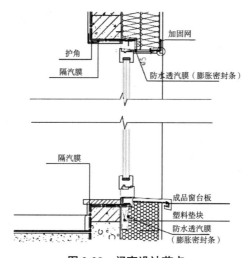

图 3-38　门窗设计节点

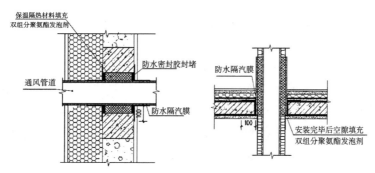

图 3-39　气密性处理

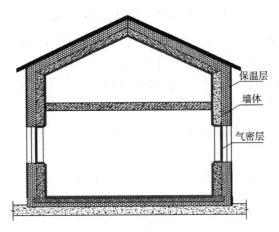

图 3-40 气密层标注示意图

3.8 建筑热桥

在无热桥设计要求下，阳角节点、阴角节点、女儿墙保温要全覆盖，屋顶防潮隔汽层与防水层延伸至女儿墙；管道穿屋顶处要做断热桥处理；包括阳台板节点、凸窗节点、变形缝节点、设备平台节点、防火挑板节点、幕墙预埋件节点、拉模孔封堵节点、卫生间处水平缝节点等。

为了保证建筑在设计阶段节点符合无热桥设计要求，超低能耗设计软件可进行热桥节点二维线性传热计算，计算界面见图 3-41。

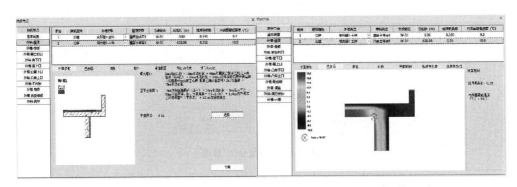

图 3-41 PKPM 超低能耗软件热桥节点二维线性传热计算

建筑中的热桥很大程度上影响建筑节能，因此热桥处理是实现建筑超低能耗目标的关键因素之一，在超低能耗建筑节能设计时建议对热桥部位采取保温、隔热处理，减少围护结构热桥部位的传热损失。为了降低热桥效应，建筑设计和施工中应采取一系列措施。首先，保温材料应连续覆盖在外围护结构中，避免出现冷热桥现象。其次，结构连接处，如墙角和屋顶与墙体的连接处，需要采取额外的保温措施。再次，使用具有低导热系数的材料，以及在不可避免的热桥区域采用隔离材料或设计隔离措施，都是有效的解决方案。最后，施工过程中的质量控制同样重要，确保保温层的连续性和密封性，从而有效降低热桥对室内环境舒适度的负面影响。无热桥设计是指对围护结构中潜在的热桥构造进行加强保温、隔热以降低热流通量的设计，可遵循以下规则：

1. 避让规则

在设计和施工时，应避免使用会破坏或穿透外围护结构的外装饰构件、连接件和锚固件，尽可能不破坏或穿透外围护结构。

2. 击穿规则

当管线等必须穿透外围护结构，应在穿透处设计较大的孔洞，并确保有足够的间隙进行保温填充，保证穿透处保温连续、密实，无空洞，以减少热量的流失。

3. 连接规则

在建筑部件连接处，保温层必须保持连续且无间隙，以维持保温层的完整性和效率。

4. 几何规则

在设计建筑围护结构时，尽量减少形体的凹凸变化，避免几何结构的变化，减少散热面积，从而降低热损失。

建筑外墙保温层宜连续完整，围护结构表面若有满挂钢丝网的抗裂、防脱落构造、预埋件构造或围护结构外保温系统有连接锚栓等的，宜采取阻断热桥措施。比如，采用断热桥锚栓，该锚栓的有效锚固深度宜 ≥ 35mm，塑料圆盘直径宜 ≥ 60mm。因为建筑外围护结构上的锚栓、预埋铁件、金属钉等相对保温层来说，其导热能力大大增加，热桥效应明显。当管线、管道必须穿透外围护结构时，宜在穿透处预埋厚度 ≥ 50mm 的不燃保温套管或留有条件以便采用不燃保温材料将缝隙填塞密实，填塞厚度 ≥ 50mm。因为建筑外围护结构上的管线管道穿透是外围护结构的一个热工薄弱环节，容易造成较大的热桥效应和较差的气密性结果，预埋穿透套管及缝隙填塞密实的不燃保温材料是有效的处理措施，断热桥处理可参考图 3-42、图 3-43。

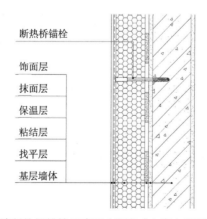

图 3-42　典型外墙外保温系统断热桥锚栓示意图（取自《上海市超低能耗建筑技术导则（试行）》）

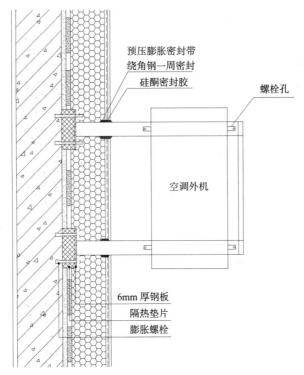

预压膨胀密封带
绕角钢一周密封
硅酮密封胶

螺栓孔

空调外机

6mm 厚钢板
隔热垫片
膨胀螺栓

图 3-43　空调支架安装示意图

外门窗与基层墙体的连接件应进行阻断热桥的处理，连接件与基层墙体间可设置隔热垫片。如外窗安装方式应从控制热桥效应及保障气密性角度，根据墙体保温形式进行选择。当墙体采用外保温系统且保温层厚度大于窗框厚度时，宜采用整体外挂式安装，窗框内表面与基层墙体外表面齐平，窗框局部区域位于保温层内。

对安装部位进行断热桥处理，最大限度地用保温材料对窗框进行包裹以减少热损失，所以在安装过程中必然要使用隔热垫块。

外窗外表面与基层墙体的连接处应采用防水透汽材料粘贴，外窗内表面与基层墙体的连接处应采用防水隔汽材料粘贴。

室外侧采用防水透汽膜：防止雨水向墙体的渗透，并保证建筑的水密性，同时可以利用材料的透气性排出墙体内的水蒸气，这样可以保证墙体保温材料的干燥，有效确保保温墙体节能性能。

室内侧采用防水隔汽膜：阻断室内和室外水蒸气的渗透，从而对门窗周边墙体也能起到防水、防潮和防霉的作用。

外窗节点设计参考图 3-44、图 3-45。

外遮阳设计应与主体建筑结构可靠连接，连接件与基层墙体之间应设置保温隔热垫块；当采用卷帘外遮阳时，应将卷帘盒固定在保温层外侧。带有电机的活动遮阳卷帘盒，电机电线的穿墙孔洞需密封处理，安装参考图 3-46。

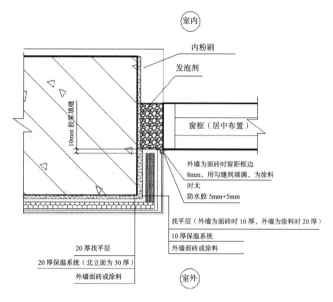

室内

内粉刷

发泡剂

窗框（居中布置）

10mm 胶浆填缝

外墙为面砖时留距框边8mm，用勾缝剂填满，为涂料时无

防水胶 5mm+5mm

找平层（外墙为面砖时 10 厚，外墙为涂料时 20 厚）

10 厚保温系统

外墙面砖或涂料

20 厚找平层

20 厚保温系统（北立面为 30 厚）

外墙面砖或涂料

室外

图 3-44　外窗节点设计：悬挂安装，与主体墙点固定（单位：mm）

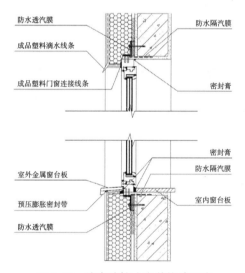

防水透汽膜

成品塑料滴水线条

成品塑料门窗连接线条

防水隔汽膜

密封膏

密封膏

防水隔汽膜

室内窗台板

室外金属窗台板

预压膨胀密封带

防水透汽膜

图 3-45　外窗外挂式安装构造示意

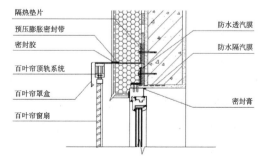

隔热垫片

预压膨胀密封带

密封胶

百叶帘顶轨系统

百叶帘罩盒

百叶帘窗扇

防水透汽膜

防水隔汽膜

密封膏

图 3-46　典型外遮阳百叶安装示意图

第 4 章

机电系统设计

为了降低超低能耗建筑的实际运行能耗，建筑节能策略应涵盖暖通空调系统、电气设备以及能耗监测系统的优化。利用高效热回收新风系统，采用高效节能设备，确保在必须使用机械式设备时，系统能够以最高效率运行。制定节能模式下的设备运行和管理控制标准，提高能源利用率，并结合能耗监测系统对建筑内的能源使用进行实时监控，保证室内环境健康舒适度的同时，实现建筑低能耗运行的节能目标。

4.1 超低能耗建筑暖通空调系统节能设计

相关资料显示，建筑暖通系统的能耗占建筑总能耗的 30% 以上，因此，强化对暖通系统的节能设计，对节约能源具有十分重要的作用。建筑暖通系统的能耗主要包括建筑内部设备运转过程中的能量损耗、新风引进引起的能量损耗和建筑围护结构冷热传递的能量损耗。

相比常规建筑，近零能耗建筑要求依据室内设计参数及能耗指标要求，并利用能耗模拟软件等工具进行性能化设计，优化确定建筑设计方案。这个过程需要多专业协同配合完成，最大限度地保证方案优化策略的可行性和协调性。近零能耗建筑设计是一个不断优化的过程，通过能耗计算结果不断修改建筑和暖通设计方案，使其在满足能效指标的要求下获得更低的能耗。

性能化设计具体方法如下：

（1）依据建筑类型和功能设定室内环境参数和能效指标。

（2）计算建筑冷热负荷，制定建筑和暖通等专业设计方案。

（3）利用能耗模拟计算软件等工具进行设计方案的定量分析及优化。

（4）分析优化结果并进行达标判定。当能效指标不能满足所确定的目标要求时，修改设计方案，重新进行定量分析和优化，直至满足目标要求。

（5）确定优选的设计方案。

（6）编制性能化设计报告。

4.1.1 负荷计算

众所周知，确定一个建筑的暖通空调系统时，设计方案首先要考虑该建筑物所需要的冷热量，之后才能决定空调设备（包括制冷机、锅炉、风机、水泵等）的数量和大小，考虑系统的划分，进行风道计算及确定自动控制方案等。因此，冷热负荷是空调与供暖工程设计的基础数据，是确定供暖与空调冷、热源容量、空气处理设备能力、输送管道尺寸等的依据。目前，设计人员在施工图设计阶段往往不加区别地将设计手册或技术措施中的单位建筑面积冷、热负荷指标直接作为确定施工图设计阶段空调与供暖冷、热负荷的依据，导致热源设备装机容量偏大、水泵配置偏大、末端设备偏大、管道直径偏大的"四大"现象，从而导致工程的初投资增高，运行费用和能耗增大，给国家和投资方造成巨大的损失。

在常规的住宅建筑中，施工单位常常根据经验值，采用估算指标的方法进行风机盘管、空调主机的选型，如此选出来的型号一般会偏大。常规情况下，验收时一般只对房间冷热温度进行考核，以达到业主满意度要求。而在超低能耗建筑中，需要综合效能的评价，在冷热温度达标的基础上，达到超低能耗建筑标准中能耗指标的要求。设计人员需要根据房屋围护结构、灯光设备、冷风渗透、新风负荷等因素详细计算冷热负荷，从而进行设备选型，避免设备选型过大造成的浪费。系统冷负荷组成如图 4-1 所示。

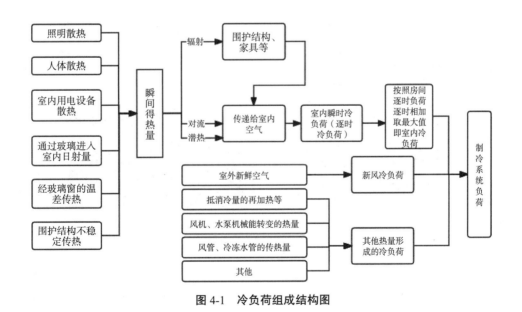

图 4-1　冷负荷组成结构图

4.1.2 冷热源系统

暖通空调能耗中，冷热源设备能耗占 50%～60%，因而合理选择冷热源对建筑节能意义重大。因此，建筑空调冷热源是空调系统的关键设备，冷热源的形式直接决定了建筑物空调系统的能耗特点及对外部环境的影响状况，它的重要性不言而喻，作为集中式空调系统的主机，它是整个空调系统的心脏。随着生活水平的提高，人们对居住环境、办公环境的舒适性、美观性的要求越来越高。而对于具有较大建筑面积的宾馆、写字楼，业主一般要求采用集中式空调系统。目前冷热源设备种类繁多，品牌林立，冷热源的选择是每个设计师都需要面对的问题。供热供冷系统设计应符合下列规定：

（1）应优先选用高能效等级的产品，并应提高系统能效；

（2）应有利于直接或间接利用自然能源；

（3）应考虑多能互补集成优化；

（4）应根据建筑负荷灵活调节；

（5）应优先利用可再生能源；

（6）应兼顾生活热水需求（不应影响系统制冷制热）。

近年来，冷热源技术得到较快的发展，蓄冷、热泵、VRV、新型制冷剂等方面的技术均取得一定的进步。根据各地经济情况，能源形式以及冷热源设备特点，设计师进行合理的冷热源方案选择，选择依据如下：

（1）热源设备的选用应按照国家能源政策和符合环保、消防、安全技术规定，以及根据当地能源供应情况来选择，城市应以电和天然气为主，乡镇可选用燃煤锅炉（图4-2），原则上尽量不选用电热锅炉，降低煤炭在一次能源中的比例。

（a）   （b）

图 4-2　热源设备
（a）燃气锅炉；（b）燃煤锅炉

（2）若当地供电紧张，有热电站供热或有足够的冬季供暖锅炉，特别是有废热、余热可以利用时，应优先选用溴化锂吸收式冷水机组；当地供电紧张且夏季供应廉价的天然气，同时技术经济比较合理时，可选用直燃式溴化锂吸收式冷水机组，如图4-3所示。

（a）　　　　　　　　　　　　　　　（b）

图 4-3　溴化锂吸收式冷水机组示意图

（a）蒸汽单效溴化锂吸收式冷水机组；（b）直燃式溴化锂吸收式冷水机组

（3）直燃式溴化锂吸收式冷水机组与蒸汽/热水型溴化锂吸收式冷水机组相比具有许多优点，因此在同等条件下特别是有廉价天然气可以利用时，应优先选用，一般情况下宜选用冷热型机组。

（4）积极发展集中供热、区域供冷供热站和热电联产技术，如图 4-4 所示。

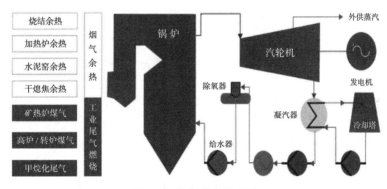

图 4-4　热电联产原理图

（5）压缩式冷水机组的性能系数高于吸收式冷水机组，因此当地供电不紧张时，从性能系数考虑，应优先选用压缩式冷水机组。大型制冷系统应以离心式冷水机组为主，中型制冷系统应以螺杆式冷水机组为主，如图 4-5 所示。

（6）考虑建筑全年空调负荷分布规律和制冷机部分负荷下的调节特性，合理选择冷水机组的形式、台数和调节方式，提高制冷系统在部分负荷下的运行效率，以降低全年总能耗。

（7）为了平衡供电峰谷差，有条件时积极推广蓄冷空调（图 4-6）和低温送风或大温差供水系统相结合的空调系统。在技术经济合理的前提下，对一些特定条件工程的小型供热系统，供电部门给予较大的峰谷差优惠政策，选择利用谷电储能的电锅炉是可行的。

图 4-5　螺杆冷水机组

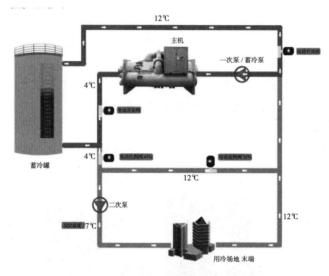

图 4-6　水蓄冷低温送风空调节能工程

（8）保护大气臭氧层，积极采用氟利昂制冷剂 CFC 和氟利昂制冷剂 HCFC 的替代制冷剂。当今世界公认的三大环保问题（臭氧层破坏、温室效应、酸雨）均与集中空调系统制冷设备的各种排放物质有关。在选用冷热源设备时，应注意其所使用的工质符合环保指标要求。

（9）选用风冷还是水冷机组须因地制宜，因工程而异。一般大型工程宜选用水冷机组，小型工程或缺水地区宜选用风冷机组。

（10）选择冷热源应考虑同时使用系数，冷水机组要有很好的部分负荷特性和多档负荷调节能力。机组之间考虑互为备用和轮换使用的可能性。从便于维护管理的角度考虑，宜选用同类型同规格的机组。从节能角度考虑，可选用不同类型、不同容量机组组合搭配方案。活塞式机组尽量选用多机头型。超大型建筑也可考虑采用复合能源，以减少对单一能源的依赖性。

（11）要求全年空调的中小型建筑，当技术经济比较合理或不便采用一次能源时，宜采用空气源热泵机组（图 4-7），当冬季因结霜而导致供热不足时，须在热泵出水管上增设辅助加热装置。机组一般应安装在屋面、阳台或室外平台上，若必须安装在室内时，应采取防止空气短路措施。同一建筑物内，冬季内区要求供冷而外区要求供热，或有地下水、清洁的江河水可以利用，宜选用性能系数较好的水源热泵机组，当使用冷却塔时，宜采用密闭式冷却塔。若当地有良好地热条件且技术经济分析合理时，宜选用土壤源热泵机组，见图 4-7。

（a）　　　　　　　　　　　　　　　　　（b）

图 4-7　热泵机组

（a）空气源热泵机组；（b）土壤源热泵机组

（12）全年空调且各房间或区域负荷相差较大，需要长时间向建筑物同时供冷和供热时，经过技术经济比较后，可采用水环热泵空调系统供冷、供热。

（13）对于超低能耗建筑的冷热源，首先要选择节能清洁的方式，并根据地理、气候条件、当地市政配置情况，一般采用壁挂炉 + 家用 VRV 空调、空气源热泵、地水源热泵等方式。只有节能清洁的冷热源，才能保证最终的综合能效达标。大多数人对空调的印象是制冷，以前生产的空气源热泵虽然可以制热，但是效果很差，在室外气温较低时无法运行，完全依赖电加热，舒适性和节能性较差。现在部分厂家生产的超低温空气源热泵可以做到室外气温 −35℃正常开机运行，完全满足被动房一年四季运行的要求，一机两用或者三用，高效、节能、环保，是被动房空调最佳的冷热源选择。

4.1.3　空调系统

1. 超低能耗建筑中常见空调系统介绍

超低能耗建筑常见的空调系统类型包括新风热泵一体机、全空气变风量空调系统、多联机空调系统（VAV）、风机盘管（FP）加新风空调系统。以下针对这四种常见的空调系统进行详细阐述，包含其工作原理、系统特点以及常用的设备参数等信息。

（1）新风热泵一体机

1）系统介绍

被动式超低能耗建筑由于其良好的气密性和保温隔热性能，使得建筑空调负荷大幅度降低而新风负荷增大,给空调与新风处理带来变化:由空调为主变为新风处理为主,设备由"分置"变为"合体",即空调+新风热回收机组——新风热泵一体机。新风热泵一体机是适用于超低能耗居住建筑应用的,具有供暖、空调、提供新风等功能的户式冷热源系统,如图4-8所示。此种设备包括室内机和室外机,室内机包括吊顶式、壁挂式、立式等产品形态。目前市场上的产品,绝大多数室内机都是吊顶式的形态,可以安装在厨房、卫生间或封闭阳台的吊顶内;壁挂式、立式等产品形态可以安装在阳台、杂物间等区域;室外机需安装在室外平台。从功能的角度,设备一般均可实现供热、供冷、高效新风热回收、新风净化过滤、过渡季新风旁通、内循环供热供冷等功能。

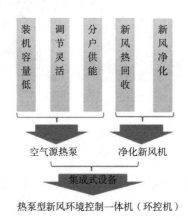

图 4-8　新风热泵一体机组成图

2)系统工作原理

被动式超低能耗建筑的新风热泵一体机是对新风进行多次处理的通风设备,通过送风调节室内空气的装置,机组原理如图4-9所示。该新风热泵机组除具备常规热泵系统对新风进行制冷、制热外,还具有对排风进行热湿回收,对入室新风中的PM10、PM2.5做过滤和吸附净化处理的功能。其中,热泵系统包括压缩机、蒸发器、冷凝器及四通换向阀等,满足新风在冬季制热、夏季制冷时室内的温度要求。为了满足确定的被动式超低能耗建筑的使用要求,以制冷工况为设计依据,确定设计机组在名义工况下制冷量、回风和排风量。通过名义工况下蒸发器的设计计算和额定制冷量的需求,设计选择与之匹配的室外机参数。机组主要由制冷系统、全热交换芯、过滤器、回风风阀、送风机及排风机构成。新风热泵一体机内部结构如图4-10所示。其结构布置为:沿着送风的方向依次布置新风口、新风尼龙网过滤器、新风初效过滤器、全热交换芯、高效过滤器、蒸发器、送风风机、送风口;沿着排风的方向依次布置回风口、回风初效过滤器、全热交换芯、排风风机以及排风口。回风风阀开启,室内回风分为两路,一路与新风进行热湿交换,一路流经回风风阀与处理后新风混合后由送风机通过换热器送入室内。

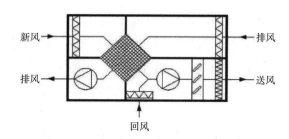

图 4-9　新风热泵一体机组工作原理图

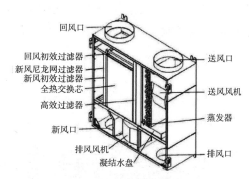

图 4-10　新风热泵一体机内部结构示意图

3）系统特点

新风热泵一体机具有以下特点，广泛应用于超低能耗居住建筑中。

①高效新风热回收

新风热泵一体机内设特殊的热交换芯体，能够在排出室内气体的同时，将温度传达给即将进入室内的新鲜空气，热交换效率高达 85%，最大限度地实现能源的回收利用。做饭的热量、油烟机的外排热量，甚至人体运动散发的热量，在新风热泵一体机中都能得到有效的利用。

②供冷供热

新风热泵一体机的目标是可以灵活地满足建筑室内能源和环境控制需求，因此供热、供冷功能是其基本功能。考虑到系统灵活性，目前市场上的产品均采用高效空气源热泵作为冷热源，以实现功能需求。

③净化过滤

在沙尘、雾霾严重的环境下，新风热泵一体机系统中的双重过滤器对 PM2.5 的一次净化效率可以高达 99.7%。过滤芯采用竹纤维和竹炭材质，具有天然抗菌、防虫螨、除臭等优势，可以全方位提供洁净清新的空气。此外，为了防止过滤芯吸附的尘埃颗粒增多，导致运行阻力增加、送风量降低，新风热泵一体机系统搭载了恒风量风机，可以根据阻力的变化自动调节风量，实时满足室内新风摄取需求。新风热泵一体机是一款集新风、净化、制冷、除湿、制热功能于一体的多功能用途机组。该机组与室内通风管和出风口连接后成为一个室内空气处理系统，一方面把室内污浊的空气排出室外，另一方面把室外新鲜的空气经过杀菌、消毒、过滤等措施后，再输入室内，让房间里每时每刻都是新鲜干净的空气，新风机运用新风对流专利技术，通过自主送风和引风，使室内空气实现对流，从而最大限度地进行室内空气置换，新风机内置多功能净化系统保证进入室内的空气洁净健康。

4）常见设备参数

图 4-11 为四联供新风热泵一体机原理图，集新风、供暖、制冷和生活热水功能于一体。带有喷气增焓技术的高效变频压缩机，使机组在 −7℃环境下稳定运行，能效比高达 2.61（1 份电量输入，2.61 份热量输出）。在环境温度 2℃ / 水温 35℃下，供热输出 5.16kW，能效系数为 3.74，热回收效率高达 90%，送风量 80 ~ 300m³/h，按照欧洲能效等级核算为 A++。

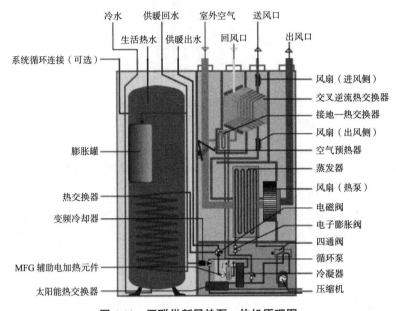

图 4-11　四联供新风热泵一体机原理图

新风热泵一体机部分研究集中于性能系数的变化，分析不同室外温度条件下新风热泵一体机的性能系数（COP）变化规律。表 4-1 为某品牌新风热泵一体机制热 COP 参数表，图 4-12 为该新风热泵一体机 COP 同室外温度之间的拟合曲线。由此可见，随着室外气温的下降，制热 COP 呈逐渐下降的趋势，在 −30℃工况下，制热 COP 约为 1.14，即便如此，新风热泵一体机仍优于电供暖。

某品牌新风热泵一体机 COP 参数表　　　　　　　　　　　表 4-1

室外气温（℃）	5	0	−5	−10	−15	−20	−25	−30
COP	3.8	3.2	2.8	2.3	1.8	1.44	1.3	1.4

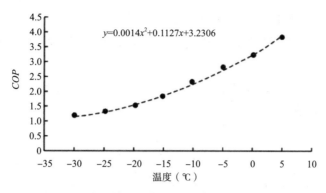

图 4-12　新风热泵一体机 *COP*/ 室外气温拟合曲线

新风热泵一体机研究关注于新风热回收装置换热性能，装置原理如图 4-13 所示。利用新风热回收装置新、排风出入口空气状态点的参数，热回收装置的效率可以用式（4-1）、式（4-2）和式（4-3）表示，分别是装置的显热、潜热及全热回收效率。

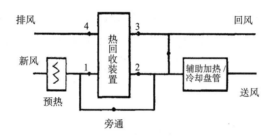

图 4-13　被动式超低能耗新风热回收装置原理图

$$\eta_{\mathrm{t}} = \frac{V_{\mathrm{s}}\,(t_1 - t_2)}{V_{\min}\,(t_1 - t_3)} \tag{4-1}$$

式（4-1）计算的是显热回收效率，式中，t_1 为新风侧入口室外新风的温度；t_2 为新风侧出口经过处理的新风温度；t_3 为排风侧入口室内空气温度；V_{s} 为新风侧送风风量，m^3/h；$V_{\min}$ 为新、排风侧风量较小一侧的风量，m^3/h。

$$\eta_{\mathrm{d}} = \frac{V_{\mathrm{s}}\,(d_1 - d_2)}{V_{\min}\,(d_1 - d_3)} \tag{4-2}$$

式（4-2）计算的是潜热回收效率，式中，d_1 为新风侧入口室外新风的含湿量，$\mathrm{g/kg}$；d_2 为新风侧出口经过处理的新风含湿量，$\mathrm{g/kg}$；d_3 为排风侧入口室内空气含湿量，$\mathrm{g/kg}$。

$$\eta_{\mathrm{h}} = \frac{V_{\mathrm{s}}\,(h_1 - h_2)}{V_{\min}\,(h_1 - h_3)} \tag{4-3}$$

式（4-3）计算的是全热回收效率，式中，h_1 为新风侧入口室外新风焓值，kJ/kg；h_2 为新风侧出口经过处理的新风焓值，kJ/kg；h_3 为排风侧入口室内空气焓值，kJ/kg。

表 4-2 是部分厂商的新风热回收设备的基本参数，主要包括设备风量、功率、显热回收效率和潜热回收效率。

热回收装置样本参数   表 4-2

装置类型	品牌	型号	风量（m^3/h）	整机输入功率（W）	显热回收效率（%）	潜热回收效率（%）
板式	麦克维尔	HRB100A	1000	607	78	69
转轮	无锡罗特	HRWT600	1268	1370	78	66
热管	诺维尔	NWEX-12	1020	800	68	0

（2）全空气变风量空调系统（VAV）

1）系统介绍

变风量系统是利用改变送入室内的送风量来实现对室内温度调节的全空气空调系统，它的送风状态保持不变。变风量空调系统由空气处理机组、送风系统、末端装置及自控装置等组成（图 4-14），其中末端装置及自控装置是变风量系统的关键设备，它们可以接受室温调节器的指令，根据室温的高低自动调节送风量，以满足室内负荷的需求。

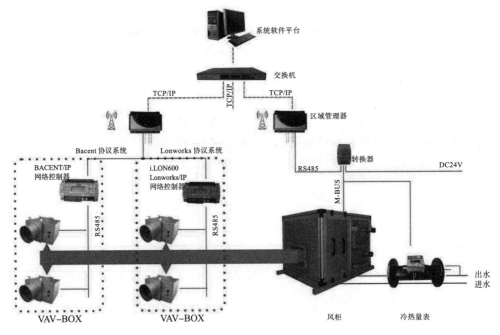

图 4-14　变风量空调系统图

2）系统工作原理

变风量空调系统的基本原理是通过改变送风量以适应空调负荷的变化，维持空调房间的空气参数。在空调系统运行过程中，出现最大负荷的时间不到总运行时间的 10%，全年平均负荷率仅为 50%，在绝大部分时间内，空调系统处于部分负荷运行状态。变风量空调系统通过减少送风量，降低风机输送功耗，从而起到明显的节能效果；同时，楼宇自控系统可根据当前的制冷（制热）需要，调节冷水机组（热泵机组）的制冷（制热）能力及投入运行的台数。根据工况需求，自动组合启动冷水泵、冷却水泵及冷却塔的投运台数，以达到最佳的环境控制和节能效果。

图 4-15 为变风量空调系统的基本结构。根据不同末端传感器进行不同控制，例如变风量末端控制、送风机转速控制、送风温度控制、回风机转速控制、新风控制等。各控制之间相互协调，保证房间舒适性与空调系统节能运行。变风量空调送风系统通过送风管网、变风量末端装置、送风机的相互协作，调节各房间送风量以保证室内的温湿度指标，是实现上述各控制回路的基础。

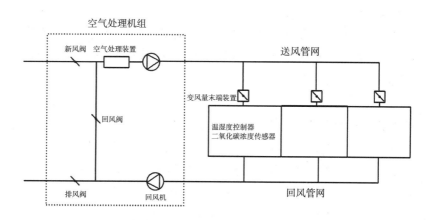

图 4-15　变风量空调系统结构

3）系统特点

变风量空调系统具有以下特点，广泛应用于超低能耗公共建筑中。

①降低能耗

由于变风量系统通过调节送入房间的风量来适应负荷的变化，同时在确定系统总风量时还可以考虑一定的同时使用情况，所以能够节约风机运行能耗和减少风机装机容量。有关文献介绍，相比定风量系统，变风量系统可以节约风机耗能 30%~70%，对不同的建筑物同时使用系数可取 0.8 左右。

某超低能耗宾馆采用不同的空调系统（全空气变风量系统，全空气定风量系统，风机盘管 + 新风系统，独立空调系统）能耗模拟计算，发现全空气变风量空调系统建筑总能耗最低，单位建筑面积能耗为 35.20kWh/（m² · a），如表 4-3 所示。

不同类型空调系统建筑总能耗　　　　　　　　　表 4-3

空调系统类型	建筑总能耗（×10⁴kWh/a）	单位建筑面积总能耗 [kWh/（a·m²）]
全空气定风量空调系统	113.54	35.95
全空气变风量空调系统	111.17	35.20
风机盘管 + 新空调系统	119.03	37.69
独立空调系统	132.3	41.89

②应对不同的负荷场景

由于 VAV 系统的末端可以根据室内温度与设定值的偏差来调节送风量，所以与 CAV 系统（定量风系统）相比具有一定的独立调控性能。部分负荷的时候可以有效降低再热量，甚至可能完全不需要末端再热。系统的灵活性较好，适用于改、扩建建筑，尤其适用于格局多变的建筑，例如出租写字楼等。当室内参数改变或重新隔断时，可能只需要更换支管和末端装置，移动风口位置，甚至仅重新设定室内温控器。

③卫生安全

VAV 系统属于全空气系统，具有全空气系统的一些优点，例如过渡季和冬季可以利用新风消除室内冷负荷，能够对负荷变化迅速响应，室内也没有风机盘管凝水和霉菌滋生问题。

4）设备参数

VAV 系统根据负荷变化调整风量，其中送风机是变风量系统的动力设备，是变风量空调系统最主要的能耗源。因此部分研究关注于送风机的风量，其中风量与 VAV 系统阻抗、风机压头密切相关。图 4-16 为不同转速下风机的特性曲线。

依据不同的设计风量，可以选择对应的 VAV 末端设备，综合考虑风阻，最后经济分析，确定合适的 VAV 系统方案，图 4-17 为某厂商的 VAV 设备参数。

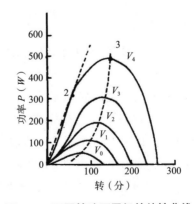

图 4-16　不同转速下风机的特性曲线

序号	设计编号	数量（台）	设计风量（m³/h）		江森 VAVBOX 型号	江森VAVBOX 最大风量（m³/h）	进风口接管管径（mm）	最小入口静压（Pa）	风阻（Pa）		噪声（NC）				备注
			最大	最小					最大风量	最小风量	排气噪声（NC）		辐射噪声（NC）		
											最大风量	最小风量	最大风量	最小风量	
一、7—8 层、11—12 层、15—16 层、19 层、23—24 层															
1	VBO1	27	2150	1075	SDV-8000-10000-0	2268	250	2	48	16	24	24	26	20	
2	VBO2	72	1955	980	SDV-8000-10000-0	2268	250	2	42	12	24	17	23	16	
3	VBO3	18	1865	930	SDV-8000-10000-0	2268	250	2	42	12	24	17	23	16	
4	VBO4	18	1565	780	SDV-8000-10000-0	2268	250	2	29	12	24	17	21	16	
5	VBO5	9	2215	1105	SDV-8000-10000-0	2268	250	2	57	16	24	24	26	20	
6	VBO6	9	2325	1160	SDV-8000-12000-0	3528	300	2	37	15	25	22	23	19	
7	VBO7	9	2420	1210	SDV-8000-12000-0	3528	300	2	37	15	25	22	23	19	
8	VBO8	36	1610	805	SDV-8000-10000-0	2268	250	2	29	12	24	17	21	16	
9	VBO9	36	1515	755	SDV-8000-10000-0	2268	250	2	29	12	24	17	21	16	
10	VBO10	54	1435	710	SDV-8000-10000-0	2268	250	2	29	12	24	17	21	16	
11	VBO11	18	1400	700	SDV-8000-10000-0	2268	250	2	29	12	24	17	21	16	
12	VBO12	36	1250	625	SDV-8000-08000-0	1344	200	2	45	15	25	22	23	17	

图 4-17　部分 VAV 设备参数图

（3）多联机空调系统

1）多联机系统简介

多联机中央空调是用户中央空调的一个类型，俗称"一拖多"，是指一台室外机通过配管连接两台或两台以上的室内机，室外侧采用风冷换热形式，室内侧采用直接蒸发换热形式的一次制冷剂空调系统，如图 4-18 所示。多联机系统在中小型建筑和部分公共建筑中得到日益广泛的应用。

图 4-18　多联机空调系统

2）系统工作原理

其工作原理是：由控制系统采集室内舒适性参数、室外环境参数和表征制冷系统运行状况的状态参数，根据系统运行优化准则和人体舒适性准则，通过变频等手段调节压缩机输气量，并控制空调系统的风扇、膨胀阀等一切可控部件，保证室内环境的舒适性，并使空调系统稳定工作在最佳工作状态。

3）系统特点

多联机空调系统具有以下特点，广泛应用于超低能耗公共建筑和部分居住建筑中。

①节约能源、运行费用低：

与多台家用空调相比，多联机空调投资较少，只用一个室外机，安装方便美观，控制灵活方便。与一般中央水系统空调相比，其避免了一开俱开且耗能大的问题；可单独启动一台室内机运行，也可多台室内机同时启动，使控制更加灵活和节能。

②节省占用空间

多联机空调占用空间少。仅一台室外机可放置于楼顶，其结构紧凑、美观、节省空间。多联机空调采用的室内机可选择各种规格，款式可自由搭配。多联机系统结构简单，安装工程量小，安装也不复杂，工程造价较低，系统装配方便快捷。

③控制先进，运行可靠

多联机可实现各室内机的集中管理，采用网络控制。此外，自动化控制避免了一般中央空调需要专用机房和专人看守的问题。它可以一台室外机带动多台室内机，并且可以通过它的网络终端接口与计算机网络相连，由计算机对空调运行进行远程控制，满足现代信息社会对网络家电的追求。

4）常见设备参数

多联机的能耗计算结果主要取决于其设备运行的性能系数，此参数在没有进行暖通选型之前可以参考《建筑节能与可再生能源利用通用规范》GB 55015—2021中暖通章节给出的性能系数计算。通用规范中规定的制冷综合性能指标限值相当于《多联式空调（热泵）机组能效限定值及能效等级》GB 21454—2021中的2级能效至3级能效水平，而且通用规范中给出了具体每个气候分区的指标，如图4-19、图4-20所示。

若暖通设计中已进行选择，则直接选择设备铭牌中的参数即可，表4-4为常用产品的参数，可供参考。

名义制冷量 CC （kW）	制冷综合部分负荷性能系数 IPLV					
	严寒 A、B 区	严寒 C 区	温和 地区	寒冷 地区	夏热冬 冷地区	夏热冬 暖地区
CC ≤ 28	5.20	5.20	5.50	5.50	5.90	5.90
28 < CC ≤ 84	5.10	5.10	5.40	5.40	5.80	5.80
CC > 84	5.00	5.00	5.30	5.30	5.70	5.70

（a）

名义制冷量 CC （kW）	全年性能系数 APF					
	严寒 A、B 区	严寒 C 区	温和 地区	寒冷 地区	夏热冬 冷地区	夏热冬 暖地区
CC ≤ 14	3.60	4.00	4.00	4.20	4.40	4.40
14 < CC ≤ 28	3.50	3.90	3.90	4.10	4.30	4.30
28 < CC ≤ 50	3.40	3.90	3.90	4.00	4.20	4.20
50 < CC ≤ 68	3.30	3.50	3.50	3.80	4.00	4.00
CC > 68	3.20	3.50	3.50	3.50	3.80	3.80

（b）

图 4-19　通用规范多联机性能系数

（a）水冷多联式空调（热泵）机组制冷综合部分负荷性能系数（IPLV）；

（b）风冷多联机空调（热泵）机组全年性能系数（APF）

资料来源：《建筑节能与可再生能源利用通用规范》GB 55015—2021

指标	类型	名义制冷量 CC （W）	能效等级		
			1 级	2 级	3 级
IPLV（C）/（W/W）	水环式	CC ≤ 28000	7.00	5.90	5.20
		CC > 28000	6.80	5.80	5.00
EER/（W/W）	地埋管式	—	4.60	4.20	3.80
	地下水式	—	5.00	4.50	4.30

（a）

图 4-20　多联机空调（热泵）机组能效限定值及能效等级

（a）水冷式多联机能效等级指标值

资料来源：《多联式空调（热泵）机组能效限定值及能效等级》GB 21454—2021

名义制冷量 CC (W)	能效等级					
	1 级		2 级		3 级	
	EER_{min} (W/W)	APF (W·h) / (W·h)	EER_{min} (W/W)	APF (W·h) / (W·h)	EER_{min} (W/W)	APF (W·h) / (W·h)
$CC \leqslant 14000$	3.50	5.20	2.80	4.40	2.00	3.60
$14000 < CC \leqslant 28000$	—	4.80	—	4.30	—	3.50
$28000 < CC \leqslant 50000$	—	4.50	—	4.20	—	3.40
$50000 < CC \leqslant 68000$	—	4.20	—	4.00	—	3.30
$CC > 68000$	—	4.00	—	3.80	—	3.20

（b）

图 4-20　多联机空调（热泵）机组能效限定值及能效等级（续）

（b）风冷式多联机能效等级指标值

资料来源：《多联式空调（热泵）机组能效限定值及能效等级》GB 21454—2021

常用多联机室外机设备参数　　　　　　　　　　　　表 4-4

型号			RUXYQ24AB	RUXYQ42AB	RUXYQ46AB
匹数		HP	24	42	46
组合方式			12+12	20+22	8+16+22
电源			三相 50Hz 380V		
额定制冷容量		kW	61.5	117.5	128.9
额定制热容量		kW	69	132	144
额定耗电量	制冷	kW	20.2	36.7	38
	制热	kW	18.7	35.2	36.4
风扇风量		m³/min	271	261+271	162+260+271
机外静压		Pa	81		
重量		kg	322	644	796
冷媒	名称		R410A		
	自带填充量	kg	13.6	27.2	32.1
运转范围	制冷	℃ DB	−5 ~ 50℃		
	制热	℃ WB	−20 ~ 15.5℃		

（4）风机盘管（FP）加新风空调系统

1）FP 系统简介

风机盘管加新风系统属于半集中式空调系统。风机盘管直接设置在空调房间内，对室内回风进行处理，新风通常是由新风处理机组集中处理后通过新风管道送入室内，系统的冷量或热量由空气和水共同承担，属于空气—水系统。

风机盘管主要由风机、盘管、凝结水盘、控制和手动放气阀等组成，见图 4-21。

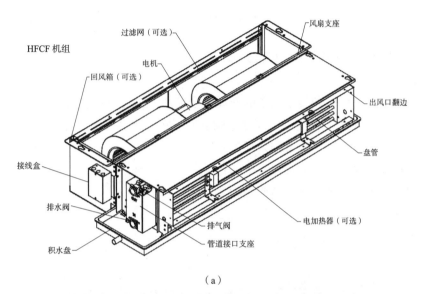

（a）

（b）

图 4-21　风机盘管示意图

（a）风机盘管结构图；（b）实际设备

2）风机盘管加新风系统工作原理

风机盘管加新风系统工作原理见图 4-22。

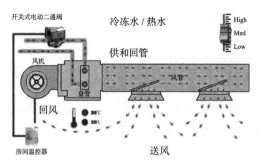

图 4-22 风机盘管工作原理图

3）风机盘管加新风系统特点

①优点

a. 布置灵活，可以和集中处理的新风联合使用，也可单独使用；

b. 各空调房间互不干扰，可以独立调节室温并可随时根据需要开、停机组，节省试运行费用，灵活性大，节能效果好；

c. 不需要回风管道，节省建筑空间；

d. 只需要新风空调机房，机房面积小；

e. 使用季节较长；

f. 各房间之间不会相互污染。

②缺点

a. 对机组制作质量要求高；

b. 机组剩余压头小，室内气流分布受限制；

c. 无法实现全年多工况节能运行调节；

d. 水系统复杂，易漏水。

2. 系统选择

（1）全空气系统

定风量空调系统、变风量系统和变风量风机动力型系统同属于全空气系统。全空气系统选型时，应特别注意以下几点：

1）送风冷却除湿后的再热严禁采用电热机进行再热处理，可采取适宜的除湿技术（溶液除湿、固体吸附式除湿、转轮除湿和膜法除湿等），应减少由于送风再热或除湿过程能耗的增加；

2）需要进行详细的负荷计算确定冷、热盘管的选型；

3）热回收形式的选择应满足近零能耗建筑的设计要求；

4）风机均应采用变频控制，可根据负荷变化调节风量。

（2）半集中式系统

两管制风机盘管加独立新风系统、四管制风机盘管加独立新风系统、多联机加独立新风、热泵型新风一体机属于半集中式空调系统。

（3）分散式空调系统

单元式空调器、房间空调器、分体式空调属于分散式空调系统。直接通过设备 *COP* 计算能耗。

（4）系统选型注意事项

1）住宅、公寓等居住类建筑采用热泵一体机，空调系统为全空气系统。

2）空气处理机组、新风机组、居住类建筑采用热泵一体机，室内机均应设置高效热回收装置；显热型显热交换效率不应低于 75%；全热型全热交换效率不应低于 70%；严寒和寒冷地区应采取防冻保护及防结霜措施，可安装温度传感器，当进风温度低于限定值时，启动预加热装置、降低转轮转速或开启旁通阀门。

3）空气处理机组、新风机组、居住类建筑采用热泵一体机，室内机均应设置旁通模式，可实现当室外空气温度低于室内温度时，直接利用新风系统进行通风以满足室内供冷需求。

4.1.4　机电系统设计要点

1. 居住建筑

在超低能耗居住建筑中，室内环境的维持具有如下特点：

（1）供暖、空调采用以住户的套型为单位的分散式供应方式，一般不采用市政集中供热。

（2）室内环境的维持通常采用新风空调一体机。每户设置 1 套（大户型也可设置 2 套或多套）新风空调一体机，该设备新风部分配备高效热回收（全热或显热）装置，可以在全新风、回风自循环、新回风混合等多个工况间转换，具有供冷、供暖、通风等多个运行模式。

（3）冷热源以分散式空气源热泵为主，也有采用集中水源、分散供水的水环式地源热泵方式。

2. 公共建筑

与被动式超低能耗居住建筑相比，被动式超低能耗公共建筑类型多、人员流动性大、内热源负荷密度较高、外围护结构窗墙面积比通常较大，使得被动式超低能耗公共建筑的暖通空调设计具有如下特点：

（1）通常需要设置供暖空调系统以维持室内环境，夏季冷需求一般显著高于冬季热需求。

（2）围护结构保温加强、气密性、外遮阳等被动式节能措施的应用，使得夏季冷负荷中的显热部分大大降低，但潜热部分主要是与在室人员有关，不会随围护结构性能的改善而变化。故在被动式超低能耗公共建筑中，夏季除湿能耗比重显著上升，对温湿度独立控制空调系统的需求更为迫切。

（3）单位负荷容量减少、冬夏季不同的负荷特性变化等因素对空调系统提出新的要求，如应选择更为合适的空气处理方式、采用更加灵活的控制手段与控制策略等。

（4）应选用更高能效的系统与设备，降低整个系统的能耗水平。

（5）一般应采用可再生能源，降低一次能源、二次能源的需求。

4.1.5　节能设计措施

1. 变频技术运用

低能耗建筑在暖通空调系统设计中，变频技术的运用是提升能效和降低能耗的关键策略。与传统定频系统相比，变频空调能够根据建筑内部实时变化的冷热负荷需求，自动调节压缩机的运行频率和转速，实现能耗与负荷的精准匹配。这种调节机制显著提升了能源使用效率，减少能源浪费。尤其是在被动式超低能耗建筑中，由于房间负荷的不断波动，变频技术能够确保空调主机的耗电量与实际需求保持同步，避免无谓的能耗。此外，变频空调系统的智能化控制，使其能够更加灵活地响应室内外环境的变化，优化整体能耗。尽管初期投资相对较高，长期运行的节能效果和减少的维护成本使得变频空调系统在超低能耗建筑中具有显著的经济效益和环境效益。

此外，变频空调内置的传感器能测量建筑的内部温度，并根据测量结果调整压缩机的转速，以保证制冷调节质量，满足人们生产生活的需要。

传统暖通空调系统是建立在定频工作的基础上，随着变频技术的成熟，其应用也越来越广泛（图4-23），为此，在建筑工程设计中，对变频空调的选择将是未来发展的趋势。被动式超低能耗建筑全年每天每小时的房间负荷都在变化，如果是常规的4级能量调节方式，只开启一个房间，空调主机也要耗费大量的电能，造成浪费。要想达到空调主机耗电量和房间负荷的精准匹配，最常用的是压缩机变频的方式。空调主机会根据房间负荷自动调节变频器的频率，调整压缩机的转速，耗电量和房间负荷同步，达到节能的目的。

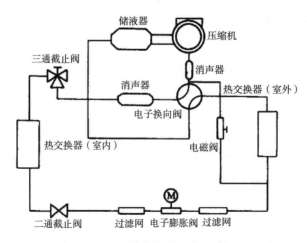

图4-23　变频空调制冷系统

2. 高效的新风热回收

对于暖通空调系统来说，新风是关系到系统节能的重要方面，对于新风量的增加，不仅增加了暖通空调系统的工作负荷，也给电能带来更多的消耗。因此，做好对暖通空调系统新风量的把控是实现建筑节能的关键，新风系统应用如图4-24所示。

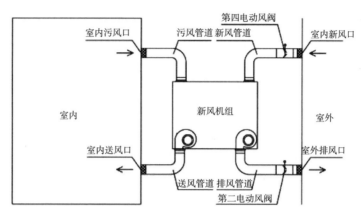

图 4-24　新风机组应用示意图

新风系统设计要点包括以下几点：

（1）结合建筑所在地的环境条件和用户需求，宜优先采用低阻力、高效率的空气净化设备，以维持热回收装置的换热效率并减少维护需求。新风热回收装置换热性能应符合下列规定：显热型显热交换效率不应低于 75%，全热型全热交换效率不应低于 70%。

（2）考虑到细颗粒物（PM2.5）对人体健康的影响，新风热回收系统空气净装置对大于或等于 0.5μm 细颗粒物的一次通过计数效率宜高于 80%，且不应低于 60%。

（3）居住建筑新风单位风量耗功率不应大于 0.45W/（m³/h），公共建筑单位风量耗功率应符合现行国家标准《公共建筑节能设计标准》GB 50189 的相关规定。

（4）针对严寒和寒冷地区的新风热回收系统，必须采取有效的防冻及防结霜措施，如安装温度传感器和预加热装置，以防止热交换装置因冷凝水结冰或结霜而降低热回收效果。预热方式可以是加热装置预热室外空气或利用地道风（土壤热交换器）进行预热。

（5）新风系统应配备新风旁通管，在室外温湿度适宜时允许新风直接进入室内，避免不必要的热回收能耗。通过设置旁通阀，可以根据最小经济温差（焓差）控制热回收装置的运行，实现节能。

（6）与室外连通的新风、排风和补风管上均应安装保温密闭型电动风阀，并与新风系统联动，以保持建筑的气密性和保温连续性。当相关机组未运行时，风阀应能严密关闭，防止漏风。

（7）厨房应设计独立的补风系统，以应对烹饪时产生的大量油烟和水蒸气。补风系统应从室外直接引入，管道保温，并设置保温密闭型电动风阀与排油烟机联动。同时，厨房宜安装闭门器，避免影响其他房间的气流组织和送排风平衡。设计中应考虑补风口的合理布局，避免补风口流速过高造成的噪声问题，并确保补风系统不影响油烟排放效果。

（8）新风系统应能够根据室内二氧化碳浓度实现自动启停，当室内二氧化碳浓度超过设定标准时启动新风系统，通过引入新风和排出废气来降低二氧化碳浓度，一旦达到标准要求值即关闭新风系统，在满足室内环境要求的同时，优化能耗。

（9）新风系统的设计还需考虑智能化控制、噪声控制、节能运行模式、维护便捷性以及适应不同气候条件的灵活性，确保系统的高效运行和长期稳定。

从工程实际来看，夏季对供冷的需求，需要不断增加新风量，而新风量的产生则需要消耗更多的电能。同样，对于冬季的供热需求，对热风的需要也是建立在超负荷的制热能耗上，而在春秋过渡期，其新风对空调系统的能耗是最低的。在调节超低能耗建筑能量损耗方面，作为必需品的新风系统，全热交换芯在其中发挥了主要作用。配备了全热交换芯的新风系统，在室内空气与室外空气进行置换的时候，能够有效地回收热能，在夏季预冷室外新风，冬季预热室外新风，减少温度差，节约能量消耗，保障室内舒适。比较经济的方式是安装热回收式新风换气机，其不仅可以满足室内的空气品质，而且可以回收排风 50% ~ 70% 的能量，避免能量浪费，提高系统的节能性。

4.2 超低能耗建筑其他机电系统节能设计

4.2.1 照明系统节能

在超低能耗建筑的电气节能设计中，应充分考虑自然采光与人工照明的结合，以实现能源效率的最大化。采用下沉广场（庭院）、天窗、导光管系统等技术减少照明光源的使用，采用智能照明控制系统降低照明能耗，包括以下具体节能措施。

使用 LED 灯具或其他节能型照明产品，这些灯具相比传统照明产品有更长的使用寿命和更低的能耗。

（1）感应控制：在走廊、楼梯间、门厅、电梯厅、卫生间和停车库等公共区域安装感应器，如运动传感器或光传感器，以实现自动控制。

（2）分区控制：将大型公共区域划分为多个照明区域，实现分区控制，这样可以只对需要照明的区域提供照明，进一步节约能源。

（3）定时控制：设置照明定时器，根据建筑的使用模式和时间表，自动开关照明，避免非工作时间的不必要能耗。

（4）集中控制：在控制室或管理中心安装集中控制系统，允许管理人员远程监控和控制照明系统，以适应不同的使用需求和紧急情况。

（5）调光控制：在需要的情况下，使用调光技术调节照明亮度，根据自然光线的变化或房间的使用情况自动调整亮度。

（6）场景设置：通过预设照明场景，根据不同的活动或时间设置合适的照明模式，如工作模式、休息模式或节能模式。

（7）集成控制：将照明控制与其他智能系统集成，如安全系统、门禁系统等，实现联动控制，提高整体能效。

4.2.2　设备系统节能

为了进一步提升超低能耗建筑的节能效果，需要从建筑设备系统优化和管理等方面考虑更好的节能方式。在电梯系统中，采用具备节能拖动技术和节能控制方式的产品，并确保电梯在非使用时段能自动转入低能耗休眠模式。对于水泵和风机等关键设备，选择高效率型号，并结合变频控制技术，根据系统需求动态调整运行状态，以减少能耗。此外，变电所应选用低损耗、低噪声的节能型电力变压器，如 SCB13 型号，以降低电能在传输过程中的损失。

在必须依赖机械式设备以确保室内舒适度的情况下，应优先采用效率优化的设备和系统，比如通过建筑能源管理系统（BEMS）等智能控制系统，实现对建筑内能耗的实时监控和调节，提升能源使用效率；定期对所有设备和系统进行维护，确保其运行效率，并遵循制造商的操作指南；优先考虑拥有节能认证的设备，比如获得国家相关标准认定的绿色建材产品。从而在设备系统层面实现能源的有效节约，提高整体能效和可持续性。

4.2.3　生活热水系统

超低能耗建筑的生活热水系统选择通常注重能效和可持续性，应考虑当地的气候条件、资源可用性和建筑自身情况进行系统选择：

（1）集中热水供应系统的热源，宜利用余热、废热、可再生能源或空气源热泵作为热水供应热源。当最高日生活热水量大于 $5m^3$ 时，除电力需求侧管理鼓励用电，且利用谷电加热的情况外，不应采用直接电加热热源作为集中热水供应系统的热源。

（2）以燃气或燃油作为热源时，宜采用燃气或燃油机组直接制备热水。当采用锅炉制备生活热水或开水时，锅炉额定工况下热效率应满足节能标准的相关要求。

（3）当采用空气源热泵热水机组制备生活热水时，制热量大于 10kW 的热泵热水机组名义制热工况和规定条件下，性能系数（COP）不宜低于节能标准的规定，并应有保证水质的有效措施。

4.2.4　环境与能耗监测

1. 室外环境监测

环境监测系统包括室外环境参数采集、室内环境参数采集，这些监测内容和措施有助于超低能耗建筑实现对室外环境的实时感知和响应，优化建筑的能源使用效率，提升室内环境质量。通过这些监测数据，管理使用者可以更好地调整和控制建筑内部的能源系统。超低能耗建筑的室外环境监测主要涉及以下方面的内容和措施：

（1）气象参数监测：综合监测包括降水量、气压、太阳辐射等在内的气象参数，为建筑的微气候设计和能源管理提供依据。

（2）室外温湿度监测：实时监测室外的温度和湿度，以便建筑的供暖、供冷和新风系统可以根据室外气候条件自动调节运行模式。

（3）室外风速和风向监测：测量室外的风速和风向，帮助优化建筑的自然通风设计，提高通风效率。

（4）室外空气质量监测：监测室外空气中的污染物，如PM2.5、PM10等颗粒物，以及其他有害气体，确保新风系统的高效过滤和净化。

（5）太阳能辐射监测：监测太阳辐射强度，为建筑的遮阳系统设计和太阳能利用提供数据支持。

（6）雨水收集与监测：在可持续设计中，监测雨水量，为雨水收集和利用系统提供必要的数据。

（7）噪声监测：评估建筑周边的噪声水平，采取相应措施减少噪声对室内环境的影响。

（8）室外照明监测：监测室外照明的照度和均匀性，确保室外活动区域的照明满足安全和视觉需求。

（9）室外热舒适度监测：对外墙内表面、地面、屋顶内表面温度的采集，评估室外热环境的舒适度，为建筑外立面设计和室外空间规划提供参考。

（10）智能化监测系统：采用智能化监测设备和系统，实现数据的自动采集、实时监控和远程管理。

2. 室内环境监测

当建筑室内采用空调系统进行供暖、供冷和通风时，空调设备自身及其系统不仅应是高效节能的，而且其运行模式也应是智能的、节能的，空调系统应能配合室内负荷、空气质量的动态变化而动态调节。室内环境监测系统应对主要功能空间进行监测，住宅如卧室、起居室，公共建筑中人员密集或随时间变化较大的房间如办公室、会议室等。当室内房间较多时，可分层、分朝向、分类型进行监测，每层每个朝向的各类型房间，宜至少选取一个进行监测，监测数据应能上传到管理平台。因此，超低能耗建筑的通风、空调系统应对室内环境进行监测，结合空调系统智能化的运行模式，以动态响应室内环境的变化，从而达到真正的节能效果。

（1）室内空气质量监测：系统需实时监测室内空气质量，包括挥发性有机化合物（VOCs）、二氧化碳（CO_2）和细颗粒物（PM2.5）的水平，确保空气质量满足健康标准，并保证新风系统提供持续的新鲜空气供应。

（2）自动智能运行：空调系统应能够根据室内环境参数，如温度、湿度、CO_2 和PM2.5浓度等，自动调节运行状态，以满足预设的室内舒适度和空气质量标准。

（3）温度自动控制装置：在条件允许的情况下，应在空调系统的末端设置温度自动控制装置，以实现更精细的温度控制。

（4）末端形式的控制方式：针对通风、空调系统的不同末端形式，应选择适合的控制方式：

1）全空气系统应通过调节送风温度和送风量来控制室内温度和 CO_2 浓度；

2）风机盘管末端应依据回风温度，采用电动水阀和风速控制的组合方式；

3）公共区域的风机盘管应能够根据使用时间进行定时启停，并限制室内温度的设定值范围；

4）地板辐射或毛细管末端系统应实现分室温控，以提高能效和舒适度；

5）宜对典型户型的供暖供冷、照明及插座的能耗进行分项计量，以便更好地管理和优化能源使用。

3. 能耗监测系统

超低能耗建筑的能耗监测系统是指一套集成的软硬件设备，能够对建筑内的能源消耗进行实时监测、数据采集、处理和分析，以实现对建筑全部能源使用的透明化管理、优化能源效率和降低能耗。

在常规住宅建筑设计时，通常只是分户计量该户全部总耗电。为进一步分析优化运行效果，建议设计师选取典型户型，针对照明用电、空调用电、生活热水用电及其他插座用电进行分项计量。为兼顾增量成本和样本数量，计量户数不宜少于同类型总户数的2%，且不少于5户。

公共建筑则建议根据结算管理单元，针对照明用电、电梯用电、空调用电、生活热水用电、插座等用电进行分项计量，同时建议对空调用电中的冷热源、水泵、风机分别计量。若有条件则可考虑分级计量，例如分层、分栋、分区域等，方便审核并优化用能设备的运行合理性。

若有可再生能源或特殊用能单位等，也需进行单独计量。

能耗监测系统的设计和实施应遵循相关的技术规程和标准，系统应支持数据的标准化提取和处理，以便进行进一步的分析和应用。通常包括以下关键组成部分：

（1）能耗数据采集器

这些设备安装在建筑的关键能耗点，如电表、水表、燃气表等，负责实时收集能耗数据，超低能耗建筑可增加对可再生能源如太阳能光伏实时发电量的监测统计。

（2）通信网络

通过有线或无线的方式，将采集器收集的数据传输到中央处理单元。

（3）能耗数据中心

接收来自数据采集器的信息，并进行存储、处理和分析，以便管理者能够了解能源消耗模式并制定节能策略。

（4）监测和报警

提供用户界面，允许管理者查看能耗数据、生成报告和进行能源审计；当能耗数据超出预设阈值或出现异常时，系统能够发出警报，提示管理者采取相应措施。

（5）备份与维护

系统应定期对能耗数据进行备份，并在需要时能够恢复数据，确保数据的安全性和完整性；系统需要定期的维护，包括硬件的检查、软件的升级和能耗计量装置的标定，以保证系统的稳定运行和数据的准确性。

（6）集成和扩展性

系统设计应考虑与其他建筑管理系统的集成，如楼宇自动化系统（BAS），并具备一定的扩展性以适应未来可能的升级或扩展需求。

4. 楼宇自控系统

传统控制系统中照明系统、空调系统、遮阳系统、能耗监测系统等都是对各控制对象独立控制，大多数项目未进行信息交互，因此能耗控制效率较低。近零能耗建筑需要更高效精细的节能控制，且鼓励采用自然通风、自然采光、被动得热等手段降低建筑运行能耗，建议将照明、空调、遮阳、能耗监测等各子系统信息交互优化联动，实现更高效的节能控制，例如将气象站监测到的太阳光照条件反馈给遮阳系统，进而改变遮阳百叶的角度，实现最佳的室内采光条件的同时，合理获取或阻断太阳辐射热，进一步影响室内空气温度条件，也反馈给室内空调系统，空调系统通过调整系统流量等实现最佳的室内环境品质，而能耗监测系统也将空调系统运行数据进行上传，实时监测系统能耗。这种控制方式需暖通设计人员、电气设计人员与智能化设计人员进行沟通，实现最佳的设计效果。

近零能耗建筑节能控制宜以主要房间或使用时间功能相同的室内区域为控制对象，居住建筑包括卧室、起居室等，公共建筑包括独立办公室、开放式办公房间、会议室、报告厅、多功能厅等。通过将本地设备就地集成，优化联动，改善控制效果，最大限度地减少建筑用能需求。

5. 新风机组自控

（1）常规建筑设置新风机组，大多只是满足建筑人员新风要求，并未进行风量控制。而近零能耗建筑设计中，建议将新风机组风机根据室内二氧化碳浓度变化控制风机的启停、风机转速及新风阀开度调节，这也是目前按需控制新风量并降低通风能耗的主要手段。

（2）建议设置压差传感器检测过滤器压差变化，及时更换过滤器，保证进入室内空气的新风品质。

（3）新风热回收机组应采用最小经济温差（焓值）控制，当夏季室外新风的温度（焓值）低于室内设计工况或冬季室外新风的温度（焓值）高于室内设计工况，则应关闭热回收装置，充分利用自然通风，减少系统能耗。

（4）严寒和寒冷地区的新风热回收装置应具备防冻保护功能。

第 5 章

可再生能源设计

"十三五"期间，我国建筑节能与绿色建筑发展取得重大进展。绿色建筑实现跨越式发展，法规标准不断完善，标识认定管理逐步规范，建设规模增长迅速。城镇新建建筑节能标准进一步提高，超低能耗建筑建设规模持续增长，近零能耗建筑实现零的突破。可再生能源应用规模持续扩大，太阳能光伏装机容量不断提升，可再生能源替代率逐步提高，城镇建筑可再生能源替代率达到 6%。

2022 年 3 月 1 日，住房和城乡建设部正式印发《"十四五"建筑节能与绿色建筑发展规划》，提出到 2025 年，完成既有建筑节能改造面积 3.5 亿平方米以上，建设超低能耗、近零能耗建筑 0.5 亿平方米以上，装配式建筑占当年城镇新建建筑的比例达到 30%，全国新增建筑太阳能光伏装机容量 0.5 亿千瓦以上，地热能建筑应用面积 1 亿平方米以上，城镇建筑可再生能源替代率达到 8%，建筑能耗中电力消费比例超过 55%。

目前可选用的可再生能源分别为太阳能热水系统、太阳能光伏系统、空气源热泵热水系统、地源热泵系统等。已经通过方案评审的项目大部分采用太阳能热水或空气源热泵。也有少部分项目选择太阳能光伏，随着国家政策对太阳能光伏的推动，以及《建筑节能与可再生能源利用通用规范》GB 55015—2021 等标准的贯彻实施，会有更多的超低能耗建筑选择太阳能光伏作为可再生能源。

本章节重点介绍了目前我国可再生能源相关范畴、政策要求、特点、减碳效果影响因素、实际项目设计案例等内容，希望能够帮助读者系统性理解各项可再生能源技术体系。

5.1 可再生能源范畴

可再生能源是指在自然界中可以循环再生和利用的能源，其补充率高于消耗率，且对环境无害或者危害极小。目前国际公认的可再生能源有风能、太阳能、水能、生物质能、地热能、海洋能。除了以上几种主要的可再生能源外，还有其他形式的可再生能源，如氢能、核聚变能等。《中华人民共和国可再生能源法》中认可的可再生能源有风能、太阳能、水能、生物质能、地热能、海洋能等非化石能源。其中水力发电由国务院能源主管部门规定，报国务院批准。而通过低效率炉灶直接燃烧方式，如利用秸秆、薪柴、粪便等，虽循环利用了某些材料，但并不被认可为可再生能源。

可再生能源虽然种类众多，但并不是所有可再生能源都适合建筑直接利用。如水能、海洋能等可再生能源就不适合可再生能源建筑应用。水能的应用方式和场景与太阳能、风能等有所不同。水力发电需要利用河流、湖泊或海洋的水流、水位或波浪能量，通常需要较大的水域面积和复杂的设施。这使得它们更适合在远离城市中心的地区进行集中建设，而不是直接用于建筑能源供应。海洋能（如潮汐能、波浪能等）同样不太适合建筑直接利用。虽然海洋能具有巨大的潜力，但由于其特殊的地理位置和环境条件，利用海洋能需要复杂的设备和工程，而且成本较高。这使得它们更适用于大规模能源项目，而非单个建筑。因此，建筑的可再生能源应根据可再生能源应用技术和外部资源条件进行选择和应用。

在我国，各地对于建筑可再生能源应用的要求和范畴各有不同，表 5-1 为全国各地区对于建筑可再生能源应用及推广的范畴划分。

全国各地区可再生能源建筑应用的范畴 　　　　　　表 5-1

地区	标准、政策文件等依据	应用及推广范畴
全国	《中华人民共和国可再生能源法》 实施时间：2006 年 1 月 1 日	第二条 本法所称可再生能源，是指风能、太阳能、水能、生物质能、地热能、海洋能等非化石能源。 水力发电对本法的适用，由国务院能源主管部门规定，报国务院批准。 通过低效率炉灶直接燃烧方式利用秸秆、薪柴、粪便等，不适用本法
上海市	《关于印发〈关于推进本市新建建筑可再生能源应用的实施意见〉的通知》 发布时间：2023 年 2 月 6 日	新建公共建筑、居住建筑和工业厂房应根据可再生能源建筑应用的资源条件，合理采用太阳能光伏系统、太阳能热水系统、地源热泵系统或空气源热泵系统。在经济、技术可行的条件下也可采用其他可再生能源应用系统
浙江省	《浙江省民用建筑可再生能源应用核算标准》DBJ33/T 1105—2022 发布时间：2022 年 6 月 23 日 实施时间：2022 年 10 月 1 日	可再生能源，是指风能、太阳能、水能、生物质能、地热能、海洋能、空气能等非化石能源。 3.0.1 民用建筑应根据可再生能源应用技术和外部资源条件，合理采用太阳能热水系统、太阳能光伏发电系统、地源热泵系统、空气源热泵热水系统、导光管采光系统。在经济、技术可行的条件下也可采用其他可再生能源应用系统。 3.0.4 新建民用建筑应安装太阳能系统

地区	标准、政策文件等依据	应用及推广范畴
江苏省	《江苏省绿色建筑发展条例》 发布时间：2015 年 3 月 27 日	第四十六条 鼓励在厂房、学校、医院、党政机关、事业单位、居民社区安装分布式光伏发电系统，推广与建筑一体化的分布式光伏发电系统。 鼓励工业园区、旅游集中服务区、生态园区、大型商业设施等能源负荷中心建设区域分布式能源系统或者楼宇分布式能源系统；条件具备的，可以结合太阳能、风能、浅层地温能、生物质能等可再生能源进行综合利用。 鼓励采用空气源热泵热水系统
湖北省	《可再生能源建筑应用技术要点（试行）》 发布时间：2022 年 12 月 23 日	（一）可再生能源建筑应用系统主要包含太阳能热水系统、太阳能光伏系统、地源热泵系统和空气源热泵系统
四川省	《成都市人民政府办公厅关于大力推进绿色建筑高质量发展助力建设高品质生活宜居地的实施意见》 发布时间：2021 年 8 月 24 日	提升绿色建筑能效水平。提高建筑节能标准，鼓励发展超低能耗建筑、近零能耗建筑、零能耗建筑。与老旧小区改造同步实施老旧建筑节能、减排、节水、降噪、雨污分流和管网改造等绿色化改造。积极推广太阳能、生物质能、地热能、空气源与地源热泵等可再生能源利用技术以及围护结构保温隔热、雨水回收利用等节能、节水技术应用。发布公共建筑能耗限额，制定公共建筑年度用能监测、公示制度。制定农房节能改造技术图集和指南
重庆市	《重庆市可再生能源建筑应用示范项目和资金管理办法》 发布时间：2017 年 8 月 23 日	第二条 本办法所称"可再生能源建筑应用"是指在建筑中利用水源热泵技术（以长江、嘉陵江、乌江、市内其他河流、湖泊、水库、污水等水体作为冷热源）进行供冷供热以及提供生活热水；利用土壤源热泵技术进行供冷供热以及提供生活热水；利用空气源热泵技术进行集中供热以及提供生活热水；利用太阳能提供生活热水等
福建省	《福建省绿色建筑设计标准》DBJ/T 13—197—2022 发布时间：2022 年 6 月 10 日 实施时间：2022 年 9 月 1 日	3.0.8 政府投资或者以政府投资为主的公共建筑、建筑面积大于 20000m² 的公共建筑应至少利用一种可再生能源。 本条提出的设计要求是依据《福建省绿色建筑发展条例》的第二十七条提出的。 可再生能源是从自然界获取的、可以再生的非化石能源，包括风能、太阳能、水能、生物质能、地热能和海洋能等，结合福建省地域特点，建筑可再生能源应用常见形式包括： （1）浅层地能，如：水（地）源热泵空调系统、温泉利用系统等； （2）太阳能，如：太阳能热水系统、太阳能光伏发电系统、光导管采光照明系统、太阳能路灯照明系统等； （3）空气能，如：空气源热泵热水系统等。 由于不同的可再生能源利用技术受项目所在地域条件的限制，所以在采用可再生能源利用设计时，应进行充分的可再生能源设计论证，具备经济、技术可行性方可实施。 3.0.9 新建住宅以及宾馆、医院、学校等有热水需求的公共建筑设计应当预留安装太阳能或者高效空气源热泵等热水系统的位置

地区	标准、政策文件等依据	应用及推广范畴
广东省	《广东省公共建筑节能设计标准》DBJ 15—51—2020 发布时间：2020年9月28日 实施时间：2021年2月1日	在"8 可再生能源应用"中： 8.1.5 公共建筑宜采用光热或光伏与建筑一体化系统，光热或光伏与建筑一体化系统不应影响建筑外围护结构的建筑功能。 8.1.8 太阳能光伏系统应设置电能计量装置，并应设置监控系统实时监测与显示系统运行数据。 宜将光伏监控系统与建筑能源管理系统、建筑设备监控系统进行整合，实现一体化管理。 8.1.9 太阳能及空气源热泵热水系统应符合下列规定： 1 应设置总计量水表，并宜按不同用途和不同付费或管理单元分别计量；2 应设置总电表；3 宜设置总热能表或热水进出水温度传感器及流量计
广西壮族自治区	《广西壮族自治区民用建筑节能条例》发布（通过） 发布时间：2016年9月29日 实施时间：2017年1月1日	第六章 可再生能源建筑应用 第三十三条 县级以上人民政府应当鼓励和扶持在新建建筑和既有建筑节能改造中采用太阳能、空气能、浅层地能等可再生能源。 鼓励具备太阳能利用条件的单位、个人安装和使用太阳能热水、太阳能光伏发电、太阳能采暖制冷等太阳能利用系统。 鼓励社会资金参与可再生能源建筑应用
	《居住建筑节能65%设计标准》DBJ/T45—095—2019 发布时间：2019年12月12日 实施时间：2020年2月1日	10.2.4 应根据建筑使用特点、用热量、能源供应、维护管理及卫生防菌等因素选择太阳能光热利用系统的辅助热源，并宜利用废热、余热等低品位能源和生物质、地热、空气能等其他可再生能源
	《广西壮族自治区绿色建筑发展条例》（征求意见稿） 发布时间：2022年2月25日	第三十条【可再生能源应用】县级以上人民政府应当鼓励和扶持在新建建筑和既有建筑节能改造中采用太阳能、空气能（应用于生活热水系统）、浅层地能等可再生能源
云南省	《云南省民用建筑节能设计标准》DBJ 53/T—39—2020 发布时间：2020年5月28日 实施时间：2020年10月1日	在"8 可再生能源与新能源应用"中： 8.2.1 太阳能光热应用 1 太阳能热水系统； 2 太阳能供热、供暖系统； 3 太阳能和浅层地热能联合供热、供暖及制冷系统； 4 被动式太阳房。 8.2.2 太阳能光伏系统 1 太阳能光伏电源系统； 2 太阳能和风能互补的电源系统。 8.2.3 地热源应用 1 浅层地热能供热、供暖及制冷系统； 2 地表水源、地下水源及污水源供热、供暖及制冷系统。 8.2.4 空气能应用 1 空气源热泵热水供应系统； 2 空气源热泵供热、供暖系统； 3 空气源热泵与太阳能联合热水供应系统； 4 空气源热泵与太阳能联合供热、供暖系统。 8.2.5 其他 1 利用自然光的导光或诱光系统； 2 风能利用； 3 生物质能等可再生能源利用

地区	标准、政策文件等依据	应用及推广范畴
山东省	《山东省建筑节能技术与产品应用认定目录》 发布时间：2022 年 10 月 10 日	可再生能源类主要包括太阳能光热系统（生活热水系统、供暖制冷系统）；地源（水源）热泵机组；空气源热泵机组（空气源热泵生活热水机组、空气源热泵供暖制冷机组）；太阳能光伏组件
内蒙古自治区	《呼和浩特市建筑节能和绿色建筑发展实施方案》 发布时间：2021 年 9 月 24 日	推动可再生能源建筑规模化应用。因地制宜推进太阳能、浅层地热能、空气能等新能源在建筑中的应用，减少民用建筑常规能源使用。推动新建、改建（扩建）12 层以下居住建筑和医院、学校、宾馆、游泳池、公共浴室等公共建筑采用太阳能光热建筑一体化技术。在城镇建筑中推广太阳能光伏分布式、一体化应用；鼓励具备条件的居住建筑和其他公共建筑统一设计和安装应用太阳能热水系统；推动太阳能光电在建筑中一体化应用，推进居住建筑公共区间、建筑庭院采用太阳能光伏照明
甘肃省	《甘肃省冬季清洁取暖城镇供热系统优化和建筑能效提升实施方案（2017—2021 年）》 发布时间：2018 年 8 月 7 日	4、推广可再生能源建筑应用 因地制宜地推进太阳能、地热能、空气热能等可再生能源在建筑中的深度、复合应用，推动成熟技术规模化应用。 （1）优先发展再生水源（污水、工业废水等）取暖，积极发展地源（土壤源）取暖，适度发展地下水源取暖。在兰州、天水等地开展无干扰地岩热等技术试点工作。 （2）在太阳能资源丰富地区，试点推进太阳能与常规能源互补的热水和供暖复合系统应用；推广太阳能热水建筑一体化系统，加快太阳能热水规模化应用。 （3）在条件适宜地区推广使用空气源热泵取暖
宁夏回族自治区	《关于组织申报 2019 年自治区财政支持可再生能源应用试点示范项目专项资金的通知》 发布时间：2019 年 7 月 1 日	同时，在可再生能源应用技术创新方面，以项目单位组织申报，重点支持热泵、太阳能光热＋热泵等可再生能源应用技术创新研究和试点建设，2019 年自治区财政支持可再生能源应用示范推广项目实行定额补助，县（市、区）不超过 400 万元；其中，空气源热泵技术示范推广采用超低温空气源热泵技术为公共建筑供应热水、供暖，全年 cop ≥ 3（应用于不具备太阳能热水、太阳能与热泵综合采暖技术应用条件的项目）；超低能耗建筑技术创新综合应用太阳能光热、光电、热泵等技术，作为建筑供热空调、动力照明的主要能源，化石能源消耗较目前建筑降低 35% 及以上

5.2 可再生能源应用相关政策标准

依据《中共中央 国务院关于完整准确全面贯彻新发展理念做好碳达峰碳中和工作的意见》《中共中央办公厅 国务院办公厅关于推动城乡建设绿色发展的意见》国家发改委《"十四五"可再生能源发展规划》等上位政策文件，住房和城乡建设部明确了以"碳达峰""碳中和"为发展目标和愿景制定了《"十四五"建筑节能与绿色建筑发展规划》。

规划中制定了重点任务和详尽殷实的具体目标，明确推动可再生能源应用为重点任务，任务包含：

（1）推动太阳能建筑应用：根据太阳能资源条件、建筑利用条件和用能需求，统筹太阳能光伏和太阳能光热系统建筑应用，宜电则电，宜热则热。

（2）加强地热能等可再生能源利用：推广应用地热能、空气热能、生物质能等解决建筑供暖、生活热水、炊事等用能需求。

（3）加强可再生能源项目建设管理：鼓励各地开展可再生能源资源条件勘察和建筑利用条件调查，编制可再生能源建筑应用实施方案，确定本地区可再生能源应用目标、项目布局、适宜推广技术和实施计划。

各地各级相关部门根据以上政策文件因地制宜地制定了本地区的可再生能源发展要求。表 5-2 为全国各地区对于建筑可再生能源的发展要求。

全国各地区可再生能源建筑发展要求　　　　　　　　　　表 5-2

地区	标准、政策文件等依据	发展要求
全国	《"十四五"建筑节能与绿色建筑发展规划》 发布时间：2022 年 3 月 1 日	全国新增建筑太阳能光伏装机容量 0.5 亿千瓦以上，地热能建筑应用面积 1 亿平方米以上，城镇建筑可再生能源替代率达到 8%
	《建筑节能与可再生能源利用通用规范》 GB 55015—2021 发布时间：2021 年 9 月 8 日 实施时间：2022 年 4 月 1 日	2.0.5 新建、扩建和改建建筑以及既有建筑节能改造均应进行建筑节能设计。建设项目可行性研究报告、建设方案和初步设计文件应包含建筑能耗、可再生能源利用及建筑碳排放分析报告。施工图设计文件应明确建筑节能措施及可再生能源利用系统运营管理的技术要求。 5.2.1 新建建筑应安装太阳能系统
上海市	《关于印发〈关于推进本市新建建筑可再生能源应用的实施意见〉的通知》 发布时间：2023 年 2 月 6 日 实施时间：2023 年 3 月 1 日	二、主要目标 新建公共建筑、居住建筑和工业厂房应按要求使用一种或多种可再生能源。到 2025 年，建筑用能结构持续优化，城镇新建建筑可再生能源替代率达到 10%，到 2030 年，城镇新建建筑可再生能源替代率达到 15%。 三、建设要求 （一）新建公共建筑 国家机关办公建筑和教育建筑屋顶安装太阳能光伏的面积比例不低于 50%，其他类型的公共建筑屋顶安装太阳能光伏的面积比例不低于 30%。 （二）新建居住建筑 居住建筑屋顶安装太阳能光伏的比例不得低于 30%。 （三）工业厂房 新建工业厂房应满足光伏安装的要求，屋顶安装太阳能光伏的面积比例不低于 50%

地区	标准、政策文件等依据	发展要求
上海市	《上海市民用建筑可再生能源综合利用核算标准》DG/TJ 08—2329—2020 发布时间：2020 年 9 月 15 日 实施时间：2021 年 3 月 1 日	4.2.2 当采用太阳能热水系统时，不同层数住宅建筑采用太阳能热水系统的配置量应符合下列规定： 1）六层及六层以下的住宅建筑应为全部住户配置太阳能热水系统。 2）七至十二层的住宅建筑应为上部六层住户配置太阳能热水系统。 3）十三层及十三层以上的住宅应为用地内不少于 50% 的住户配置太阳能热水系统
浙江省	《浙江省绿色建筑条例》 实施时间：2016 年 5 月 1 日	第三十一条 新建居住建筑（农民自建住宅除外）和国家机关办公建筑、政府投资或者以政府投资为主以及总建筑面积一万平方米以上的其他公共建筑，应当按照国家和省有关标准利用可再生能源。可再生能源利用设施应当与建筑主体一体化设计，同步施工、同步验收
浙江省	各市绿色建筑专项规划（2022—2030） 发布时间：2023 年	新建居住建筑光伏组件面积占计容建筑面积比例达到 1.6%/1.8%/2.0% 等。新建公共建筑光伏组件面积占计容建筑面积比例达到 1.0%/1.5%/2.0%/2.5%/3.0% 等。 详见各市绿色建筑专项规划表格要求
浙江省	浙江省《民用建筑可再生能源应用核算标准》DB33/T 105—2022 发布时间：2022 年 6 月 23 日 实施时间：2022 年 10 月 1 日	3.0.4 新建民用建筑应安装太阳能系统。 4.0.1 公共建筑可再生能源综合利用量应根据建设用地内计容建筑面积核算。 4.0.2 公共建筑可再生能源综合利用量最小值应符合下列规定。 5.0.1 居住建筑应为全体住户配置太阳能热水系统或空气源热泵热水系统。 5.0.2 居住建筑应配置太阳能光伏发电系统，并应满足下列要求
浙江省	浙江省《民用建筑项目节能评估技术规程》DBJ33/T 1105—2022 发布时间：2022 年 12 月 29 日 实施时间：2023 年 3 月 1 日	5.8.2 节能评估应对可再生能源在建筑中的应用进行评价，并应满足下列要求： 1）应根据项目特点及项目所在地的环境资料对可再生能源应用形式进行计算、分析与评价，并提供相应可再生能源应用系 统综合利用量核算值、可再生能源应用核算替代率和减碳量计算； 新建民用建筑可再生能源应用规模应符合现行浙江省标准《民用建筑可再生能源应用核算标准》DBJ33/T 1288—2022 的规定和项目所在地绿色建筑专项规划的要求
江苏省	江苏省《绿色建筑设计标准》DB32/3962—2020 发布时间：2020 年 12 月 30 日 实施时间：2021 年 7 月 1 日	3.0.6 政府投资公共建筑和大型公共建筑应至少利用一种可再生能源。住宅、宾馆和医院等公共建筑应当设计、安装太阳能热水系统
江苏省	《江苏省城乡建设领域碳达峰实施方案》 发布时间：2023 年 1 月 13 日	到 2025 年，新建公共机构建筑、新建厂房屋顶光伏覆盖率力争达到 50%。推动开展新建公共建筑全面电气化，到 2030 年电气化比例达到 20%

地区	标准、政策文件等依据	发展要求
安徽省	《安徽省光伏建筑一体化试点示范和推广应用实施方案》 发布时间：2024年2月28日	1."光伏 新建公共建筑"工程。各级政府投资新建的业务用房、学校、医院、图书馆、体育馆、车站机场等公共建筑，应同步配套建设光伏设施：光伏发电组件投影面积不少于有效屋顶面积的50%；有玻璃幕墙、石材外墙或铝板外墙等设计要求的，原则上墙面光伏发电组件面积不少于南、东、西三向墙面有效面积之和的10%。 2."光伏 新建工业建筑"工程。新建工业厂房应同步配套建设光伏设施，且光伏发电组件投影面积不少于有效屋顶面积的50%。各级政府及其平台公司投资新建的工业厂房，原则上墙面光伏发电组件面积不少于南、东、西三向墙面有效面积之和的10%。 3."光伏 新建居住建筑"工程。鼓励住宅地产开发单位在城镇区域新建居住建筑时，采用光伏建筑一体化技术，按照安全可靠、协调美观、经济适用原则配套建设光伏设施，确保与建筑工程同步规划、同步设计图审、同步施工、同步验收使用
广东省	《广东省城乡建设领域碳达峰实施方案》 发布时间：2024年1月31日	逐步建立以电力为核心的建筑能源消费体系，提高清洁电力比例。推进建筑太阳能光伏一体化建设，到2025年新建公共机构、厂房屋顶光伏覆盖率力争达到50%。开展"光储直柔"建筑建设示范。结合资源禀赋和用能需求发展太阳能光热、浅层地热能、生物质能等应用。大力推广空气源热泵热水器、高效电炉灶等替代燃气产品。逐步对大型公共建筑进行电气化改造
广西壮族自治区	《广西壮族自治区绿色建筑发展条例》 发布时间：2020年8月31日	第三十条【可再生能源应用】县级以上人民政府应当鼓励和扶持在新建建筑和既有建筑节能改造中采用太阳能、空气能（应用于生活热水系统）、浅层地能等可再生能源。 市、县和乡镇国土空间规划确定的城镇建设用地范围内具备可再生能源利用条件的下列建筑应当至少应用一种可再生能源： （一）建筑面积一万平方米以上使用中央空调的公共建筑和机关办公建筑； （二）集中提供热水的宾馆、酒店、医院、学校及企业职工集体宿舍建筑； （三）总建筑面积在2万平方米以上的住宅小区以及十二层以下的住宅建筑； （四）建筑面积五万平方米以上的建筑群。 太阳能热水系统、光伏发电系统等可再生能源利用设施应当与建筑主体一体化设计、施工和验收，与建筑外观、形态相协调

地区	标准、政策文件等依据	发展要求
福建省	《福建省绿色建筑发展条例》 发布时间：2021 年 7 月 29 日 实施时间：2022 年 1 月 1 日	第二十七条 新建政府投资或者以政府投资为主的公共建筑、建筑面积大于二万平方米的公共建筑应当至少利用一种可再生能源。 新建住宅以及宾馆、医院、学校等有热水需求的公共建筑设计应当预留安装太阳能或者高效空气源热泵等热水系统的位置。 鼓励国家机关、学校、医院、大型商场、交通场站等单位在其建筑屋面安装分布式光伏发电系统
湖北省	《关于加强可再生能源建筑应用管理的通知》 实施时间：2022 年 12 月 23 日	一、大力推进可再生能源规模化应用 （一）新建居住建筑、公共建筑和工业厂房应至少应用一种可再生能源（各地可参照《可再生能源建筑应用推荐表》选择适用的可再生能源建筑应用方式）。 （二）新建住宅建筑和宾馆、医院、公寓、宿舍、康养、托幼等建筑，优先采用太阳能热水系统、空气源热泵热水系统或太阳能与空气源热泵相耦合的复合式热水系统供应热水。 （三）新建公共机构建筑、新建厂房屋面采用太阳能光伏系统，安装光伏面积占屋顶面积的比例 2023 年不低于 30%，2024 年不低于 40%，2025 年不低于 50%；除新建公共机构建筑外的其他类型新建公共建筑，安装光伏面积占屋顶面积的比例 2023 年不低于 20%，2024 年不低于 30%，2025 年不低于 40%。 （四）新建建筑集中供暖和集中空调系统优先采用地源热泵系统、空气源热泵系统。 （五）既有建筑改造时，应在确保建筑结构安全、屋面防水性能可靠前提下，选用太阳能热水系统、空气源热泵热水系统或太阳能光伏发电系统。武汉、襄阳、宜昌既有公共机构建筑、公共建筑和厂房屋顶安装光伏的面积比例不应低于 30%，其他地区的安装比例不应低于 20%。 （六）因资源条件、规划条件和建筑利用条件不够等原因，不能采用上述的某一种应用系统时，应选择其他应用系统进行替代，也应满足本通知规定的可再生能源应用量要求
四川省	《四川省城乡建设领域碳达峰专项行动方案》 发布时间：2023 年 8 月 17 日	推广建筑可再生能源应用。推进建筑太阳能光伏一体化建设，到 2025 年在太阳能资源较丰富且具备条件的地区新建公共机构建筑、新建厂房屋顶光伏覆盖率力争达到 50%。推动既有公共建筑屋顶加装太阳能光伏系统。加快智能光伏应用推广。在攀枝花市、阿坝州、甘孜州、凉山州等太阳能资源较丰富地区且有稳定热水需求的建筑中，大力推广太阳能光热系统应用。因地制宜推进建筑地热能、生物质能应用，开展火电、工业等余热利用，推广空气源等各类电动热泵技术。到 2025 年城镇建筑可再生能源替代率达到 8%

续表

地区	标准、政策文件等依据	发展要求
山东省	《山东省城乡建设领域碳达峰实施方案》 发布时间：2023 年 5 月 26 日	积极发展城镇分布式光伏系统，重点推进工业厂房、商业楼宇、公共建筑等屋顶光伏建设，推动既有公共建筑屋顶加装太阳能光伏系统，到 2025 年新建公共机构建筑、工业厂房屋顶光伏覆盖率达到 50%。推动智能微电网、"光储直柔"（光伏系统＋储能设备＋直流配电＋柔性用电）、蓄冷蓄热、虚拟电网等技术应用，优先消纳可再生能源电力。新建城镇居住建筑、农村社区以及集中供应热水的公共建筑，全面安装使用可再生能源热水系统。因地制宜推广污水源、土壤源、空气源等热泵供暖供冷技术。到 2025 年，城镇建筑可再生能源替代常规能源消耗比例达到 10%，到 2030 年达到 12%。积极推进清洁能源供暖，到 2030 年全省清洁供暖比例达到 85% 以上
宁夏回族 自治区	《宁夏回族自治区民用建筑节能办法（2022）》 发布时间：2010 年 6 月 28 日 实施时间：2010 年 8 月 1 日	第十一条 政府投资的民用建筑项目应当优先采用太阳能、地热能和其他可再生能源。 民用建筑项目的建设（开发）单位，应当将可再生能源应用技术、材料和设备用于建筑物的热水供应、采暖、制冷、照明、光伏发电系统，并与民用建筑主体工程同步设计、同步施工、同步验收。 第十三条 凡是采用太阳能热水系统的民用建筑项目，并与建筑主体工程同步设计、同步施工、同步验收的，在规定的容积率之外，可以按项目所应用的太阳能集热器面积 1：1 的比例，增加该项目的建筑面积指标
辽宁省	《辽宁省"十四五"建筑节能与绿色建筑发展规划》 发布时间：2023 年 12 月 1 日	在项目立项和土地出让条件中明确新建建筑应安装太阳能系统。推动党政机关、学校、医院等既有建筑屋顶加装太阳能光伏系统。积极推动在城市中低层住宅及酒店、学校等有稳定热水需求的建筑中应用太阳能光热系统。推广应用地热能、空气热能、生物质能等解决建筑采暖、生活热水、炊事等用能需求。因地制宜推广地热能技术在建筑中的应用。在寒冷地区积极推广空气热能热泵技术应用，在严寒地区开展超低温空气源热泵技术及产品应用。合理发展生物质能供暖。到 2025 年城镇建筑可再生能源替代率达到 8%，新建公共机构建筑、新建厂房屋顶光伏覆盖率力争达到 50%

5.3 可再生能源应用及设计

5.3.1 太阳能光伏发电系统应用及设计

1. 太阳能光伏发电系统概述

太阳能是一种洁净的能源，在开发和利用时不会产生废渣、废水、废气，也没有噪声，更不会影响生态平衡。我国西藏、青海、新疆、甘肃、宁夏、内蒙古高原的总辐射量和日照时数均为全国最高，属世界太阳能资源丰富地区之一；四川盆地、两湖地区、秦巴山地是太阳能资源低值区；我国东部、南部及东北为资源中等区。

在太阳能的有效利用中，太阳能发电系统是近些年来发展最快，也是最具活力的研究领域，是最受瞩目的项目之一。太阳能是一种辐射能，利用太阳能发电时将太阳光直接转换成电能，它必须借助能量转换器才能转换为电能。其中，"光—电"直接转换方式是利用光电效应，将太阳辐射能直接转换成电能，"光—电"转换的基本装置是太阳能电池。太阳能电池是一种基于光生伏特效应将太阳光能直接转化为电能的器件，是一个半导体光电二极管，当太阳光照到光电二极管上时，光电二极管会把太阳的光能变成电能，在外电路上产生电流。当许多电池串联或并联起来就可构成较大输出功率的太阳能电池方阵。太阳能电池是一种大有前途的新型电源，具有永久性、清洁性和灵活性三大优点。

简而言之，光伏系统是利用光伏电池将光能直接转化为电能的发电系统。由于光能取自太阳，不存在能源耗竭且在能源转换过程中不产生其他有害的气体、无碳排放，与建筑体结合技术成熟，故在建筑领域被视为广泛应用的绿色能源。在建筑领域应用光伏系统与建筑市政电源并网运行，可降低建筑对市政电能的需求量，降低建筑用能的碳排放量。

光伏发电系统主要由光伏组件、电力电子变换器、负载或电网等组成。根据系统要求，有可能需要汇流箱和电压表、电流表等各种测量设备以及储能、监控、配电箱等设备。

随着分布式光伏的发展，光伏发电与建筑的结合越来越受到人们的重视。在城市中应用光伏发电系统，只能利用建筑物的有效面积安装太阳能电池。安装在建筑物上的光伏发电系统，称为建筑光伏（Building Mounted Photovoltauc，BMPV）。

建筑光伏的优点为：可就地发电、就地使用，一定范围内减少了电力运输过程产生的费用和损耗；有效利用了建筑物外表面积，不需要占用空间，节省了土地资源；由于光伏阵列吸收了太阳能，降低了屋顶或墙面的温度，改善了室内环境，降低了空调负荷，有效减少了建筑物的常规能源消耗；白天是城市的用电高峰期，利用此时充足的太阳辐射发电，缓解高峰电力需求，解决了电网峰谷供电需求矛盾。

建筑光伏的光伏组件与建筑物结合的形式主要有两种，一种是附着于建筑物上，称为安装式太阳光伏（Building Attached Photovoltaic，BAPV），一般应用在现有建筑物上安装光伏发电系统时。另一种是与建筑物同时设计、同时施工和安装并与建筑物形成完美结合的太阳能光伏发电系统，称为光伏建筑一体化（Building Integrated Photovoltaic，BIPV）。图 5-1 为斜屋顶上 BAPV 和 BIPV 应用实例图。

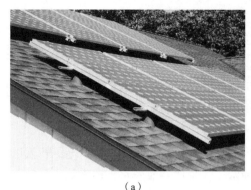
（a）

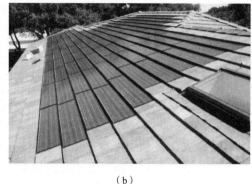
（b）

图 5-1　建筑光伏应用实例
（a）BAPV；（b）BIPV

BAPV 的功能是发电，与建筑物功能不发生冲突，不破坏或削弱原有建筑物的功能，但没有其他功能。BIPV 作为建筑物外部可以提升建筑物的美感，与建筑物形成完美的统一体。BIPV 的优点为：可利用建筑本身作为光伏发电系统的支撑结构；光伏组件代替建筑物的外围护结构，减少建筑材料和人工，降低成本；使用光伏组件作为新型建筑围护材料，增加了建筑物的美观，更受市场的欢迎。

2003 年，国家出台了《家用太阳能光伏电源系统技术条件和试验方法》，拉开了户用分布式光伏标准化建设的序幕。随着户用光伏市场的发展，2016 年，国家发布的《户用分布式光伏发电并网接口技术规范》，为户用光伏的并网接入提供依据。2021 年发布的《关于报送整县（市、区）屋顶分布式光伏开发试点方案的通知》中，明确整县（市、区）屋顶分布式光伏发展目标。

根据《建筑节能与可再生能源利用通用规范》GB 55015—2021 的要求，我国对新建建筑安装太阳能系统（即光热和光电可根据建筑适宜性选择）作了强制性规定。上文也列举了全国各地相继出台的光伏系统建设的政策要求，在进行光伏系统设计时需了解并遵循相应的设计规范和项目所在地的政策法规。

2. 节能减碳效果计算公式及来源

太阳能光伏系统减碳效果计算可以直接通过计算其年发电量，再通过各省市电网碳排放因子转换成减碳量，故主要收集太阳能光伏系统年发电量计算公式来源。

（1）《光伏发电站设计规范》GB 50797—2012（图 5-2）

各省市发布的太阳能光伏相关技术标准、规程中大部分直接引用了《光伏发电站设计规范》GB 50797—2012，是目前全国最常用的计算方法。其中太阳辐射量可查阅各省市太阳能光伏相关技术标准、规程附录或《可再生能源建筑应用工程评价标准》GB/T 50801—2013 附录数据。

除了《光伏发电站设计规范》GB 50797—2012 以外，部分省市在可再生能源核算标准或相关政策文件中提供了简化计算公式，直接通过太阳能光伏板外框尺寸面积即可计算得到太阳能光伏发电量。

图 5-2　《光伏发电站设计规范》发布公告

（2）浙江省《民用建筑可再生能源应用核算标准》DBJ 33/T 1105—2022（图 5-3）

图 5-3　浙江省《民用建筑可再生能源应用核算标准》发布公告

浙江省住房和城乡建设厅于 2022 年 5 月 13 日发布了《民用建筑可再生能源综合利用核算标准》DBJ/T 1105—2022。该标准适用于浙江省新建、改建和扩建民用建筑项目可再生能源综合利用量的核算。

（3）上海市《民用建筑可再生能源综合利用核算标准》DG/TJ 08—2329—2020

上海市住房和城乡建设管理委员会于 2020 年 9 月 25 日发布了《民用建筑可再生能源综合利用核算标准》DG/TJ 08—2329—2020。该标准适用于上海市新建、改建和扩建民用建筑项目可再生能源综合利用量的核算。该标准对于太阳能光伏发电系统的可再生能源综合利用量核算值的计算如图5-4所示。

可再生能源应用系统	材料/建筑类型/设置位置/供能类型		常规能源年替代量	
			等效电（kWh/a）	标煤（kgce/a）
太阳能光伏系统	晶硅	光伏板设置于屋面	$199 \times A_d$	$57 \times A_d$
		光伏板设置于立面	$110 \times A_d$	$31 \times A_d$
	薄膜		$114 \times A_d$	$33 \times A_d$
注：A_c 为太阳能集热器外框尺寸总面积（m²）； A_d 为太阳能光伏板外框尺寸总面积（m²）； Q' 为由地源热泵提供的空调供暖热负荷（kW）； Q_d 为由地源热泵提供的生活热水系统的平均日供热水量（m³/d）				

图5-4　上海市《民用建筑可再生能源综合利用核算标准》计算规则（一）

（4）湖北省《关于加强可再生能源建筑应用管理的通知》

湖北省住房和城乡建设厅于2022年12月23日发布了《关于加强可再生能源建筑应用管理的通知》，与上海市《民用建筑可再生能源综合利用核算标准》DG/TJ 08—2329—2020类似，该文件中提供了常规可再生能源应用系统年应用量的简化算法，依据此方法可直接通过太阳能光伏板外框尺寸总面积计算得到发电量（图5-5）。

可再生能源应用系统	材料/建筑类型/设置位置/供能类型		可再生能源建筑年应用量 Ei	
			等效电（kWh/a）	标准煤（kgce/a）
太阳能热水系统	集热器设置于屋面		$226 \times A_c$	$68 \times A_c$
	集热器设置于立面		$124 \times A_c$	$37 \times A_c$
太阳能光伏系统	晶硅	光伏板设置于屋面	$181 \times A_d$	$55 \times A_d$
		光伏板设置于立面	$100 \times A_d$	$30 \times A_d$
	薄膜		$94 \times A_d$	$28 \times A_d$
地源热泵系统	供冷供热系统	居住建筑	$21.5 \times A_b$	$6.5 \times A_b$
		办公建筑	$33.3 \times A_b$	$10.1 \times A_b$
		宾馆建筑	$51.8 \times A_b$	$15.7 \times A_b$
		医疗建筑	$49.1 \times A_b$	$14.8 \times A_b$
		文化建筑	$45.8 \times A_b$	$13.8 \times A_b$
		教育建筑	$26.3 \times A_b$	$7.9 \times A_b$
		商业建筑	$51.3 \times A_b$	$15.5 \times A_b$
		交通建筑	$34.7 \times A_b$	$10.5 \times A_b$
	供生活热水系统		$4666 \times Q_d$	$1412 \times Q_d$
空气源热泵系统	供生活热水系统		$3256 \times Q_d$（一区）	$985 \times Q_d$（一区）
			$3888 \times Q_d$（二区）	$1176 \times Q_d$（二区）
注：A_c 为太阳能集热器外框尺寸总面积（m²）； A_d 为太阳能光伏板外框尺寸总面积（m²）； A_b 为由地源热泵服务的建筑面积（m²）； Q_d 为由地源热泵或空气源热泵热水系统服务需供给的日平均供热水量（m³/d）				

图5-5　湖北省《关于加强可再生能源建筑应用管理的通知》计算规则

3. 节能减碳效果影响因素

光伏系统的发电量主要取决于安装地的太阳能资源，项目所在地的气象资料是系统设计的重要依据。光伏系统的设计应综合当地太阳能资源、建设地环境条件、建筑体外观条件统筹规划。

（1）太阳能资源和建设条件

太阳能资源数据主要包括太阳年辐射总量年日照小时数和等量热量所需标准燃煤，全国各地区太阳能资源等级划分及数据见表 5-3、表 5-4。

获取建设项目场地太阳能资源的途径可通过查询当地气象站或相关部门发布的数据，气候特征宜为多晴天、多旱少雨，建设位置应避开存在安全隐患的区域，选择周边无遮挡区域。对于周边有景观、高楼等遮挡的情况，应对其影响进行合理的评估分析，可采用计算机模拟分析。

全国太阳能日照时数和年辐射量表 表 5-3

地区	名称	全年日照时数（h）	年辐射量（MJ/m²）
一类地区	青藏高原、甘肃北部、宁夏北部和新疆南部等地	3200～3300	7500～9250
二类地区	河北西北部、山西北部、内蒙古南部、青海东部、宁夏南部、甘肃中部、西藏东南部和新疆南部等地	3000～3200	5850～7500
三类地区	山东、河南、河北东南部、山西南部、甘肃东南部、福建南部、江苏中北部、安徽北部、广东南部、云南、陕西北部、吉林、辽宁和新疆北部等地	2200～3000	5000～5850
四类地区	长江中下游、福建、广东和浙江的一部分地区	1400～2200	4150～5000
五类地区	四川和贵州两省	1000～1400	3350～4190

说明：一~三类地区具有良好的太阳能条件，四、五类地区太阳能资源较差。光伏系统应在年日照辐射量不低于 4200MJ 和年日照时数不低于 1400h 的太阳能资源丰富的地区建设

太阳能资源数据表 表 5-4

等级	资源带号	年总辐射量（MJ/m²）	年总辐射量（kWh/m²）	平均日辐射量（kWh/m²）
最丰富带	I	≥6300	≥1750	≥4.8
很丰富带	II	5040～6300	1400～1750	3.8～4.8
较丰富带	III	3780～5040	1050～1400	2.9～3.8
一般	IV	<3780	<1050	<2.9

（2）光伏组件材质

从光伏组件材质上选择，薄膜类材质和晶体硅材质的光伏组件多应用于 BIPV，晶体硅光伏组件多应用于 BAPV。相比薄膜类材质的光伏组件，晶体硅光伏组件的光电转化率高、经济效益好，常用于屋面；薄膜类材质的光伏组件依据其稳定性和与建筑物外观协调统一性好的特点，常用于光伏幕墙，但成本高，光伏组件的分类及特性见表 5-5。

光伏组件的分类及特性 表 5-5

常见光伏组件种类		光电转化效率		优缺点	适用场景
硅基光伏组件	晶体硅	单晶硅组件	15%~25%	转换率高、寿命较长、硅耗较大、成本较高	屋面、立面
		多晶硅组件	14%~20%	转换率高、寿命较长、硅耗小、成本低	
多元化合物薄膜光伏组件	二元素 CdTe	碲化镉薄膜组件	10%~17%	转换率较低、成本较高、稳定性好	一体化光伏幕墙、光伏屋面
	四元素 GIGS	铜铟镓硒薄膜组件	12%~19%		

（3）光伏组件方位角和倾斜角

光伏组件安装的方位角和倾斜角应结合建筑朝向，采用光伏组件最佳发电效率的角度。

光伏组件方位角是指光伏组件向阳面的法向量在水平面上的投影与正南方向的夹角。水平面内正南方向夹角为 0°，向西偏设定为正角度，向东偏设定为负角度。夹角为 0° 时发电量最大。

光伏组件倾斜角是指光伏组件向阳面的法向量与水平面法向量的夹角，最佳倾斜角为光伏组件年发电量最大的倾斜角度。一年中的最佳倾斜角与当地的地理纬度有关，当纬度较高时，相应的倾斜角较大，方位角、倾角变化及发电量相对损失关系见图 5-6~图 5-8（资料来源：江苏省可再生能源行业协会公众号）。

光伏系统的发电量跟组件的朝向（方位角）与倾角有很大关系，一般来说，正南朝向和最佳倾角条件下系统发电效率最高，最佳倾角与系统类型为独立光伏发电系统或并网光伏发电系统有关，实际设计时可参考各省市太阳能光伏相关标准建议。其他因素如积雪问题、遮挡关系、地形条件和用地面积的限制，都会对组件的朝向和倾角进行取舍，设计过程中需要考虑，以保障系统效益最佳。

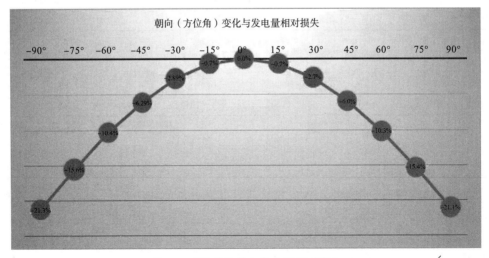

图 5-6　方位角变化与发电量相对损失

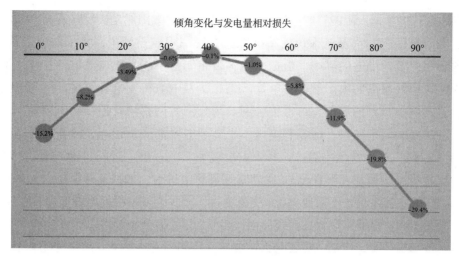

图 5-7 倾角变化与发电量相对损失

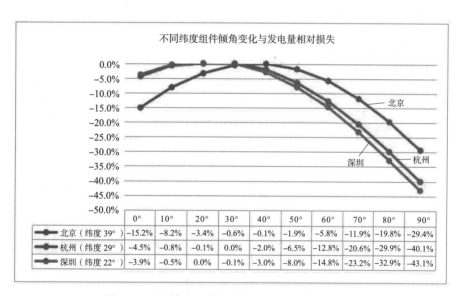

	0°	10°	20°	30°	40°	50°	60°	70°	80°	90°
北京（纬度 39°）	-15.2%	-8.2%	-3.4%	-0.6%	-0.1%	-1.9%	-5.8%	-11.9%	-19.8%	-29.4%
杭州（纬度 29°）	-4.5%	-0.8%	-0.1%	0.0%	-2.0%	-6.5%	-12.8%	-20.6%	-29.9%	-40.1%
深圳（纬度 22°）	-3.9%	-0.5%	0.0%	-0.1%	-3.0%	-8.0%	-14.8%	-23.2%	-32.9%	-43.1%

图 5-8 不同纬度组件倾角变化与发电量相对损失

4. 使用条件

太阳能光伏发电系统应设置在太阳能资源较好的位置，以保证较高的发电效率，并避免因此产生的光伏组件损害问题。太阳能光伏发电系统应用可分为以下几种场景：

（1）太阳能光伏发电系统作为市电辅助能源：对电力资源很好的地区，应首先利用市政电源，若太阳能资源很丰富，可根据项目需要辅助设置部分太阳能发电。

（2）太阳能光伏发电系统与市电并网使用：对电力较为紧张、太阳能资源又很丰富的地区，可采用市政电源+太阳能发电相结合的方式。

（3）独立太阳能光伏发电系统：对没有配电到达或地域地形复杂、电力难以到达的地区，可根据太阳能资源的情况，就地采用独立太阳能光伏发电系统。

由于太阳能光伏发电系统的特殊性，在民用建筑设计中，宜采取分散资源、分散利用、就地供电的原则，根据所需容量布局太阳能光伏电池数量，并尽量采用光电转换效率高的太阳能光伏电池。当光伏发电系统发电量不足自用则公网补充，若发电量自身消纳不完可上传公网。与公网并网要注意控制电压偏差、电压波动、闪变、频率偏差、谐波和电压不平衡度等电能质量指标，使其满足国家电网指标要求。

当光伏系统负载仅为直流 LED 灯或直流充电桩时，如地下停车场，光伏系统可为独立的直流系统，不需要直流/交流变换，减少逆变过程的电能损失。

太阳能光伏板通常设置在建筑屋面、墙面、屋檐以及场地内车棚、构筑物顶部、栏板、地面等位置，因部分位置与太阳能热水集热器存在共性，故部分场景下与太阳能热水系统为互斥技术。值得一提的是，太阳能热水系统通常应用在有热水需求的建筑物上，若为了更高的可再生能源应用要求，其他位置仍然可以根据其太阳能资源等条件评估应用太阳能光伏系统的可行性。

5. 实际项目设计案例

光伏建筑一体化技术（BIPV）在国内已经有较多的大型公共建筑案例。2019年中国北京世界园艺博览会中国馆（图 5-9）采用 40% 彩色透光中空碲化镉薄膜光伏组件，利用彩色发电玻璃替代普通建材。2018 年开馆的浙江嘉兴秀洲光伏科技馆（图 5-10），总用地面积约 1.6 万平方米，总建筑面积约 9000m²，是目前国内建筑面积最大的全部采用发电玻璃的建筑物。科技馆具安装光伏薄膜玻璃总面积约 5000m²，多晶硅光伏板总面积约 600m²，整体建筑太阳能发电总功率 400kWp 左右。

图 5-9　2019 年中国北京世界园艺博览会中国馆效果图

图 5-10　浙江嘉兴秀洲光伏科技馆光伏屋顶和光伏幕墙鸟瞰图

2022 年上海宏润科创中心项目（图 5-11）在东、西、南三个立面窗间层部分安装彩色光伏 BIPV 组件（图 5-12），BIPV 组件玻璃结构与原玻璃窗结构保持一致。其中南立面安装面积约 500m²，东、西立面安装面积各为 1000m²，共计 2500m²，单平米安装容量为 150W，总容量为 375kW。

图 5-11　上海宏润科创中心项目效果图及产品样本

物理参数

产品功率	280W	颜色	依据色卡定制
长度	1780mm	转换效率	13%~18%
宽度	1080mm	玻璃厚度	6mm+6mm
重量	31kg/块	风载设计值	5900Pa
应用场景：建筑立面（融合玻璃、铝板、涂料、石材等）			
注：可依据建筑结构设计产品尺寸、厚度，以上数据仅供参考			

图 5-12　上海宏润科创中心项目光伏产品样本

住宅采用太阳能光伏项目较少，但 2023 年上海市强制推行太阳能光伏设计要求后，已有较多的住宅太阳能光伏案例。中国铁建华漕花语前湾项目（图 5-13），合计 35 栋建筑，布置光伏板建筑 24 栋。合计屋顶面积 13725m²，光伏板布置面积1619 块，合计 4118m²，占比约为 30.47%。

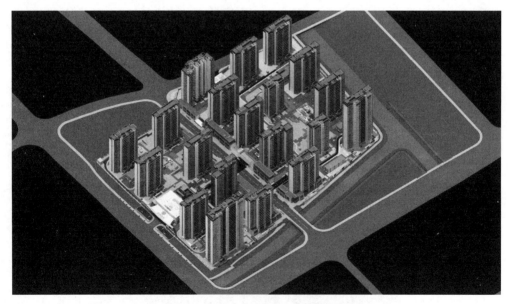

图 5-13　中国铁建华漕花语前湾项目效果图

6. 结论

在建设光伏发电项目时，综合考虑建筑布局、朝向、日照时间、间距、群体组合和空间环境，满足光伏系统设计和安装要求。安装位置尽量选择在发电效率最高的地方，如无遮挡的建筑屋面、自行车棚顶面、建筑南立面等，并保证冬至日全天不少于 6h 的建筑日照时数。在考虑安装位置时，不仅考虑采用降低风压的措施，还要考虑使用、维护、保养等必要的空间和承载。在多雪地区屋面安装光伏组件时应考虑融雪或设置扫雪通道等措施，保障人员安全，避免积雪遮挡光伏组件。

对于超低、近零能耗建筑，常应用大量光伏发电组件，还可以考虑光伏组件在布置时的保温隔热效果。另外，建议进行光伏一体化设计，需考虑组件敷设时的无热桥设计。

5.3.2　太阳能热水系统应用及设计

1. 太阳能热水系统概述

太阳能热水系统利用太阳能集热器来采集太阳热量，通过阳光照射使太阳的光能转化为热能。系统通过自动控制循环泵或电磁阀等功能部件，将采集的热量传输到大型储水保温水箱中。在必要时，系统还可以匹配当量的电力、燃气、燃油等能源，进一步加热储水保温水箱中的水，使其成为比较稳定的定量能源设备。

在发展历程方面，太阳能热水器的设计从最初的闷晒式太阳能热水器开始，这种设计虽然结构简单、成本低廉，但保温性能差，限制其应用。随着技术的发展，太阳能热水器实现了大规模生产，并在全球范围内得到广泛的应用。

太阳能热水系统主要有自然循环系统和控温防水系统两种类型。自然循环系统具有运行方式简易、投资小、设备维护费用低等优点，但提温慢，且设计安装要求严格。而控温防水系统大大提高了热水生产速度，系统运作稳定，适用于大型热水工程，但热水存储箱的隔热性能要求高，且增强了系统控制器和温度感应器，增加了设备维护成本。

综上所述，太阳能热水系统的技术路径是一个不断发展的过程，旨在提高热能转化效率，提升系统稳定性，降低设备维护成本，从而更好地满足人们的热水需求。

2. 节能减碳效果计算公式及来源

超低能耗设计领域中，生活热水系统能耗量不可忽略。在建筑本体性能指标中，生活热水系统能耗对建筑能耗综合值进行约束，降低生活热水能耗能够降低建筑能耗综合值，提升可再生能源利用率。

生活热水系统中采用常规能源热源作为建筑主要生活热水供给系统，如电热水器、锅炉等，然后以可再生能源系统作为辅助，例如太阳能热水系统、空气源或地源热泵系统，也可直接使用不同可再生能源系统来满足生活热水需求，例如并联式太阳能和空气源热泵系统。实际项目中，生活热水系统采用何种热源应综合考虑当地能源情况、项目情况等。

（1）《近零能耗建筑技术标准》GB/T 51350—2019、《上海市太阳能与空气源热泵热水系统应用技术标准》DG TJ 08—2316—2020、《云南省绿色建筑评价标准》

以表 5-6 的四种生活热水系统形式为例，展示如何计算太阳能热水系统可再生能源利用量。

四种生活热水系统形式 表 5-6

系统名称	系统简图
常规能源热源电热水器 + 太阳能热水系统	
常规能源热源燃气锅炉 + 太阳能生活热水系统	
仅考虑空气源热泵热水系统	
并联式太阳能与空气源热泵热水系统	

经过对比分析，在同样的热水耗热量需求（1061.29kWh）下，各种热水系统的可再生能源利用量存在显著差异。其中，空气源与太阳能结合的热水系统表现最为出色，其可再生能源利用量达到最大值（965.77kWh）。紧随其后的是电锅炉与太阳能的组合（900.82kWh）以及燃气锅炉与太阳能的配对（898.65kWh）。相比之下，仅依赖空气源热泵的太阳能系统其可再生能源利用量相对较低，为795.97kWh。

依据太阳能生活热水中可再生能源利用量的计算原则，即生活热水耗热量减去考虑了太阳能（或空气源热泵）的生活热水能耗，可以得出上述生活热水系统的能耗排序为：空气源 + 太阳能＞电锅炉 + 太阳能~燃气锅炉 + 太阳能＞空气源热泵。需要注意的是，这一排序是基于特定的参数设置得出的，若参数发生变化，排序也可能随之调整。然而一个明显的趋势是，结合了两种可再生能源的生活热水系统其能耗普遍较低。

除了以上较为复杂的计算方法外，部分省市在可再生能源核算标准或相关政策文件中提供了简化计算公式，直接通过太阳能集热器外框尺寸面积即可计算得到太阳能光伏发电量。

（2）浙江省《民用建筑可再生能源综合利用核算标准》DBJ/T 1105—2022

浙江住房和城乡建设厅于 2022 年 5 月 13 日发布了《民用建筑可再生能源综合利用核算标准》DBJ/T 1105—2022（图 5-13）。标准适用于浙江省新建、改建和扩建民用建筑项目可再生能源综合利用量的核算。

（3）上海市《民用建筑可再生能源综合利用核算标准》DG/TJ 08—2329—2020

上海市住房和城乡建设管理委员会于 2020 年 9 月 25 日发布了《民用建筑可再生能源综合利用核算标准》DG/TJ 08—2329—2020。标准适用于上海市新建、改建和扩建民用建筑项目可再生能源综合利用量的核算。该标准对于太阳能光伏发电系统的可再生能源综合利用量核算值的计算如图 5-14 所示。

可再生能源应用系统	材料 / 建筑类型 / 设置位置 / 供能类型	常规能源年替代量	
		等效电（kWh/a）	标煤（kgce/a）
太阳能热水系统	集热器设置于屋面	$288 \times A_c$	$83 \times A_c$
	集热器设置于立面	$160 \times A_c$	$46 \times A_c$

注：A_c 为太阳能集热器外框尺寸总面积（m^2）；

　　A_d 为太阳能光伏板外框尺寸总面积（m^2）；

　　Q' 为由地源热泵提供的空调供暖热负荷（kW）；

　　Q_d 为由地源热泵提供的生活热水系统的平均日供热水量（m^3/d）

图 5-14　上海市《民用建筑可再生能源综合利用核算标准》计算规则（二）

（4）湖北省《关于加强可再生能源建筑应用管理的通知》（鄂建文〔2022〕54 号）

湖北省住房和城乡建设厅于 2022 年 12 月 23 日发布了《关于加强可再生能源建筑应用管理的通知》（鄂建文〔2022〕54 号），与上海市《民用建筑可再生能源综合利用核算标准》DG/TJ 08—2329—2020 类似，该文件中提供了常规可再生能源应用系统年应用量的简化算法，如图 5-5 所示，依据此方法可直接通过太阳能光伏板外框尺寸总面积计算得到发电量。

3. 节能减碳效果影响因素

太阳能热水系统减碳效果主要受到项目所在地日照资源、太阳能集热器能够接收到的太阳辐射量（即太阳能集热器受遮挡程度）及太阳能热水系统效率的影响。

日照时数大于 1400h/ 年且年太阳辐射量大于 4200MJ/m^2 及年极端最低气温不低于 –45℃的地区，宜优先采用太阳能作为热水供应热源。在设计过程中，需要给水排水专业、电气专业、建筑专业、结构专业等多专业协作，结合项目特点，选择集热器布置方案和系统形式，进一步配合落实设计条件；在运维阶段，需要物业公司熟悉系统原理和流程。

（1）宾馆、公寓、医院、养老院等公共建筑及有使用集中供应热水要求的居住小区，对热水使用的要求较高且管理水平较好，维修条件较完善、无收费矛盾等难题。这类建筑宜采用集中集热、集中供热太阳能热水系统，充分利用太阳能光热，达到低碳、节能的目的。采用集中集热、集中供热太阳能热水系统的同时，应设置集中辅助加热设备。

（2）普通住宅可采用集中集热、分散供热或分散集热、分散供热的太阳能热水系统，分散设置辅助加热设备。推荐分栋住宅单设太阳能热水系统，其优点是系统简单，便于物业维护管理，并可大大减少系统的管道能耗和维修工作量。住宅类建筑的太阳能热水系统采用分散供热系统，解决了分户水表计量难题。

（3）集体宿舍、大型公共浴室、洗衣房、厨房等耗热量较大且用水时段固定的用水部位，宜采用定时供热的集中集热、集中供热太阳能热水系统，分散或集中设置辅助加热设备。

4. 使用条件及互斥技术

选用太阳能集热系统时，宜采用集热、贮热、换热一体间接预热承压冷水供应热水的组合系统。太阳能热水系统集热板通常设置在屋面、阳台栏板位置，因其位置与太阳能光伏系统高度一致，故与太阳能光伏系统为互斥技术。

设置太阳能光伏系统或太阳能光热系统应经技术经济比较确定。本着实用、低碳、节能、经济的原则，在有热水需求的前提下，采用太阳能辅助热源时依据应遵循《建筑给水排水设计标准》GB 50015—2019 第 6.6.6 条的相关要求、尽可能提高生活热水热源的电气化率，采用电作为辅助热源，满足热水使用量需求，降低生活热水直接碳排放量，剩余可利用面积建议设计太阳能光伏系统。

5. 实际项目设计案例

太阳能热水系统在国内已经有较多的住宅案例。上海市杨浦区江浦社区 R-09 地块—大桥街道 115 街坊超低能耗项目（图 5-15）采用集中集热分户储热间接换热太阳能系统。集热系统采用平板型太阳能集热器，通过集热循环将热量传递到分户的储热水箱。逆 8 层住户配置太阳能热水系统，每户设置一台承压储热水箱，水箱内配置优质铜盘管加热器，集热器的热量通过水箱的铜盘管转移至分户水箱。换热循环管路同程，确保太阳能热量在理想工况下达到热量的均衡分配。

项目共设置 632m² 太阳能平板集热器，年太阳能生活热水生产量为 11553.03m³，光伏现场见图 5-16。

图 5-15　上海市杨浦区江浦社区 R-09 地块—大桥街道 115 街坊超低能耗项目效果图

图 5-16　上海市杨浦区江浦社区 R-09 地块—大桥街道 115 街坊超低能耗项目光伏板现场图

公共建筑采用太阳能热水系统较少，主要是医院和酒店建筑采用太阳能热水系统。泰州市人民医院（图 5-17）采用太阳雨清洁热水系统解决方案以满足其热水需求。采用太阳能平板集热器 1356 块，$2m^2$/块，共 $2712m^2$，合计每天可产生热水 180t。该系统不仅能够提供稳定和安全的热水供应，还具有显著的节能效果，减少了医院能源消耗中的重要部分。此外，太阳能热水系统在设计时考虑了医院建筑的整体设置，采用直接供水方式，确保病房、门诊、手术室等各个区域都能得到充分的热水供应。

图 5-17　泰州市人民医院效果图

5.3.3 地源热泵系统应用及设计

1. 地源热泵系统概述

（1）地源热泵系统的定义

地源热泵（也称地热泵）是利用地下常温土壤和地下水相对稳定的特性，通过深埋于建筑物周围的管路系统或地下水，采用热泵原理，通过少量的高位电能输入，实现低位热能向高位热能转移与建筑物完成热交换的一种技术。

地源热泵供暖空调系统主要分为三部分：室外地能换热系统、地源热泵机组和室内供暖空调末端系统。其中地源热泵机主要有两种形式：水—水式或水—空气式。三个系统之间依靠水或空气换热介质进行热量的传递，地源热泵与地能之间换热介质为水，与建筑物供暖空调末端换热介质可以是水或空气。

（2）地源热泵系统的工作原理

地源热泵工作原理为：冬季，热泵机组从地源（浅层水体或岩土体）中吸收热量，向建筑物供暖；夏季，热泵机组从室内吸收热量并转移释放到地源中，实现建筑物空调制冷。根据地热交换系统形式的不同，地源热泵系统分为地下水地源热泵系统、地表水地源热泵系统和地埋管地源热泵系统。

1）制冷状态

地源热泵系统在制冷状态下，地源热泵机组内的压缩机对冷媒做功，使其进行汽—液转化的循环。通过冷媒／空气热交换器内冷媒的蒸发将室内空气循环所携带的热量吸收至冷媒中，在冷媒循环的同时，通过冷媒／水热交换器内冷媒的冷凝，由循环水路将冷媒中所携带的热量吸收，最终通过室外地能换热系统转移至地下水或土壤里。在室内热量通过室内供暖空调末端系统、水源热泵机组系统和室外地能换热系统不断转移至地下的过程中，通过冷媒—空气热交换器（风机盘管），以13℃以下冷风的形式为房供冷。

2）制热状态

地源热泵系统在制热状态下，地源热泵机组内的压缩机对冷媒做功，并通过四通阀将冷媒流动方向换向。由室外地能换热系统吸收地下水或土壤里的热量，通过水源热泵机组系统内冷媒的蒸发，将水路循环中的热量吸收至冷媒中，在冷媒循环的同时，通过冷媒／空气热交换器内冷媒的冷凝，由空气循环将冷媒所携带的热量吸收。在地下热量不断转移至室内的过程中，以室内供暖空调末端系统向室内供暖，如图5-18所示。

（3）地源热泵的特点

1）地源热泵属经济有效的节能技术

地能或地表浅层地热资源的温度一年四季相对稳定，冬季比环境空气温度高，夏季比环境空气温度低，是很好的热泵热源和空调冷源，这种温度特性使得地源热泵比传统空调系统运行效率高40%，因此要节能和节省运行费用40%左右。另外，地能温度较恒定的特性，使热泵机组运行更可靠、稳定，也保证了系统的高效性和经济性。据美国环保署 EPA 估计，设计安装良好的地源热泵，平均节约用户30%~40% 的供热制冷空调运行费用。

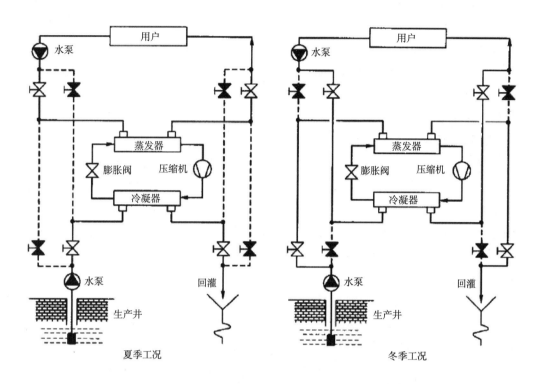

图 5-18 地源热泵工作原理图

2）地源热泵环境效益显著

地源热泵的污染物排放，与空气源热泵相比，相当于减少 40% 以上；与电供暖相比，相当于减少 70% 以上，如果结合其他节能措施，节能减排效果会更明显。虽然采用制冷剂，但比常规空调装置减少 25% 的充灌量；属自含式系统，即该装置能在工厂车间内事先整装密封好，因此制冷剂泄漏概率大为减少。该装置的运行没有任何污染，可以建造在居民区内，没有燃烧，没有排烟，也没有废弃物，不需要堆放燃料废物的场地，且不用远距离输送热量。

3）地源热泵空调系统维护费用低

在同等条件下，采用地源热泵系统的建筑物能够减少维护费用。地源热泵非常耐用，它的机械运动部件非常少，所有部件不是埋在地下便是安装在室内，从而避免室外的恶劣气候，其地下部分可确保 50 年，地上部分可确保 30 年，因此地源热泵是免维护空调，节省了维护费用，使用户的投资在 3 年左右即可收回。此外，地源热泵及其机组使用寿命长，均在 15 年以上；机组紧凑、节省空间；自动控制程度高，可无人值守等。

2. 使用条件

（1）土地条件

地源热泵需要在土地上进行钻孔，需要有足够的土地和合适的土质才能完成安装。而且钻孔越深就越昂贵，有时钻孔几十米也无法到达适当的热源层，这将限制地源热泵的安装。

（2）气候条件

在一些气候条件较为严酷的地区，会出现比较严重的冰冻现象，将会影响地源热泵的使用效果。用地源热泵供暖时，如果地面结冰，会影响地热回收效果，从而降低地源热泵的效率。

3. 实际项目设计案例

宿迁朗诗蔚蓝溪苑住宅项目（图 5-19）设集中供热水系统，系统热水由设于地下室热泵机房的地源热泵机组提供，热水系统竖向分区同生活给水系统，各分区系统压力由各分区冷水系统提供，保证用户冷热水压力平衡。同时集中空调系统也采用地源热泵，并采用冷却塔作为辅助。冷却水系统采用加大集水盘以及设置平衡管的方式，节约水资源，热泵机组见图 5-20。

图 5-19　宿迁朗诗蔚蓝溪苑住宅项目效果图

图 5-20　宿迁朗诗蔚蓝溪苑住宅项目热泵机组设备

4. 结论

地源热泵属于可再生能源，利用地表浅层地热资源作为冷热源，进行能量转换，由于地表浅层地热资源的温度一年四季相对稳定，冬季比环境空气温度高，夏季比环境空气温度低，因此地源热泵系统是很好的热泵热源和空调冷源，这种特性使得地源热泵比传统空调系统运行效率高 40%，此外，地能温度相对稳定，使热泵机组运行更可靠、稳定。

5.3.4　空气源热泵热水系统应用及设计

1. 空气源热泵系统概述

（1）空气源热泵系统的定义

空气源热泵是一种利用高位能使热量从低位热源空气流向高位热源的节能装置。它是热泵的一种形式，可以把不能直接利用的低位热能（如空气、土壤、水中所含的热量）转换为可以利用的高位热能，从而达到节约部分高位能（如煤、燃气、油、电能等）的目的。

（2）空气源热泵系统的工作原理

空气源热泵的工作原理为基于逆卡诺循环，通过少量的电能驱动压缩机运行，从环境中吸收热量并将其转移到需要加热或制冷的场所。具体来说，其工作流程如下：

1）蒸发过程

制冷剂（通常为一种特殊的气体或液体）在蒸发器中吸收环境中的热量，从而从液态蒸发为气态。这个过程中，环境中的热量被吸收进制冷剂中。

2）压缩过程

蒸发器中的气态制冷剂随后被压缩机吸入，压缩机通过对其施加机械功，将其压缩成高温高压的气态制冷剂。

3）冷凝过程

高温高压的气态制冷剂进入冷凝器，在这里，制冷剂通过放出热量，从气态冷凝为液态。这些放出的热量可以被用于加热，例如加热室内空间或热水。

4）节流过程

液态制冷剂通过膨胀阀或节流装置，降低其压力和温度，再次变成低温低压的液态制冷剂，准备进入下一个循环。

这个过程会不断重复，形成一个闭合的循环。通过这种方式，空气源热泵能够从环境中吸收热量，然后将其用于加热目的，或者反过来，通过改变制冷剂的循环方向，也可以从室内吸收热量并将其排放到环境中，从而实现制冷效果。

由于空气源热泵主要利用环境中的热能，而不是直接产生热能，因此其运行效率较高，且相较于传统的电加热或燃气加热方式，具有更低的能耗和更少的碳排放，使空气源热泵在节能和环保方面具有显著优势。

（3）空气源热泵系统的特点

1）空气源热泵系统冷热源合一，不需要设专门的冷冻机房、锅炉房，机组可任意放置屋顶或地面，不占用建筑的有效使用面积，施工安装十分简便。

2）空气源热泵系统无冷却水系统，无冷却水消耗，也无冷却水系统动力消耗。另外，冷却水污染形成的军团菌感染的病例已有不少报道，从安全卫生的角度，考虑空气源热泵具有明显的优势。

3）空气源热泵系统由于无须锅炉、无须相应的锅炉燃料供应系统、除尘系统和烟气排放系统，系统安全可靠、对环境无污染。

4）空气源热泵冷（热）水机组采用模块化设计，不必设置备用机组，运行过程中电脑自动控制，调节机组的运行状态，使输出功率与工作环境相适应。

5）空气源热泵的性能会随室外气候变化而变化。

6）在我国北方室外空气温度低的地方，由于热泵冬季供热量不足，需设辅助加热器。

2. 使用条件

（1）对于夏热冬冷地区：夏热冬冷地区的气候特征是夏季闷热，7月平均地区气温 25～30℃，年日平均气温大于 25℃ 的日数为 40～100 天；冬季湿冷，1月平均气温 0～10℃，年平均气温小于 5℃ 的日数为 0～90 天。气温的日较差较小，年降雨量大，日照偏小。这些地区的气候特点非常适合应用空气源热泵。

（2）对于云南大部，贵州、四川西南部，西藏南部一小部分地区：这些地区 1月平均气温 1～13℃，年日平均气温小于 5℃ 的日数 0～90 天。在这样的气候条件下，过去一般建筑物不设置供暖设备。近年来随着现代化建筑的发展和向小康生活水平迈进，人们对居住和工作建筑环境要求越来越高，这些地区的现代建筑和高级公寓等建筑也开始设置供暖系统。在这种气候条件下，选用空气源热泵系统是非常合适的。

（3）传统的空气源热泵机组在室外空气温度高于 −3℃ 的情况下，均能安全可靠地运行。因此，空气源热泵机组的应用范围已由长江流域北扩至黄河流域，即已进入气候区划标准的 Ⅱ 区的部分地区内。这些地区气候特点是冬季气温较低，1月平均气温为 −10～0℃，但是在供暖期里气温高于 −3℃ 的时数却占很大的比例，而气温低于 −3℃ 的时间多出现在夜间，因此，在这些地区以白天运行为主的建筑（如办公楼、商场、银行等建筑）选用空气源热泵，其运行是可行且可靠的。另外，这些地区冬季气候干燥，最冷月室外相对湿度在 45%～65%，因此，选用空气源热泵其结霜现象又不太严重。

但是，空气源热泵作为一种利用空气中的热能进行供暖的设备，其供热能力和供热性能系数在很大程度上受到外部环境温度的影响。具体来说，随着室外气温的逐渐降低，空气源热泵的供热能力也会相应减弱，同时其供热性能系数也会有所下降。这是由于在低温环境下，空气中的热能减少，使得热泵需要消耗更多的能量才能提取到足够的热量供室内使用。

因此，空气源热泵一般适用于温度在 –10℃以上的温暖湿润地区。在这些地区，由于气温相对较高，热泵可以较为高效地从空气中提取热量，从而满足室内的供暖需求。对于北方较冷地区，由于冬季气温往往远低于 –10℃，空气源热泵的供热效果可能会大打折扣，甚至可能无法正常工作。在这些寒冷地区，其他供暖方式，如集中供暖或地源热泵等，可能会更加适合。

3. 实际项目设计案例

上海普陀区 B2-18 地块超低能耗项目（图 5-21）采用空气源热泵，空气源热水运行方式如下：设定热水罐温度 T1 值为 55℃（温度可调），当热水罐内温度低于 55℃时，热泵循环泵启动，当热水罐内温度等于 55℃时，热泵循环泵停泵。系统设置热水回水系统。热水循环采用温控强制循环，当 T3 温度小于或等于 45℃时，热水循环泵启动，当 T3 温度大于或等于 45℃时，循环泵停泵，循环泵控制温度可调。热水罐采用电辅助加热，室外气温低于 10℃时，电辅助加热启动，项目空气源热泵设备见图 5-22。

图 5-21　上海普陀区 B2-18 地块超低能耗项目效果图

图 5-22　上海普陀区 B2-18 地块超低能耗项目空气源热泵设备

4. 结论

　　空气源热泵，作为一种高效节能的取暖与制冷设备，其工作原理主要依赖于从周围空气中提取低品位热量。这项技术不仅实现了能源的高效利用，而且大幅度减少了传统电力消耗，从而为用户节约大量的电费。更重要的是，其环保特性表现在无废水、废渣、废热以及废气的排放，真正做到与大自然和谐共存。使用空气源热泵不仅能给人们带来舒适的生活环境，还能在享受现代生活便利的同时，尽一份责任，保护人们赖以生存的大气与环境不受到任何污染。这种绿色、清洁的能源利用方式，正逐渐成为未来可持续发展的理想选择。

第6章

超低能耗施工技术

在当今日益严峻的资源短缺和环境污染问题面前，建筑行业作为能源消耗和碳排放的重要领域，其绿色化、低碳化的发展刻不容缓。超低能耗施工技术作为实现建筑节能减排、提升建筑能效的关键手段，正逐渐受到业界的广泛关注和应用。基于这一背景，本章节旨在系统介绍超低能耗施工技术的原理、方法、实践案例及其发展趋势，为推动建筑行业的绿色可持续发展提供有益的参考和借鉴。

超低能耗施工技术是指在建筑施工过程中，通过采用先进的工艺、材料和设备，实现建筑能耗的大幅度降低和能效的显著提升的一种综合性技术体系。它涵盖从建筑设计、材料选择、施工工艺到施工管理等各个环节，旨在从源头上减少建筑能耗，提高建筑的综合性能。

虽然建筑设计及材料选择对建筑的能耗影响较大，但超低能耗建筑的实现不仅依赖于材料选择和整体设计，施工节点的处理与优化同样至关重要。施工节点是建筑结构中各部件的连接点，其处理质量直接关系到建筑的整体性能和能耗水平。因此，在超低能耗建筑施工中，对节点的精细处理与持续优化显得尤为重要。

超低能耗建筑施工监管与质量控制是确保建筑项目达到预期节能目标、保证建筑质量与安全的重要环节。在施工过程中，实施严格的监管措施和质量控制手段，对于实现超低能耗建筑的能效要求至关重要。

为了更具体地展示超低能耗建筑施工安装控制的实际应用情况，本章节将分为超低能耗建筑施工节点处理、超低能耗施工监管、超低能耗建筑工程案例等方面进行技术分析。这些技术点涵盖不同类型的超低能耗建筑项目，通过对其施工安装过程的详细描述，可以深入了解超低能耗施工技术的实际应用效果和安装控制的重要性。

超低能耗施工技术的未来发展趋势将呈现技术创新、标准化与规范化、智能化与自动化、跨领域合作与资源整合以及人性化与绿色可持续发展等。这些趋势将共同推动超低能耗施工技术的发展和应用，为建筑行业的绿色可持续发展作出重要贡献。

6.1 超低能耗建筑施工节点处理

标准定义中，超低能耗建筑是指适应气候特征和场地条件，在利用被动式建筑设计和技术手段大幅度降低建筑供暖、空调、照明需求的基础上，通过主动技术措施提高能源设备与系统效率，以更少的能源消耗提供舒适室内环境的建筑，其供暖、空调、照明、生活热水、电梯能耗水平应较 2016 年建筑节能设计标准降低 50% 以上。

施工过程中重点关注建筑的气密性及无热桥施工过程。其中，气密性要求建筑在封闭状态下阻止空气渗透的能力，可表征建筑或房间在正常密闭情况下的无组织空气渗透量。通常采用压差实验检测建筑气密性，以换气次数 N_{50}（室内外 50Pa 压差下换气次数）来表征建筑气密性。无热桥施工关注的是围护结构中不出现热流强度显著增大的部位，在施工过程中体现为保温连续不间断，最终通过热工缺陷检测验证无热桥要求。

下面将具体描述超低能耗建筑施工中需注意的节点处理。

6.1.1 夹心保温施工节点处理

1. 夹心保温板拼缝发生漏浆

需要在施工过程尽量采用大板施工，减少拼缝；同时需裁切准确，减小拼缝；浇筑内叶板前采用胶皮或发泡剂等方式封堵保温板拼缝；漏浆部位处理时先去除保温板间漏浆，再采用发泡剂或修补剂修补。

2. 夹心保温墙板拼缝发生漏浆

夹心保温墙板拼缝是指外叶板之间拼接位置，拼缝位置处理方式一般为密封胶封闭，中部空腔。根据《上海市装配整体式混凝土建筑防水技术质量管理导则》，夹心保温墙板所有接缝处不得采用灌浆料等材料封闭，不应采用抗裂砂浆、面砖等刚性材料覆盖（图 6-1），否则易发生夹心保温墙板水平拼缝被灌浆料填实或被封浆料封堵，竖向拼缝在混凝土浇筑中被混凝土填实。

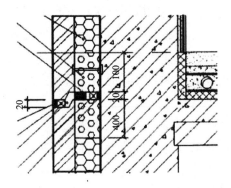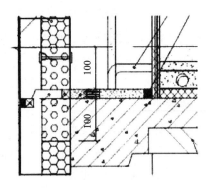

图 6-1 夹心保温墙板外叶板范围内接缝不得采用刚性材料覆盖（单位：mm）

设计时，应在竖向拼缝两侧的预制构件上，预留单侧支模用套筒或螺杆洞。施工过程中，应在构件安装完成后，拼缝内侧及时铺贴胶皮或其他材料封闭。底部设置有连通腔的夹心保温墙板。安装前，先在内叶板范围内采用专用封浆料做出封闭条，随后安装构件，利用构件自身重量压紧封闭条。拼缝位置外叶板范围内刚性材料应进行切除，随后进行 PE 棒填塞、防水密封胶施工等。

3. 夹心保温系统与免拆模交接部位易开裂

夹心保温墙板与硅墨烯保温板拼接、夹心保温墙板水平拼接部位处，施工单位为了方便，直接采用砂浆封堵。因为夹心保温墙板与免拆模板厚度不同，易产生错台，交界位置直接采取密拼措施，后期因温度收缩产生裂缝，如图 6-2 所示。

图 6-2　夹心保温系统与免拆模交接部位用砂浆封堵易开裂

夹心保温墙板外叶板与免拆模板厚度完成面厚度应一致；夹心保温墙板外叶板与免拆模板不宜直接拼接，采取密封胶等柔性连接；直接拼接时，拼接缝应采取抗裂措施；若已施工完成，需先去除交接部位连接的砂浆，预留拼接缝，按照设计要求完成免拆模系统保护层后，进行密封胶施工。

6.1.2　外墙保温一体化系统施工节点处理

1. 反打保温预制构件保温板拼接位置漏浆

由于保温板拼接不严密、拼缝过大和拼缝未进行封闭，导致预制反打保温墙板中保温板拼接位置混凝土漏浆严重。

在施工过程中需提高保温板切割精度，保证保温板拼接严密；保温板在模具内拼接完成后，需采用发泡剂或胶带等封闭拼缝，防止漏浆；发生漏浆后需及时清理表面水泥浆，根据拼缝大小选择处理方式，拼缝较大时，需切除漏浆部位混凝土，使用发泡剂或同种材料进行修补。

现场需加强预制构件进场检查，重点检查拼缝处漏浆问题并明确责任单位，不合格的产品不予使用。

2. 现浇免拆模保温模板拼接位置漏浆

保温板裁切不规则，导致保温板拼接位置缝隙过大；保温板拼接缝未进行封堵；混凝土振捣时，振捣棒接触保温板导致保温板位移，导致拼缝增大；拼接部位模板支设困难等因素，都会导致混凝土浇筑时板间拼缝位置漏浆严重，如图6-3所示。

图6-3　现浇阳台底部保温板拼缝漏浆严重

在施工过程中需采用以下措施控制漏浆：

（1）加强板材切割精度控制，切割面平整，现场应采用圆盘台锯切割。

（2）保温模板应根据建筑立面设计和外围护现浇构件的具体尺寸进行排版设计。为避免楼板位置处漏浆及泛浆等现象发生，免拆保温模板顶面宜高出楼板50mm左右，并采用防漏浆挡板等防护措施。

（3）保温模板应实测后裁切，密拼安装，防止混凝土浇筑漏浆；如板缝过大，应打发泡胶，防止漏浆；如有漏浆出现，应及时用水将保温模板表面冲刷干净。

（4）保温模板接触混凝土侧拼缝采用胶皮或密封胶封闭拼缝。

（5）加强振捣质量控制，防止振捣棒接触保温模板。

（6）混凝土一次浇筑高度不宜大于1m，混凝土应振捣密实均匀，墙面及接槎处应光滑、平整。

（7）拼接部位，尤其是转角部位，应加强保温板固定措施，增加拉结钢筋，施工完成后去除。

（8）漏浆严重部位，应对拼缝部位漏浆进行切除，补充聚氨酯发泡保温，或采取其他可以达到同等节能设计效果的处理措施。

3. 现浇免拆模保温模板临时固定

保温板切割较小，底部保温板浇筑时容易移动，采用钉子、钢筋等临时固定保温板，避免保温板在混凝土浇筑过程中位移，但是后期去除较为困难，容易对保温板造成破坏，形成冷热桥，如图6-4所示。

图 6-4　钢筋固定保温模板

临时固定措施尽量不接触混凝土，施工完成后尽快拔出；尽量从外侧固定保温板，方便后期去除；去除钉子、钢筋对保温板造成的破坏，应采用同种材料修补或其他可以达到同等节能设计效果的处理措施。

4. 现浇免拆模保温模板连接件布置

现浇免拆模保温模板连接件布置过程中易出现设置不合理、与幕墙埋件等发生冲突、现浇部位极易出现数量不满足要求的情况。

加强技术交底，对施工单位进行培训，按照设计要求进行施工；其他外墙埋件位置应与保温连接件位置互相套图，注意避让；根据锚固件技术要求，补充加固。

5. 穿墙螺杆部分不产生热桥

穿墙螺杆未采用套管，后期割除螺杆后此处成为一个冷热桥。当采用套管时，仅用混凝土或砂浆填实等措施，也会造成此处成为冷热桥，如图 6-5 所示。

图 6-5　穿墙螺杆

当穿墙螺杆未采用套管，切除保温范围内螺杆，切除后孔洞采用相同保温材料或发泡剂进行修补；对拉螺杆采取套管施工，后期套筒内部采用发泡剂填实，端部采用防水砂浆堵头。

6. 现浇免拆模保温模板涨模、错台

支模时背楞未能延伸至下一块板上，保证受力均匀，导致墙面出现严重的胀模问题，从而使墙面不平，如图6-6所示。

图6-6　外墙面严重不平

支模阶段，将背楞延伸至其余硅墨烯板上，保证受力均匀；割除部分保温板，但应保证硅墨烯钢丝网不外露，补充保温，并通过检测验证可行。

7. 部分部位现浇免拆模保温漏做

阳台侧板、底板、凸窗、连廊外侧等非外墙主要部位，现场施工错误，漏做保温，如图6-7所示。

图6-7　凸窗下侧保温模板漏做

加强技术交底,按图施工;保温遗漏施工的,建筑 80m 以上部位,可采用气凝胶;80m 及以下部位可采用保温模板,按厂家施工要求采用连接件加固;后期做好热工缺陷检测。

6.1.3　其他超低能耗施工节点处理

1. 穿墙孔洞采用岩棉封堵不易施工

预埋管线套管与管道间岩棉、沥青麻丝等填塞（图 6-8 ）,实际操作时,套管与管道之间缝隙较小,打胶、填塞岩棉等非常困难。

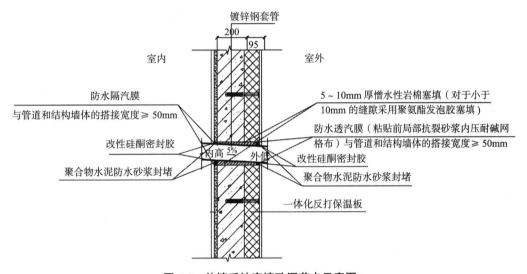

图 6-8　外墙系统穿墙孔洞节点示意图

建议在同等保温效果的情况下,当缝隙小于 10mm 时,取消内部密封胶和沥青油麻填充,改为内部全部填充发泡剂,仅在端部填充沥青油麻和密封胶。

2. 预制反打外墙节能附框部分漏浆

预制反打外墙采用预埋节能附框进行断热处理,但在预制阶段易发生漏浆,如图 6-9 所示。

预制构件厂加工时应注意附框成品保护,防止附框变形、破损;附框安装时,除了与构件的连接件外,应设置工具固定附框,限制附框位移;附框拼接位置应按照设计图纸拼接严密,拼缝位置封堵防漏浆;在外窗安装前需清除漏浆,但同时应注意保护附框。

图 6-9　预制反打外墙节能附框部分漏浆

3. 屋顶出屋面管道处理方案

为保证穿墙管洞的防水问题，施工单位套管中直接采用混凝土浇筑套管。

预防方案：增加套管，套管内填塞岩棉，或采用橡塑保温的方式进行补充。

修补方案：采用气凝胶产品，进行断热桥处理；数量较少时应切除管道重新填塞岩棉，如图 6-10 所示。

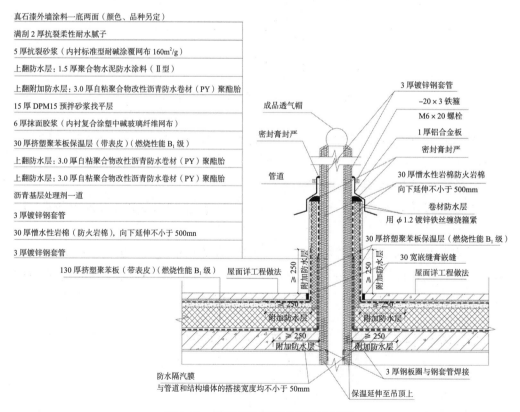

图 6-10　出屋面设备管道做法优化版

4. 保温板 / 保温模板破损修补

保温板 / 保温模板与混凝土墙体一体化施工,在后续施工过程中有较多破损部位,如幕墙埋件、脚手架等,超低能耗项目外墙保温性能较好,若修补不当极易产生冷热桥,如图 6-11、图 6-12 所示。

图 6-11 保温板 / 保温模板大块破损修补不当

图 6-12 保温板 / 保温模板阳角小破损

大块破损:对外立面破损保温进行轮廓修正,标注编号,记录尺寸,形成专项文件;根据文件进行保温材料切割,并对应在材料上标注编号;对破损编号和材料编号,当后置保温板短边长在 300mm 及以下时,可满涂胶粘剂;当后置保温板短边长在 300mm 以上时,应采用粘锚结合的形式粘贴,单个锚固件拉拔力不应低于设计要求。

小破损:当保温模板因局部凹坑、掉角、脱皮需修补时,宜采用轻质修补砂浆进行修补。

5. 自调温相变保温材料（FTC）作内保温不易施工

大部分项目卫生间、厨房、楼梯间内保温采用自调温相变保温材料 FTC
（图 6-13），施工单位反馈不太好施工，后续贴砖极易脱落。

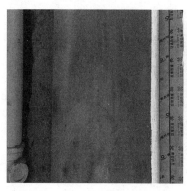

图 6-13　FTC 上墙

按照规范要求，不应采用尺寸较大瓷砖，并且需要厂家协助进行样板段施工，
保障瓷砖不掉落后方可进行大面积施工。

6.2　超低能耗建筑施工监管

由于超低能耗建筑施工具有一定的特殊性，在整个施工阶段有必要对各个实施
过程进行管理。在整个建设过程中，通过科学管理和严格控制，确保工程项目的质
量、进度、成本和安全等方面达到预期目标。

6.2.1　施工管理

超低能耗建筑施工工艺复杂，对施工程序和质量要求严格。施工和质量控制除
应满足现行国家标准《建筑节能工程施工质量验收标准》GB 50411 及其他相关标准
要求外，应针对热桥控制、气密性保障等关键环节，在施工准备阶段需要制定详细
的施工组织设计和施工计划，并进行人员培训和技术交底。此外，还需要对施工现
场进行调查和评估，确定施工条件和可能存在的风险，并采取相应的预防措施。通
过细化施工工艺，严格过程控制，保障施工质量。

1. 超低能耗施工阶段需要采用的管理手段

（1）在施工出地面前完成超低能耗建筑施工交底。

（2）招标阶段明确各施工注意事项。

（3）开始施工前布置样板段，并提前在样板段进行检测，如淋水试验、拉拔试
验样板间应按照实际做法施工，并进行过程检测。

（4）过程中应进行过程检测。

（5）材料入场时，对预制构件、保温材料进行管理验收，并形成验收单。

（6）材料上墙前进行抽检，保证材料满足要求。

2. 超低能耗建筑项目工期与常规项目的差别

在施工阶段，需要按照施工组织设计和施工计划进行施工，并对工程质量、进度、成本和安全等方面进行严格的监控和管理。此外，还需要对施工现场进行环境保护和节能减排工作，并进行能源使用情况的监测和统计。

超低能耗建筑增加了防水、气密性、断热桥等施工工序，相比常规建筑施工，工期有所增加。其中，屋面工程工期增加 3 ~ 5 天，外墙工程工期约增加 2 天 / 层，门窗工程工期增加 0.5 天 / 层，机电工期增加 0.5 天 / 层，现场检测工期增加 4 天时间。以一栋 16 层建筑为例，总工期约增加 57 天。施工单位应提前做好统筹安排，缩短工期。

3. 成品保护

（1）硅墨烯饰面层的处理

施工前检查保温板表面，清理浮浆、浮尘、油污等杂物，拔除用于临时固定的施工配件；检查对拉螺杆孔。

现场淋水试验应在抹面层施工完成且养护 28 天后进行，对有渗漏现象的部位应进行修补，待充分干燥后，再次进行试验，直到无渗漏为止。

实施处理流程可参考图 6-14。

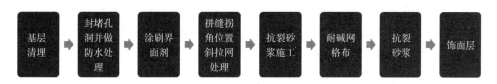

基层清理 → 封堵孔洞并做防水处理 → 涂刷界面剂 → 拼缝拐角位置斜拉网处理 → 抗裂砂浆施工 → 耐碱网格布 → 抗裂砂浆 → 饰面层

图 6-14　饰面层处理流程

（2）反打保温外墙

保温板表面出现破损、压痕，保温板内存在杂物，如图 6-15、图 6-16 所示。多数原因为现场施工粗放，未注意保温板的成品保护。

图 6-15　现浇保温板出现破损

图 6-16　反打保温板表面存在压痕和夹渣

加强质量管控，注意其他施工可能对保温板造成碰撞的风险，如大型机械进出、材料吊运。条件允许的情况下，对已经安装完成的保温进行覆盖保护，去除保温板内的杂质，对破损位置使用聚氨酯发泡或相同材料的修补剂进行修补。

（3）免拆模保温

保温模板进入工地后，应采用吊装方式装卸，以避免人为破损，如图 6-17 所示，露天存放应采取防水、防污等措施。

图 6-17　保温板破损

保温模板进场堆放时应采用宽度方向立放，不得直接接触地面，堆层高度应满足施工场地安全规程要求，不得大于 2.5m。

6.2.2　技术认知

1. 超低能耗建筑施工新增内容

相比常规建筑施工，超低能耗建筑在施工阶段会新增一些特定的内容和要求。这些新增内容围绕设计阶段要求的节能、环保和高效资源利用等的技术要求展开，旨在实现建筑低能耗、安全耐久的建筑环境。以下是超低能耗建筑施工过程中新增的内容：

（1）屋面工程

1）防水施工：保温层上下方各设置一道防水层，增加防水层的铺贴。

2）气密性节点：出屋面管道、排气道、落水口等节点增加防水隔汽膜施工。

3）断热桥节点：女儿墙、设备基础、屋面出入口、出屋面管道、排气道、屋面电井等节点增加保温全包裹施工。

（2）墙体施工

1）PC 预制墙体的吊装。

2）气密性节点：穿墙管道增加防水透汽膜与防水隔汽膜的铺贴。

3）断热桥节点：穿墙管道、幕墙埋件、阳台、连廊、设备平台、PC 拼缝等位置进行保温填塞或保温包裹的施工。

4）PC 构件：穿墙管洞预埋套管。

（3）门窗工程

气密性节点：防水透汽膜与防水隔汽膜的铺贴；新增预埋节能附框。

（4）机电安装

1）气密性处理：增加风管密封，增加穿墙管道、电线盒与插座等部分防水隔汽膜和防水透汽膜的铺贴。

2）断热桥处理：增加空调穿墙管道断热桥处理，增加冷热水管与支吊架、制冷剂管与支吊架之间的绝热衬垫。

（5）现场检测

1）气密性检测：门窗安装完成后。

2）热工缺陷检测：围护结构保温施工完成后。

3）新风系统及热回收装置性能检测：机电安装完成后。

4）室内环境监测：精装修完成后。

2. 超低能耗建筑检测新增内容

相比常规建筑，超低能耗建筑在检测阶段会新增一些特定的内容和要求。这些新增的检测内容旨在确保超低能耗建筑在设计、施工和使用过程中都能达到预期的节能、环保和高效利用资源的效果。超低能耗建筑会加强对建筑外围护结构的检测，包括外墙、屋面、外窗等部位的保温隔热性能和气密性的检测。通过专业的检测设备和手段，确保这些部位的材料选择和施工质量符合超低能耗建筑的要求，从而有效减少热量的传递和损失。以下是超低能耗建筑监测新增内容：

（1）气密性检测

建筑气密性测试宜采用压差法，以户为单位，在户门位置设置压差法的检测，应在 +50Pa 压差下测量建筑物换气量，通过计算换气次数量化超低能耗建筑整体气密性能。

（2）热工缺陷检测

以每栋单体建筑按外立面面积、不同立面，抽取至少 30% 的区域进行检测。

（3）设备检测

新风系统及热回收装置性能检测应按照新风系统数量进行抽样，检测设备风量。

（4）环境检测

照明功率密度检测和室内温湿度检测应按照房间数量进行抽样，应覆盖主要功能房间类型且不得少于房间总数的 2%。

另外，超低能耗建筑在各个阶段都需要监检测，主要包含：

（1）封顶前：样板房（若已采用超低能耗施工）可进行一次气密性检测与热工缺陷检测。

（2）门窗安装完毕：选取不利房型进行一次气密性检测。

（3）设备入场：选取不利房型进行一次热工缺陷检测检测。

（4）竣工验收前：选取不利房型分别进行气密性检测、热工缺陷检测、设备检测、环境检测。

3. 测评验收资料

超低能耗建筑测评验收资料是确保建筑达到预定节能和环保标准的重要证明文件。这些资料涵盖建筑在设计、施工各阶段的性能数据和评估结果。以下是施工过程中主要的超低能耗建筑测评验收资料：

（1）施工方案

包括墙体施工方法（PC 部分、现浇部分）、屋面保温施工方法、门窗施工方法。

（2）监理细则

包括超低能耗建筑特点以及控制要点、具体的监理工作内容以及最终验收要点。

（3）检测方案与检测报告

包括检测方法以及最终检测结果，对于出现的问题进行分析并确定是否进行修补，修补后的检测报告。

（4）施工影像资料

影像资料包括 PC 构件厂生产影像资料、现场墙体施工影像资料、隐蔽工程施工影像资料、外窗施工影像资料、内保温施工影像资料（若有）、设备施工影像资料。

6.2.3　施工监管平台

近年来，随着大数据、人工智能等技术的发展，施工管理技术也得到不断升级和改进。开发智能化的施工管理系统，利用大数据技术和人工智能算法，对施工阶段各方位的数据进行实时监测和分析，可以为管理人员提供科学决策支持。

超低能耗建筑施工需要严格注意施工质量，通过对系统的建设，将所有工地业务数据进行有序管理，建成包括视频、设备、环境、人员等全面的施工管理系统，并将各子系统组成一个完整的整体，全面管理所有数据，满足超低能耗建筑施工各参与部门的要求。建成后的系统作为提高整个建筑施工阶段质量、进度、安全管理的有效途径之一，其建设的力度、程度、广度将在一定程度上提高施工效率及效益。

另外，当前建造施工过程中的资源消耗大、污染排放高、建造方式粗犷等影响碳排放问题较为突出。据不完全统计，我国房屋施工建造周期一般为 2 ~ 3 年，建造阶段能源消耗占全社会排放的 24% 左右，绿色建造、智能建造等工艺的实施对施工引起的能耗强度、排放强度影响显著。

因此，在常见的进度、质量、安全等管理模块的基础上，还可针对实际项目建立智能化碳排放监管平台系统。将施工碳排放核算的理论模型，通过信息化、数字化的方式实现于平台上，对施工能耗及碳排放进行准确核算，进一步提升施工管理流程的高效性、绿色性。碳排放监管平台与智能建造平台、物联网平台的紧密结合和数据互通，也可为后续智能建造、绿色建造提供更多的应用场景。

1. 平台系统架构

施工碳排放监管平台主要是利用信息化与数字化手段，结合物联网与新型通信等技术，展示项目级绿色措施与减碳效果，搭建软硬件一体的展示平台。

平台建设一般采用云计算技术架构，由资源层、中间层、数据层、应用层及展示层构成。其中资源层基于物联网、分布式技术开发一套独立的能够接入多种前端碳排放监测系统数据的智能网关，解决数据接入和边缘层分析问题；数据层依托大数据、云计算技术开发一套专门针对"双碳"管理的集数据治理、数据组织、数据建模分析、双碳知识管理、数据服务功能于一体的专业"双碳"大数据基础平台；应用层采用微服务架构技术，将业务与数据解耦，并进行细粒度拆分成独立组件和服务，以业务中台和技术中台的方式向上层提供双碳应用封装服务；最后以项目为单位，进行项目级可视化表达，包含碳排放数据测算、碳排放数据记录、项目数据统计分析等模块，基于下层各层服务赋能，进行灵活的微服务封装定制，共同形成项目级双碳服务目标，如图 6-18 所示。

图 6-18　平台架构图

平台建设中可采用轻量化引擎对 BIM 模型（建筑信息模型）进行精细的轻量化处理。这一处理过程旨在减少模型的数据量，同时保持其原有的细节和精度，关联运行阶段相关参数及系统数据，实现"模型—数据"的联动，形成展示快速、直观和应用便捷的系统。

同时，在大屏展示中可增加丰富的动态效果，使数据和信息以更加生动、直观的方式呈现，从而为用户提供清晰、准确的视觉体验，如图 6-19 所示。

图 6-19 施工碳排放监管平台

2. 平台功能模块

（1）安全管理

记录安全台账、隐患排查治理台账等数据，以安全风险分级管控和隐患排查治理为建设目标，支持工程巡检信息填报，实现计划管理、提醒及预警、整改措施管理、风险等级管理等功能，促进工程质量提升，为施工监管部门提供智慧管理、自动化监管体系。

（2）质量管理

通过平台将施工现场的各应用场景进行系统集成或关联，集中展现整个项目的信息化数据，并结合 BIM 技术辅助深化设计、优化施工方案、模拟现场施工安装、洞口预埋等，帮助各专业进行可视化交底，实时控制施工节点质量。

（3）进度管理

对超低能耗施工项目中所需的人、机、材进行统一监管，包括设备管理、施工车辆管理、质量管理、材料管理、进度管理、报表统计等，根据施工台账及施工组织设计、施工预算等进行进度统计及管理；方便管理人员实时查看施工进度，了解施工现场的工程进展情况，防止工期延误；辅助相关单位动态控制工程成本。

（4）碳排放管理

该模块收集超低能耗施工项目中的各活动数据，建立碳排放核算模型，对施工过程中材料生产运输、施工机械作业等过程中产生的碳排放进行计算与分析，展示碳排放计算结果，包括项目总体碳排放、主要分部分项碳排放、施工区域碳排放、单位面积碳排放等关键性指标，帮助施工单位针对性进行靶向降碳，实时把控施工能耗，打造绿色施工项目。

平台通过多项目、多维度碳排放原始数据的收集和分类处理，对各项数据进行提取和分析，能够对数据库中的各项信息资源进行充分挖掘和利用，多维度地分析企业多个项目的碳排放数据，项目管理与企业部门可以充分利用平台采集碳排放数据，对其进行处理和分析，从而从全域角度预测碳排放发展动态，为相关项目节能减排的决策提供有效支持。施工碳排放监管平台所体现的数字化、绿色化、低碳化等特点，使其具备未来向全局项目或者工程建设领域其他企业推广、复制的可能。

6.3 超低能耗建筑工程案例

下面将根据实际案例，详细阐述超低能耗施工过程中需要注意的关键事项。在施工过程中，应确保建筑材料的选择符合超低能耗标准，采用高效的保温隔热材料和节能门窗等构件，以减少热量的传递和散失。同时，施工团队需遵循严格的施工工艺，确保墙体、屋面的密封性良好，防止冷热桥现象的发生。通过这些关键事项的注意和落实，可以有效提高建筑物的节能性能，降低能源消耗，实现可持续发展的目标。

6.3.1 项目概况

该项目位于上海市临港新片区，一共包括 3 栋单体建筑，包括主楼及两栋裙房，主要功能为研发办公及配套用房，总建筑面积约 3.5 万平方米。该项目按照《上海市超低能耗建筑技术导则（试行）》的要求，致力于打造上海市超低能耗建筑示范工程。

项目超低能耗建筑主要性能指标如表 6-1 所示。

超低能耗建筑主要性能指标　　　　　　　　　　表 6-1

序号	内容	技术指标	设计要求
1	室内环境	室内温湿度	制冷：≤ 26℃ / ≤ 60%；制热：≥ 20℃ / ≥ 30%
		新风量	满足《民用建筑供暖通风与空气调节设计规范》GB 50736—2012 的要求
		自然采光	75% 的功能空间，采光系数满足现行国家标准《建筑采光设计标准》GB 50033 的要求

续表

序号	内容	技术指标	设计要求	
1	室内环境	自然通风	75% 的功能空间，在过渡季典型工况下室内自然通风换气次数达到 2 次 /h	
2	建筑气密性	建筑气密性（N_{50}）	≤ 1.0	
3	建筑能耗	全年累计耗冷热量降低幅度	≥ 30%	基准建筑：《公共建筑节能设计标准》GB 50189—2015
		年供暖空调、照明、生活热水、电梯一次能源消耗量降低幅度	≥ 50%	

6.3.2 建筑本体节能设计

1. 规划布局

项目总平面布置充分利用场地的自然资源，为西南—东北朝向，与相邻地块楼栋保持适当间距，有良好的日照条件。

2. 体形系数

该项目为新建项目，体形较为规整，立面均采用局部平直设计。经节能计算，项目体形系数在 0.2 以下，具备较好的建筑体形条件。

3. 窗墙面积比

项目在保证采光通风的前提下，对窗墙面积比进行适当控制，减少北向房间的外窗设置。塔楼南向窗墙面积比约为 0.48，塔楼东西向窗墙面积比在 0.42 以下，裙房整体窗墙面积比在 0.4 以下。

4. 自然采光与通风

适应上海地区的气候特征和居民生活习惯，该项目通过外窗的面积和窗型优化，保障室内自然采光与通风效果。通过优化功能布局，控制窗墙面积比的同时，使得该项目 75% 以上的功能空间采光系数满足现行国家标准《建筑采光设计标准》GB 50033 的要求。

外窗开启有利于自然通风，但考虑其冬季气密性、外观美观性等原因，一般需要在可开启数量与通风效果之间寻找较为合适的平衡点。通过多方案优化比选，使得该项目 75% 以上的功能空间在过渡季典型工况下室内自然通风换气次数达到 2 次 /h，符合《上海市超低能耗建筑技术导则（试行）》中的控制性要求。

6.3.3 墙体节能

1. 做法及节点图

该项目外墙平均传热系数按照 $K \le 0.3$W/（$m^2 \cdot K$）进行控制。采用铝板幕墙内衬岩棉与良固墙 + 保温窗的保温方式实现，见表 6-2。

围护结构做法表　　　　　　　　　　　　表 6-2

围护结构	系统类型	应用位置
外墙	保温良固墙：岩棉 155mm+ 石材幕墙	主楼 4 ~顶层
	全预制混凝土墙：岩棉 100mm+ 内保温 55mm+ 铝板幕墙	主楼和裙房 2 ~ 3 层锯齿状外墙
	现浇混凝土墙：岩棉 155mm+ 石材幕墙	主楼和裙房其余外墙
	地下室外墙：总厚度 100mmXPS	地下室侧墙

（1）典型围护保温体系

超低能耗典型外墙围护保温体系，由以下几个部分组成。首先是作为窗下墙体的自保温墙——良固墙（内含 50mmXPS）外侧贴 155mm 保温岩棉，良固墙体上方设置保温窗。保温窗上部设置钢结构下挂架内置 120mm 岩棉。层间设置 200 防火隔离带。最外侧为超低能耗幕墙体系，典型外墙维护保温体系见图 6-20。

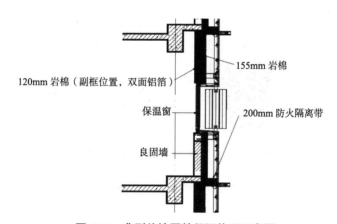

图 6-20　典型外墙围护保温体系示意图

（2）良固墙

良固墙是将波浪形钢网、结构件、保温材料等应用组合施工的特殊自保温墙体，在工厂定制并装配为钢网结构免拆内模，即免拆内模构件体，包含门窗等二次结构。免拆内模构件体与建筑主体进行有效链接后，在构件体两侧机械喷涂水泥砂浆后成墙，如图 6-21 所示。具有自保温一体化结构、二次结构同步完成、工序简单、速度快的特点。

良固中空内模工艺自带配筋与构造柱，同步完成圈梁、过梁、压顶、止水带、门窗横梁等结构，如图 6-22 所示；连续的空腔和立柱结合兼具轻质与坚固；永久型联结方式，解决了困扰传统墙材的在超低能耗领域的技术瓶颈。利用其钢网内模独特的柔性与可塑性，可形成任意弧形，曲率半径由建筑单体设计确定，如图 6-23所示。良固弧形墙体，易施工，如图 6-24 所示，成品墙不但轻薄，还由于其内部钢质网筋贯连与混凝土整体成型，确保坚韧永固。

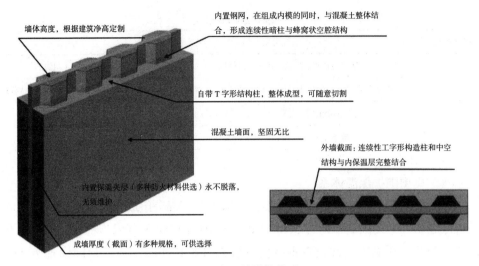

图 6-21　良固墙墙体构成

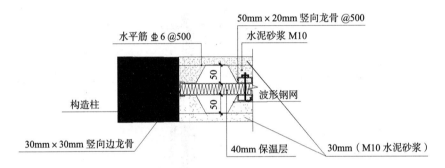

图 6-22　良固墙端部节点

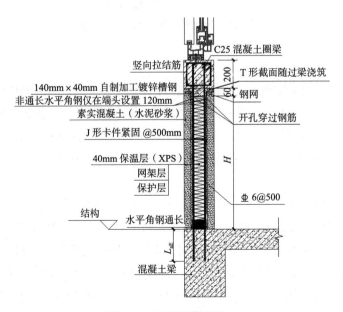

图 6-23　良固墙横断面

图 6-24　良固墙实施过程

（3）室内墙面保温

供暖空调房间与非供暖空调房间之间的墙体采取保温措施。主要非供暖空调房间或分区：楼梯间、电梯井道、风井、水暖间。因此在供暖空调房间与非供暖空调房间墙体增加 20mm 保温砂浆，防止供暖空调区域发生热损耗。

典型的保温砂浆覆盖区域如图 6-25 所示。

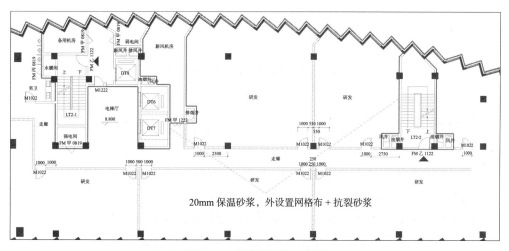

图 6-25　内墙保温施工范围

2. 施工工序

（1）前期准备

吊篮、脚手架等操作设备安装。

（2）基层处理

墙面清理→预埋件、穿墙管线等断热桥处理→管道穿过墙体处理→外墙金属支架应进行断热桥→外门窗与墙体间密封处理→放线、挂线。

（3）保温施工

粘贴勒角处防潮 XPS 板→粘贴首层保温板→板缝处理→粘贴第二层保温板（同步防火隔离带）→板缝处理→沉入式锚栓安装→加强网施工→护角鹰嘴窗台板等安装→抹面层施工。

3. 热桥控制做法及注意事项

地上混凝土结构外墙采用 100mm 岩棉，阴、阳角进行保温施工时，两侧施工面网格布应互相搭接，搭接宽度不小于 200mm。同时，建筑首层应增铺耐碱玻纤网一层，如图 6-26 所示。

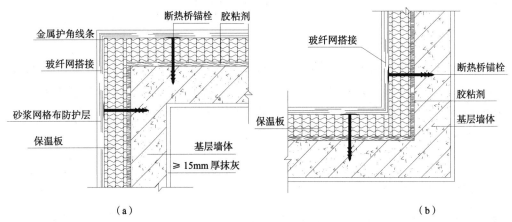

图 6-26 混凝土外墙保温板节点设置

（a）阳角保温示意图；（b）阴角保温示意图

穿墙管道与洞口之间的缝隙采用岩棉填实，穿墙管道处外围护结构内侧采用防水隔汽膜粘贴，外围护结构外侧采用防水透汽膜粘贴。

应尽量避免各类管道穿透气密层。确需在气密层中开洞时，应对洞口进行有效的气密性处理。气密性处理方式应符合下列规定：

（1）管道与洞口之间的缝隙，应采用岩棉或硬泡聚氨酯喷涂填实。

（2）外围护结构内侧，应采用防水隔汽膜一边有效地粘贴在管道上，另一边粘贴在结构墙体上。防水隔汽膜与管道和结构墙体的搭接宽度均不小于 40m。

具体保温节点参照图 6-27 ~图 6-29。

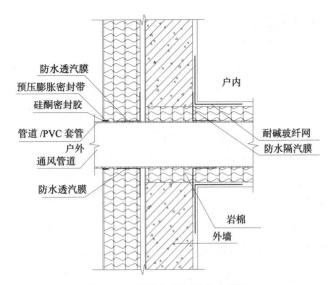

图 6-27　出墙套管保温节点做法

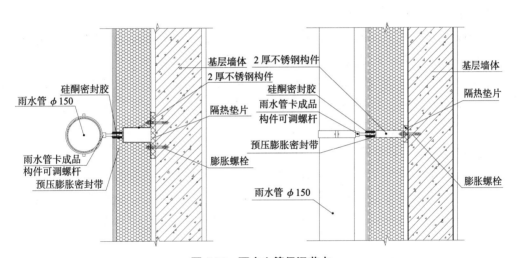

图 6-28　雨水立管保温节点

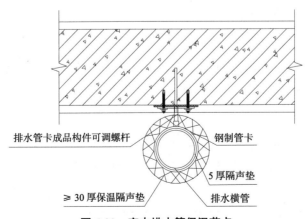

图 6-29　室内排水管保温节点

4. 存档资料及验收要求

（1）材料与检验试验资料

外墙蒸压加气混凝土砌块厂家合格证、检测报告、进场验收记录、进场复试检验报告，进场复试检验项目：干密度、抗压强度、导热系数。

外墙保温一体化墙体，材料采用XPS挤塑聚苯保温板，收集材料厂家合格证、检测报告、进场验收记录、进场复试检验报告，进场复验项目：导热系数、密度、压缩强度、燃烧性能；外墙保温一体化墙体制作单位提供自保温墙体整体保温系统检测报告，该项目也应对自保温墙体整体保温系统进行检测。

砌体外墙与混凝土外墙贴岩棉板，收集岩棉板及保温系统配套材料的厂家合格证、检测报告、进场验收记录、进场复试检验报告，岩棉板进场复验项目：导热系数、密度、吸水率、燃烧性能；粘结材料进场复验项目：原强度48h拉伸粘结强度；抹面砂浆进场复验项目：14天常温常态拉伸粘结强度；玻纤网格布进场复验项目：耐碱拉伸断裂强力、耐碱拉伸断裂强力保留率；锚固件进行现场实体拉拔试验；节能构造钻芯检测。

部分内墙涉及内保温砂浆，收集材料厂家合格证、检测报告、进场验收记录、进场复试检验报告，进场复验项目：干密度、导热系数。

排水管外包保温隔声垫，收集厂家合格证、检测报告、进场验收记录、进场复试检验报告，进场复验项目：密度、导热系数、吸水率、压缩强度、燃烧性能。

（2）施工记录及验收资料

隐蔽工程验收资料：隐蔽工程验收应详细记录保温层附着的基层及其表面处理，保温板粘接或固定，锚固件设置，增强网铺设，窗洞口、变形缝、女儿墙等构造节点，墙体热桥部位处理，被封闭的保温材料厚度，外墙保温一体化墙体的构造节点等。

验收资料：墙体节能检验批质量验收记录、墙体节能工程分项。

6.3.4 幕墙、门窗节能

1. 做法及节点图

外窗选用高性能外窗，其中玻璃采用三玻两腔，兼顾热工及隔声性能要求，具体参数要求见表6-3，做法表见表6-4。

外窗各热工参数要求 表6-3

整窗传热系数 [W/（m²·K）]	玻璃遮阳系数 SC	玻璃可见光透射比	气密性
≤ 1.4	≥ 0.45	≥ 0.6	8级（外窗）/4级（透光幕墙）

幕墙设计做法表　　　　　　　　表 6-4

围护结构	导则建议值 [W/（m²·K）]	系统类型	应用位置	玻璃配置	传热系数 [W/（m²·K）]
普通外窗	≤ 1.4	三玻两腔 Low-E 玻璃，气密性 8 级	各楼窗墙部分	5+14A+5Low-E+16A+5Low-E	1.4
玻璃幕墙	≤ 1.4	三玻两腔 Low-E 玻璃，气密性 4 级	1 号、2 号、3 号幕墙部分	8Low-E+12A+8+12A+8+1.14pvb+8	1.4
普通外门	—	节能外门，气密性 7 级（幕墙透明外门气密性 3 级）	各楼	6Low-E+12A+6+12A+6	1.8

　　幕墙体系中，保温装饰板与墙体之间的连接件是外墙热工薄弱环节。该项目在现浇结构、钢梁柱、内衬钢板部分均需增加与墙体保温同厚的附加保温层，玻璃幕墙龙骨需包裹附加保温层，可有效降低墙体的传热系数。

　　需要固定在外墙上的外部构件，其连接部分均采用 20mm 硬泡聚氨酯隔热垫片进行隔热，同时采用保温锚栓进行固定，以降低建筑热桥效应。

　　石材幕墙立柱主要采用 100mm×60mm×5mm、80mm×60mm×4mm 钢方管，横梁均采用 L50mm×5mm 角钢。花岗岩石材通过铝合金挂件与 M12 不锈钢背栓组装，支座将石材安装在 L50mm×5mm 角钢横梁上；铝合金石材挂件均采用阳极氧化型材，铝合金挂件与石材应使用石材胶粘剂粘贴，节点做法见图 6-30、图 6-31。

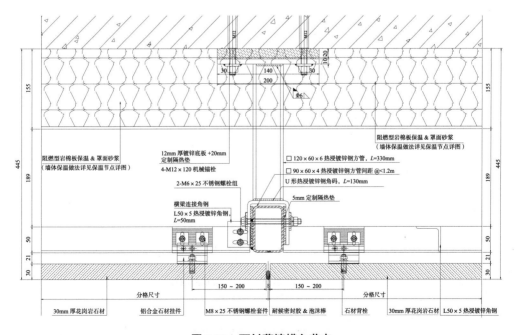

图 6-30　石材幕墙横向节点

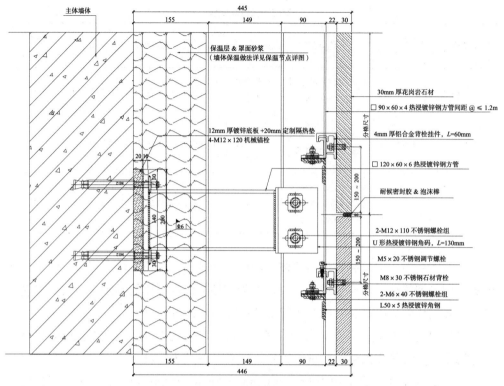

图 6-31 石材幕墙竖向节点

构件式玻璃幕墙，型材配置铝龙骨，玻璃主要采用 6Low-E+12A+6+12A+6+1.14pvb+6mm、8Low-E+12A+8+12A+8+1.14pvb+8mm 超白均质钢化暖边中空夹胶玻璃，节点做法见图 6-32、图 6-33。

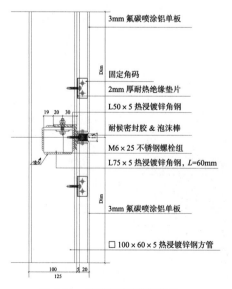

图 6-32 玻璃幕墙竖剖节点

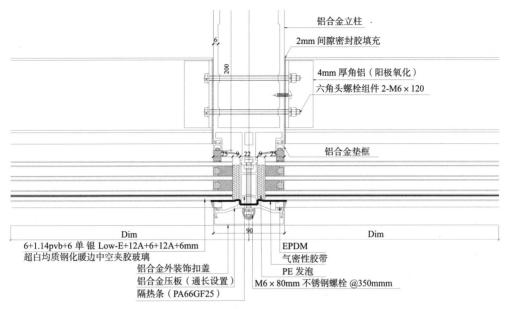

图 6-33 玻璃幕墙横剖节点

铝单板幕墙主要采用框架式铝墙板，框架主要采用 100mm×60mm×5mm 钢龙骨和 L50mm×5mm 角钢型，面板采用 3mm 厚铝单板，节点做法见图 6-34、图 6-35。

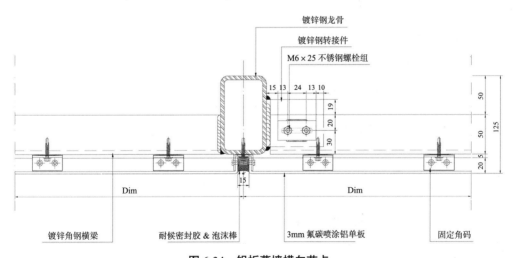

图 6-34 铝板幕墙横向节点

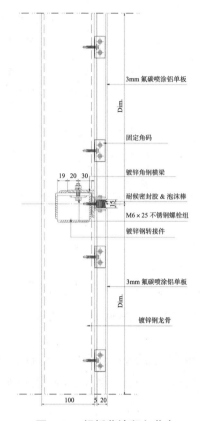

图 6-35　铝板幕墙竖向节点

2. 施工工序

（1）石材幕墙的主要施工流程

预埋件纠偏→连接件定位放线→连接件安装→连接件安装验收→钢立柱的定位放线→镀锌钢方通安装→镀锌钢方通安装检验→横梁定位放线→镀锌角钢安装→整体钢骨架安装验收→石材面板定位放线→石材面板安装→石材面板安装检验→塞泡沫条打密封胶→清洗交验，施工工艺流程参见图 6-36。

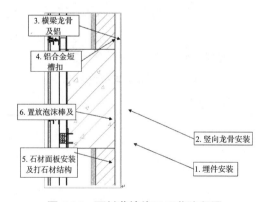

图 6-36　石材幕墙施工工艺流程图

（2）玻璃幕墙的主要施工流程

进行土建结构复测工作→对不符合要求的结构进行修整（总包）→测量弹出水平控制线、标高线、轴线以及幕墙分格排列线→连接件制作安装→龙骨制作安装→复测构架安装精度→自检构件精度→报质监进行隐蔽工程验收→玻璃板块安装→打胶→铝合金装饰线条安装→清洁→竣工验收，施工工艺流程参见图 6-37。

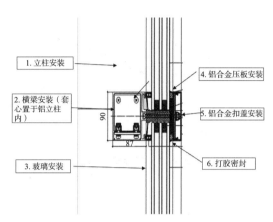

图 6-37　玻璃幕墙施工工艺流程图

（3）铝单板幕墙的主要施工流程

放线→骨架连接件安装→固定骨架→骨架上弹分割线→安装铝板→调校→外立面清洗。

3. 热桥控制做法及注意事项

为提升建筑节能性能，该项目对建筑整体气密性指标按照 $N_{50} \leqslant 1.0$ 进行控制，并采取如下控制措施。

采用高气密性外门窗，外窗的气密性不低于《建筑外门窗气密、水密、抗风压性能检测方法》GB/T 7106—2019 规定的 8 级，透光幕墙的气密性不低于《建筑幕墙》GB/T 21086—2007 规定的 4 级；外门窗与结构墙之间的缝隙采用耐久性良好的密封材料密封，室内一侧使用防水隔汽膜，室外一侧使用防水透汽膜，做法见图 6-38。

防水隔汽膜、防水透汽膜和专用胶粘剂组成的门窗洞口密封系统应由一家系统供应单位成套供应。

防水隔汽膜用于室内一侧，防水透汽膜用于室外一侧。防水隔汽膜、防水透汽膜均应一侧有效地粘贴在门窗框或附框的侧面（墙体垂直面），另一侧与结构墙体粘贴，并应松弛地（非紧绷状态）覆盖在结构墙体和门窗框或附框上。防水隔汽膜或防水透汽膜的搭接宽度均应不小于 100mm。

外围护结构门窗洞口处，门窗框或附框与结构墙体表面之间宜采用预压膨胀密封带密封接缝。预压膨胀密封带应与门窗框同时安装。膨胀后的预压膨胀密封带应将门窗框或附框与结构墙体之间的缝隙填实，做法见图 6-39。

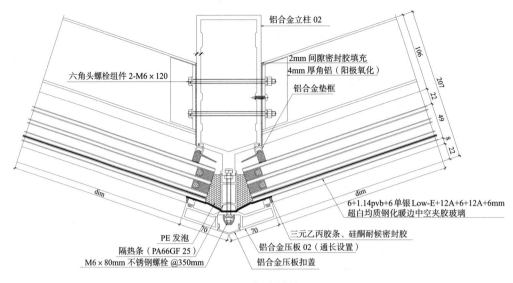

图 6-38　气密性控制

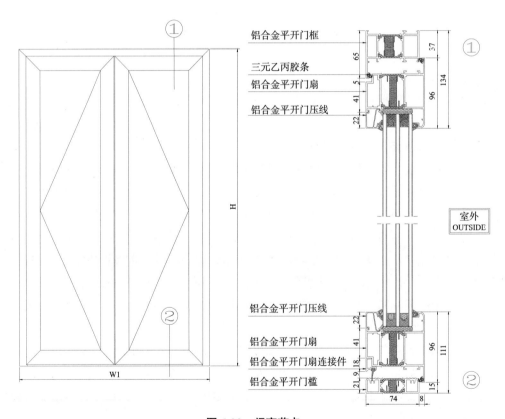

图 6-39　门窗节点

　　防水隔汽膜和防水透汽膜以及专用胶粘剂不得用错位置。预压膨胀密封带开封后宜尽快使用，未用完部分要及时重新密封。

4. 存档资料及验收要求

（1）材料及检验试验资料

幕墙玻璃厂家合格证、检测报告、进场验收记录、进场复试检验报告，进场复验项目：传热系数、可见光透射比、遮阳系数、中空玻璃露点。

隔热垫厂家合格证、检测报告、进场验收记录。

隔热条厂家合格证、检测报告、进场验收记录。

外窗厂家合格证、检测报告、进场验收记录、进场复试检验报告，进场复验项目：气密性、传热系数、可见光透射比、遮阳系数、中空玻璃露点。

幕墙及外窗气密性现场实体检测。

（2）施工记录及验收资料

幕墙隐蔽工程验收资料：隐蔽工程验收应详细记录被封闭的保温材料厚度和保温材料的固定，幕墙周边与墙体的接缝处保温材料的填充，构造缝、变形缝的处理，断热节点构造，单元式幕墙板块间的接缝安装，渗透水、冷凝水的收集和排放构造，幕墙的通风换气装置。

门窗隐蔽工程验收资料：隐蔽工程验收应详细记录门窗安装情况、缝隙情况、门窗与墙体接缝处的保温材料填充情况等。

验收资料：幕墙节能检验批质量验收记录、门窗节能检验批质量验收记录、幕墙节能工程分项、门窗节能工程分项。

6.3.5　屋面节能

1. 做法及节点图

该项目采用正置式屋面，加强屋面防水措施，采用至少两道防水层。屋面传热系数按照 $K \leqslant 0.15\text{W}/（\text{m}^2 \cdot \text{K}）$ 进行控制，该项目屋面防水保温做法优化见表 6-5。

屋面防水保温做法优化　　表 6-5

	原设计	第一次优化做法	最终
屋面	1.50 厚 C20 细石防水混凝土（添加 2%～5% 防水剂，内配 $\phi 4@200$ 双向钢筋）	1.70 厚 C20 细石防水混凝土（添加 2%～5% 防水剂，内配双层 $\phi 6@200$ 双向钢筋）	1.70 厚 C20 细石防水混凝土（添加 2%～5% 防水剂，内配双层 $\phi 6@200$ 双向钢筋）
	2. 无纺布隔离层	2. 无纺布隔离层	2. 无纺布隔离层
	3.25 厚 DS20 砂浆找平层	3.3 厚 PMB-741（Ⅰ型）SBS 改性沥青防水卷材	3.4 厚板岩面含加强筋聚酯胎 SBS 改性沥青防水卷材
	4.0.2 厚 PE 塑料薄膜隔离层	4.2 厚 PBC-328 非固化橡胶沥青防水涂料	4.3 厚含加强筋玻纤胎隔火型 SBS 改性沥青自防水卷材
	5.3.0 厚高聚物改性沥青防水卷材	5.50 厚 C20 细石防水混凝土（内配单层 $\phi 4@200$ 双向钢筋）	
	6.0.2 厚 PE 塑料薄膜隔离层	6.230 厚挤塑聚苯乙烯泡沫塑料（XPS）（带表皮）	5.230 厚石墨聚苯板

	原设计	第一次优化做法	最终
屋面	7.2.0 厚聚氨酯防水涂料	7. 轻集料混凝土找坡层 2%	6.1.2 厚 VEDAG 防水隔汽卷材
	8.20 厚 DS20 砂浆找平层	8.1.5 厚 SPU-301 单组分聚氨酯防水涂料	7. 最薄处 20 厚细石混凝土找坡层 1.5%,随捣随磨光
	9.100 厚挤塑聚苯乙烯泡沫塑料（XPS）（带表皮）	9. 钢筋混凝土屋面板,表面清扫干净,局部修补完成,符合找平相关要求	8. 钢筋混凝土屋面板,表面清扫干净,局部修补完成,符合找平相关要求
	10. 轻集料混凝土找坡层 2%（最薄处 30 厚）	有排气孔	无排气孔
	11. 钢筋混凝土屋面板	—	—

2. 施工工序

屋面工程施工总体流程如下：

擦窗机基础施工、光伏基础插筋→基层处理→1.5mm 聚氨酯涂料涂刷→细石混凝土找坡层施工→230mmXPS 保温板分层施工→50mm 防水混凝土施工→基层处理→2mm 非固化沥青防水涂料涂刷→铺贴节点卷材附加层（出屋面冷热桥节点处理）→铺贴 SBS 改性沥青防水卷材→2h 淋水试验→70mm 保护层施工。

3. 热桥控制做法及注意事项

光伏基础设置于保温层以上，与结构断开，有效避免热桥产生，以免造成建筑内能源损耗。基础下预留钢筋进行锚固，见图 6-40。

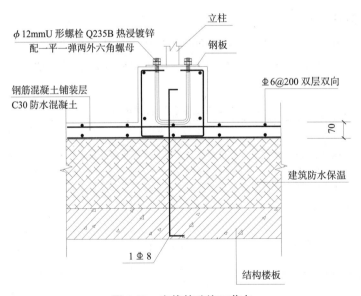

图 6-40 光伏基础施工节点

擦窗机荷载较大，与结构一起浇筑。基础上部设置防腐木，最外侧再设置防水层一道。通过增强保温、防水薄弱点解决节点热桥问题，见图 6-41。

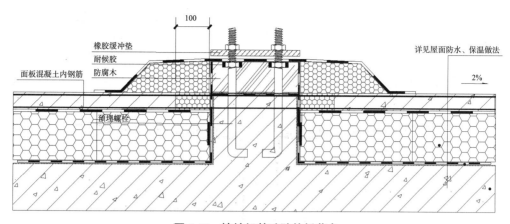

图 6-41　擦桩机基础防热桥节点

屋面水平防水、保温完成后，需要将女儿墙两侧立面保温进行覆盖施工，以保证女儿墙结构内外均有保温措施，见图 6-42。

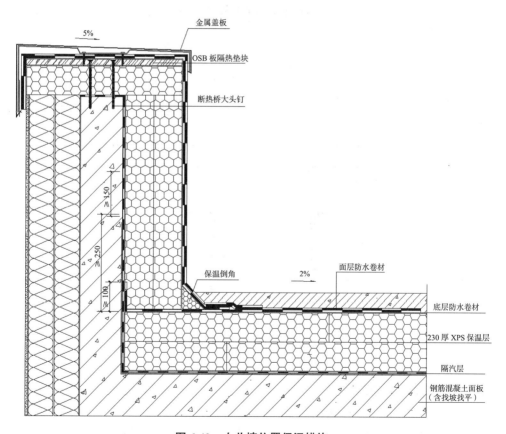

图 6-42　女儿墙位置保温措施

管道与洞口之间的缝隙，应采用岩棉或硬泡聚氨酯喷涂填实，见图 6-43。管道室内部分两侧包覆保温隔热材料，见图 6-44。

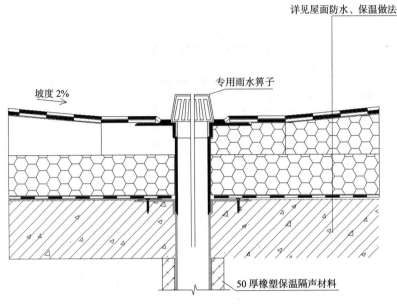

图 6-43　雨水漏斗位置保温措施

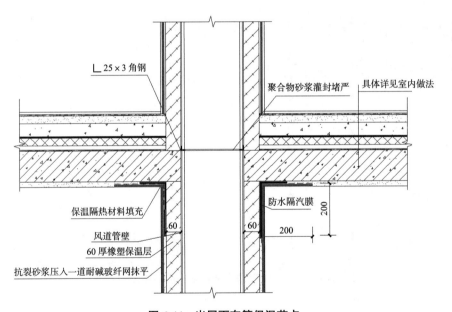

图 6-44　出屋面套管保温节点

4. 存档资料及验收要求

（1）材料及检验试验资料

XPS 挤塑聚苯保温板厂家合格证、检测报告、进场验收记录、进场复试检验报告，进场复验项目：导热系数、密度、压缩强度、燃烧性能。

（2）施工记录及验收资料

隐蔽工程验收资料：隐蔽工程验收应详细记录基层处理情况，保温敷设方式、厚度，板材缝隙填充质量，热桥部位、做法。

验收资料：屋面节能检验批质量验收记录、屋面节能工程分项。

6.3.6　地面节能

1. 做法及节点图

根据建筑功能分区，首层保温地面做法进行差异化设计。荷载较大位置采用无机保温砂浆地面，普通办公区采用挤塑聚苯板（XPS）+细石地面，见图 6-45。

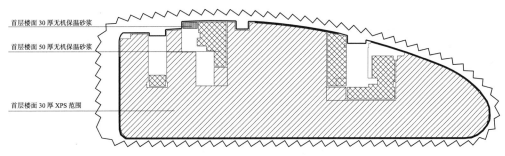

图 6-45　典型首层保温地面施工

2. 施工工序

（1）无机保温地面施工

找标高、弹面层水平线→基层处理→洒水湿润→抹灰饼→抹标筋→刷素水泥浆→浇筑保温砂浆→抹面层→压光→养护。

（2）挤塑聚苯板（XPS）保温地面

找标高、弹面层水平线→基层处理→铺贴保温板→浇筑保护层（配筋）→抹面层→压光→养护。

3. 热桥控制做法及注意事项

部分风管在地坪以下，对风管进行两种保温包覆，然后施工地坪，见图 6-46。

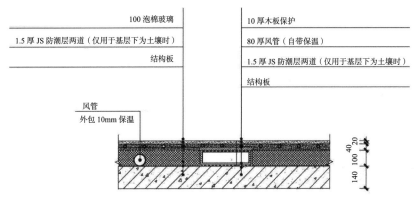

图 6-46　风管地下保温节点

4. 存档资料及验收要求

（1）材料及检验试验资料

泡沫玻璃板厂家合格证、检测报告、进场验收记录、进场复试检验报告，进场复验项目：导热系数、密度、抗拉强度、燃烧性能。

（2）施工记录及验收资料

隐蔽工程验收资料：隐蔽工程验收应详细记录基层处理情况，被封闭的保温材料厚度，保温材料粘贴。

验收资料：地面节能检验批质量验收记录、地面节能工程分项。

第 7 章

新产品、新技术

随着科技的进步和材料的不断创新，新产品、新技术在超低能耗建筑中的应用将更加广泛。新产品、新材料的应用将进一步提高建筑的能源利用效率，降低能耗，减少对环境的影响。未来，超低能耗建筑将更加智能化、可持续化，成为推动社会发展的重要力量。

7.1　围护结构材料构造

建筑外围护结构传热损失是超低能耗建筑中能耗消耗的一个重要组成部分，建筑节能要求以及外围护结构隔热保温性能得到人们极大的关注，因此研究超低能耗外围护结构的保温隔热方法至关重要。超低能耗建筑围护结构在不同的气候区采用的围护结构方案措施不同，相同的是都要在一定程度上减少热量损失。本章节从超低能耗标准出发，分析了各气候区不同超低能耗、近零能耗标准的要求，并且分享了不同地区不同禁限规则下的外墙保温体系、外窗、遮阳的选型以及建筑气密性、无热桥设计要点等内容。另外，本章节提供了各气候区典型的超低能耗建筑围护结构做法，为超低能耗建筑的设计方案提供参考。

7.1.1　保温材料

本节主要介绍气凝胶、硅墨烯、组合式陶粒加气混凝土夹心砌块。这些材料以其优异的保温隔热性能和稳定性，有效降低建筑能耗，提高能源利用效率，是实现节能减排、绿色发展的关键材料。

1. 气凝胶

气凝胶，特别是 SiO_2 气凝胶，因其低热导率、耐高温和卓越的防火性能，在超低能耗建筑领域展现出巨大的应用潜力。这种材料的高效保温隔热性能，能够显著减少热量流失，降低建筑的供暖需求，增强建筑的气密性，有效防止室内热空气外泄，对超低能耗建筑而言至关重要。

气凝胶材料的优势显著。其保温效果卓越，3mm 的气凝胶保温材料保温效果等同于 60mm 的传统保温板，大大节省了建筑空间和材料成本。同时，相比传统保温材料，其 A_1 级的建筑防火等级提供了更高的安全性。此外，气凝胶作为纳米水性材料，不含 VOC，环保性能优异，且施工简便，采用喷涂工艺，有效缩短施工周期。更重要的是，气凝胶材料的使用寿命长达 15 年，远超过传统材料的 3～5 年，展现了极高的性价比。

　　在超低能耗项目中，气凝胶材料的应用展现了多方面的创新。技术上，气凝胶的制备技术已在国内取得突破，实现常温常压生产，降低了能耗和危险性，同时降低了原材料成本。在应用上，气凝胶不仅用于保温隔热，还能提升建筑的气密性和隔声性能，为超低能耗建筑提供全面高效的解决方案。

　　气凝胶材料也存在一些不足之处。其力学性能相对较差，压缩强度低且易碎，这在一定程度上限制了其在某些领域的应用。此外，在高温环境下，气凝胶对红外辐射的吸收能力较弱，可能导致辐射导热急剧上升，从而影响其隔热性能。尽管如此，随着技术的不断进步，我们有理由相信这些问题将逐渐得到解决，气凝胶材料将在超低能耗建筑领域发挥更大的作用。

　　在超低能耗建筑实践中，气凝胶材料以其卓越的隔热性能和多种优势，成功应用于多个实际案例中。在山西、陕西、上海等地的老旧小区住宅楼和公共建筑节能改造项目中，采用气凝胶绝热涂层进行隔热装饰防护后，不仅保温隔热性能显著提升，夏季空调使用频率明显减少，冬季底户室内温度也有显著提升，赢得居民的广泛认可。此外，在工业节能领域，如某直属库油罐的保温改造中，使用气凝胶材料后，罐内温度显著降低，展现其在高温环境下的优异性能。

　　在新建超低能耗建筑项目中，如中建科技深汕特别合作区办公和宿舍楼，气凝胶材料被用于加气混凝土板墙的隔热装饰防护，有效提升了建筑的能效和居住者的舒适度。同时，在高温蒸汽管道的保温项目中，气凝胶毡作为保温材料，以其超高隔热性和疏水性，有效降低了能耗，并减少后期维护成本。

2. 硅墨烯

　　硅墨烯，一种结合了无机材料与有机保温材料特性的新兴材料，通过高温加压等工艺，展现出高韧、不燃、低吸水率等卓越性能。在超低能耗建筑项目中，硅墨烯的应用价值尤为显著，特别是在外墙保温系统中，其独特的性能能够显著提升建筑的保温效果，有效降低能耗。

　　硅墨烯的优势主要体现在以下方面：首先，其优异的保温性能使得热导率远低于常规保温材料，如玻璃棉、岩棉等，从而有效减少建筑能耗，提高能效；其次，硅墨烯来源于天然石墨烯，具备环保低碳的特性，其生产和使用过程不产生有害气体，符合绿色建筑的发展趋势；再次，硅墨烯保温板具备出色的耐腐蚀性，能够在各种酸、碱、盐等介质中长期使用而不损坏，延长建筑的使用寿命；最后，硅墨烯预制反打保温外墙系统能够自适应建筑变形，保持无应变破坏，实现了良好的被动保温效果。

硅墨烯的"新"主要体现在材料创新、技术创新和应用创新上。它将无机与有机材料的特性相结合，为建筑保温领域带来新的解决方案；通过制备工艺和技术创新，硅墨烯保温板展现出高韧、不燃、低吸水率等优异性能，满足了超低能耗建筑的需求；同时，硅墨烯保温板在超低能耗建筑项目中的应用，实现了保温与结构施工的一体化，提高了施工效率，降低了建筑能耗。

硅墨烯作为新材料、新技术也存在一些不足之处。其生产成本较高，由于需要采用高技术制备，导致售价相对较高，不利于普及应用；此外，硅墨烯保温板的施工需要专业工具和技术，对施工人员的要求较高，增加了施工难度和成本；同时，硅墨烯保温板在使用过程中容易吸湿，如果长期处于潮湿环境中，可能会降低保温效果，影响使用寿命。

综上所述，硅墨烯作为新材料、新技术，在超低能耗项目推广中具有重要的意义，但也需要在生产成本、施工难度和吸湿性能等方面进行改进和优化，以更好地满足市场需求，推动绿色建筑的发展。

3. 组合式陶粒加气混凝土夹心砌块

组合式陶粒加气混凝土夹心砌块是一种创新的建筑材料，它采用陶粒加气混凝土砌块作为内外叶，中间夹以绝热泡沫塑料，并通过硬质金属连接件进行连接。这种砌块经过浇筑成形、湿热养护和机械切割等工艺制成，内外叶既是受力体也是夹心层的保护屏障。通过调整内外叶和绝热泡沫塑料的厚度组合，砌块能实现当量导热系数在 0.050 ~ 0.083W/（m·K），满足现代节能和超低能耗建筑的标准，组合式陶粒加气混凝土夹心砌块材料热工计算参见表 7-1。

组合式陶粒加气混凝土夹心砌块材料热工计算参照表　　表 7-1

砌块厚度 b（b2）范围	强度等级	传热系数标记值 K	当量导热系数 [W/（m·K）]	绝热泡沫塑料参数	受力块体参数
200（50）	MU5.0	0.39	≤ 0.083	绝热用挤塑聚苯乙烯泡沫塑料（XPS）导热系数（平均温度25℃）≤0.030W/（m·K）	陶粒发泡混凝土（陶粒加气混凝土）导热系数（干燥常态，平均温度25℃）≤0.20W/（m·K）
240（50）	MU5.0	0.36	≤ 0.092		
240（80）	MU5.0	0.28	≤ 0.069		
290（50）	MU5.0	0.33	≤ 0.101		
290（80）	MU5.0	0.26	≤ 0.078		
290（120）	MU3.5	0.20	≤ 0.060		
200（50）	MU5.0	0.34	≤ 0.071	绝热用硬质聚氨酯泡沫塑料（PU）导热系数（平均温度23℃，28d）≤0.024W/（m·K）	
240（50）	MU5.0	0.31	≤ 0.079		
240（80）	MU5.0	0.23	≤ 0.058		
290（50）	MU5.0	0.29	≤ 0.088		
290（80）	MU5.0	0.22	≤ 0.066		
290（100）	MU3.5	0.19	≤ 0.057		
290（120）	MU3.5	0.17	≤ 0.050		

组合式陶粒加气混凝土夹心砌块（图 7-1）凭借其多重优势，在建筑材料市场上备受瞩目。其内外叶采用的陶粒加气混凝土砌块是一种绿色高性能自保温材料，具有轻质、高强、隔热保温、耐火、隔声和环保等特点。同时，这种砌块具有出色的隔热性能和低导热系数，能有效保护夹心层的绝热泡沫塑料，提高整体耐火性。此外，通过调整外叶墙的厚度，可以与热桥保温厚度相匹配，实现建筑外观的美观与节能的双重目标。最后，作为墙体自保温系统，它能与建筑物同寿命，降低了维修和更换保温系统的成本。

图 7-1　组合式陶粒加气混凝土夹心砌块材料

这款材料的技术创新得到充分认可，通过了浙江省建设科技推广中心的专家评审，并荣获科技成果推广项目证书，经浙江省科学技术成果鉴定，其成果水平被认定为国内领先。此外，它被列入浙江省住房和城乡建设厅 2022 年建设科研项目（自筹）立项名单，并已获国家知识产权局授权，专利号为 ZL 2021 2 2578610.8，主要生产厂商为绍兴上虞科元自保温墙体材料有限公司。

尽管该技术具有诸多优势，但在推广过程中仍面临一些挑战。设计人员普遍认为产品定价较高，且目前市场上独家生产，市场推广上存在难度，需通过对比不同保温体系的造价，突出这款新产品的性价比优势。

在超低能耗项目中，如孝德小镇项目，位于绍兴市上虞区，采用绍兴上虞科元自保温墙体材料有限公司的组合式陶粒加气混凝土夹心砌块，规格 600mm × 200mm（90+50XPS+60）× 240，应用量 3700m³，执行企业标准 Q/KYQT3—2022，参照相关技术要点施工。另如盛祥华庭项目，位于绍兴市上虞区崧厦街道，同样采用上述砌块，应用量 2800m³，规格与标准同上，确保施工质量和节能效果，如图 7-2 所示。

图 7-2　组合式陶粒加气混凝土夹心砌块材料施工现场

7.1.2 连接件

在超低能耗项目中，连接件的重要性极为显著。它们不仅确保建筑结构的稳定性和安全性，还有效优化保温效果，提高施工效率和质量。此外，连接件的环保特性符合绿色建筑发展趋势，有助于节能减排和可持续发展。因此，在设计和施工过程中，连接件的选择和应用应得到足够的重视。

1. 热断桥连接件

在超低能耗建筑设计中，热断桥连接件扮演着至关重要的角色。这些连接件通过在建筑物的外围护结构中实施特定的设计和材料选择，有效隔离了可能形成热桥效应的部分，从而显著减少热量的流失，提高建筑的保温性能。超低能耗建筑正是通过采用这种具有更高效保温隔热和气密性能的围护结构，并结合可再生能源的利用，为人们提供舒适且节能的室内环境。

热断桥连接件的优势显而易见。它们具备高热阻性能，能够有效阻断热桥效应，减少热量在连接件处的传递，进而大幅度提升围护结构的保温性能。此外，这些连接件设计合理，安装简便，极大地提高了施工效率。

这些连接件的"新"在于其创新性的应用和技术。它们采用热断桥技术，有效解决了传统连接件热传导过高的问题，使超低能耗建筑得以实现更高的节能目标。同时，热断桥连接件的结构设计也是一项创新，使其具有更高的热阻性能，更好地满足超低能耗建筑对保温性能的需求。

热断桥连接件也存在一定的不足之处。由于其采用的技术和材料相对先进，成本相对较高，这可能会增加建筑项目的总成本。此外，对施工工人的技术要求也较高，需要专业的技能和知识来确保安装的正确性和有效性。尽管如此，随着技术的不断发展和成本的逐渐降低，热断桥连接件在超低能耗建筑中的应用前景依然广阔。

案例支持：德国某超低能耗办公大楼采用热断桥连接件作为门窗与墙体之间的连接件。该连接件通过特殊设计阻断了热桥效应，减少了热量在连接件处的传递。在该项目中，热断桥连接件的使用使得门窗与墙体之间的热阻性能显著提升，提高了建筑的保温性能。

2. 弹性密封连接件

弹性密封连接件是一种多功能的管道接头，以其高弹性、高气密性、耐介质性和耐气候性著称。这些连接件通常由织物增强的橡胶件与平形活接头、松套金属法兰或螺纹管法兰组合而成，旨在实现管道的隔振降噪和位移补偿。根据不同的应用场景，弹性密封连接件在外形上分为同心等径、同心异径、偏心异径；结构上则有单球体、双球体、弯头球体等多种选择；连接形式涵盖法兰连接、螺纹连接和螺纹管法兰连接。此外，它们还适用于不同的工作压力等级，如 0.25～2.5MPa。

弹性密封连接件的优势在于其采用弹性材料制成，这种材料赋予其出色的密封性能，能够有效防止空气和水的渗透。同时，其独特的弹性设计使得连接件能够适应围护结构的微小变形，保证管道系统的稳定性和安全性。

在创新方面，弹性密封连接件的材料选择和结构设计均体现了其先进性。其优异的密封性能使其成为超低能耗建筑围护结构的重要组成部分，为建筑提供更加高效、节能的解决方案。需要注意的是，为了确保其长期的密封性能，弹性密封连接件需要定期进行维护和更换。

荷兰某零能耗住宅项目采用弹性密封连接件作为阳台与主体结构之间的连接件。该连接件采用弹性材料制成，能够适应阳台结构的微小变形并保持长期的密封效果。在该项目中，弹性密封连接件的使用有效防止了空气和水的渗透，保证了建筑的气密性能。

7.1.3 气密层

气密层在超低能耗建筑项目中至关重要。它有效减少热量损失和空气渗透，提高建筑能效；防止潮气入侵，延长建筑寿命；提升室内环境品质；符合绿色发展趋势，减少能源消耗和排放。因此，在超低能耗项目中，气密层的设计和应用应得到足够的重视。

1. 高分子密封膜

在超低能耗建筑设计和建造过程中，高分子密封膜凭借其卓越的性能扮演着举足轻重的角色。这种材料被精心嵌入建筑接缝中，旨在承受位移并达到气密、水密的效果，对于建筑的安全质量具有决定性影响。在超低能耗建筑构建中，高分子密封膜的主要功能是减少房屋室内外气体的交换速度，在冬季有效防止室内热量的散失，同时在夏季阻挡室外热气侵入室内。这一特性不仅极大地提升了建筑能效，降低能源消耗，更为居住者创造一个更为舒适的生活环境。

高分子密封膜的优势显著，其优异的气密性能能够有效防止室内外空气的对流和渗透，确保建筑的气密性。同时，它具有良好的耐久性能，能够在长期使用中持续保持其卓越的气密性能。此外，高分子密封膜作为一种新型的气密性材料，不仅在超低能耗建筑的气密层中有着广泛应用，在其他需要高气密性要求的场合也展现其出色的适应性。

然而，高分子密封膜的应用面临一些挑战。首先，其成本较高，对施工工人的技术要求也相对较高。此外，在长期使用过程中，高分子密封膜可能受到环境因素如紫外线、温度等的影响，导致性能下降。因此，在选用高分子密封膜时，需要综合考虑其性能、成本以及使用环境等多种因素，确保其在超低能耗建筑中发挥最佳效果。

案例支持：新加坡某超低能耗公寓项目采用高分子密封膜作为建筑的气密层。该密封膜采用高分子材料制成，具有良好的柔韧性和耐候性，能够长期保持气密性能。在该项目中，高分子密封膜的使用有效防止了室内外空气的对流和渗透，保证了建筑的气密性能。

2. 智能气密涂层

智能气密涂层作为一种具有革命性的特殊功能材料，展现出对外部环境变化的精准可控响应能力。它不仅能够显著延长涂层的使用寿命，还为涂层系统增添多种额外功能。这种涂层能够灵敏地感应外界环境的变化，包括温度、pH 值、压力、光、声、离子强度、电磁波以及机械损伤等物理触发因素，以及酸碱反应、氧化还原反应、生物化学反应、电化学和光化学等化学触发因素，并以可控的方式作出相应的调整。

智能气密涂层的优势在于其独特的自我调节功能。它可以根据室内外环境的变化自动调节其气密性能，从而保持室内环境的稳定。这一特性使得建筑的气密性能更加智能化和高效化，为居住者提供更为舒适和节能的居住环境。此外，智能气密涂层的施工简便，可直接涂覆在围护结构表面，为建筑施工带来极大的便利。

值得注意的是，智能气密涂层技术目前尚处于发展阶段，仍需进一步完善和优化。随着科技的进步和研究的深入，相信智能气密涂层将在未来展现出更为广阔的应用前景。

案例支持：澳大利亚某智能建筑项目采用智能气密涂层作为建筑的气密层。该涂层能够根据室内外环境的变化自动调节其气密性能，保持室内环境的稳定。在该项目中，智能气密涂层的使用使得建筑能够适应不同的气候条件，提高居住的舒适度。

7.1.4 门窗选型

中国建筑节能协会能耗委员会发布的《中国建筑能耗研究报告（2020）》中指出，在中国门窗能耗占建筑总能耗的 50% 左右，通过门窗流失的能量，占社会总能耗的 20% ~ 25%。

为了应对这一挑战，"超低能耗"高性能系统门窗得到发展。2014 ~ 2022 年，我国系统门窗产能自 1850 万平方米增长至 3940 万吨，产量自 1545.91 万平方米增长至 3486.23 万平方米，需求量不断增加，2022 年达到 2944.12 万平方米。这些门窗因其优异的保温隔热性能和低能耗特性而受到市场青睐，既提升了建筑能效，减少了能源费用，也增强了居住舒适性和美观度。依照中国国家标准建筑图集《建筑节能门窗》16J607 的指导，节能门窗的理想整窗传热系数 K 值应控制在 $1.0 ~ 1.4W/(m^2 \cdot K)$。为了达到这一标准，推荐采用具有优异保温性能的门窗产品，如玻纤聚氨酯窗、铝包木窗和断热桥聚氨酯复合窗等。同时，选用高效能的节能附框产品和实施有效的遮阳设计，也被视为实现门窗节能效果的重要措施。

1. 高性能门窗

本节主要介绍以玻纤聚氨酯门窗、铝合金聚氨酯门窗为主的高性能门窗。

（1）玻纤聚氨酯门窗

玻纤增强聚氨酯材料是由玻璃纤维和聚氨酯树脂进行复合，通过先进的拉挤工艺加工而成的聚氨酯复材（图 7-3），早期因为其强度高、韧性好、冲击强度好、耐磨性好，广泛应用于汽车轻量化、高铁枕木、风电叶片、航空航天等高端制造，现在用于门窗上，使门窗整体性能得到很大提升，为节能门窗提供更好的材料选择，可以显著提高门窗节能指标，满足建筑节能的要求。

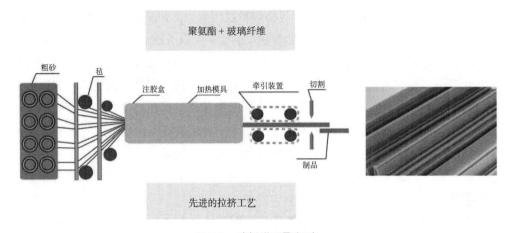

图 7-3　玻纤增强聚氨酯

玻纤增强聚氨酯材料在以下方面有着优异的性能表现：

1）保温性能良好

聚氨酯复合型材拥有很低的导热系数（0.34W/m·k），约只有铝合金的 1/700，是优良的绝热材料。聚氨酯复材 95 系列门窗，型材 U 值仅为 0.68，无须增加断桥配置，K 值为 0.8 的三玻二腔的玻璃，整窗传热系数 K 值可以达到 0.91W/（m^2·K）。

2）尺寸稳定性较好、强度高

聚氨酯复材线膨胀系数为 0.64（$10^{-5}K^{-1}$），与混凝土膨胀系数最为接近（表 7-2），稳定性高且耐水泥腐蚀，制造而成的门窗历经冬夏几十摄氏度的温差，窗体与墙体变形尺寸差小，可避免窗框和墙体因热胀冷缩差异产生缝隙，进一步提高门窗的密封性和保温隔声性能。聚氨酯复材密度小，比铝合金轻 25%，但弯曲强度是铝合金的 5 倍，超高的强度使其型材截面比铝合金小 10%，可以做高通透门窗，大大提高居家视野。

各材料线膨胀系数对比　　　　　　　　　　　表 7-2

材料	混凝土	聚氨酯复材	铝合金	PVC 型材
线膨胀系数（$10^{-5}K^{-1}$）	1	0.5 ~ 0.8	2.2 ~ 2.4	5 ~ 8.5

3）耐火性好

玻纤增强聚氨酯门窗采用简单的防火措施并配以耐火玻璃，即可满足耐火要求。相比铝合金和塑钢门窗，玻纤增强聚氨酯型材燃烧时的特性赋予玻纤增强聚氨酯门窗先天性的优异耐火性能（表 7-3）。以不燃材料玻璃纤维为主要成分，聚氨酯复材熔点高达 1000℃以上，本身耐火性好，无须钢衬，既满足节能设计需求，也满足整窗耐火完整性 0.5 ~ 1.5h。

各材料耐火性对比　　　　　　　　　　　　　　　　　　　　表 7-3

材料	PVC 型材	尼龙隔热条	铝合金	聚氨酯复材
熔点（℃）	280	150-250	680	1100

4）清洁生产碳排放更低

铝合金型材制造过程碳排放量大，而玻纤增强聚氨酯型材经过一次熔融，化学反应过程低能耗。玻纤增强聚氨酯型材具有高强度性能，替代铝合金型材可降低碳排放。测算显示，玻纤增强聚氨酯型材碳排放仅为铝合金的 1/8（图 7-4）。

碳排放：铝合金型材 / 玻纤增强聚氨酯型材 =8 倍

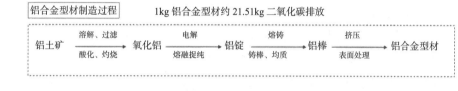

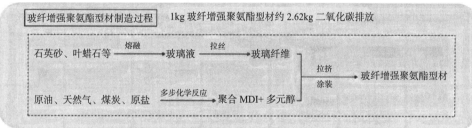

图 7-4　玻纤增强聚氨酯型材碳排放量

（2）铝合金聚氨酯复合门窗

铝合金聚氨酯复合门窗系统于 2008 年进入中国市场，并专注于我国的被动式超低能耗建筑门窗幕墙领域。该系统以优异的保温性能、极简设计风格和高强度、高耐久性等特点，在我国被动式及超低能耗建筑领域受到广泛认可。

铝合金聚氨酯复合门窗是以聚氨酯硬泡（MDI）为核心，以欧洲节能门窗结构为基础，设计的铝合金聚氨酯节能门窗材料。产品结构有单层结构和双层结构，满足不同项目选型需求。例如如图 7-5 所示的铝合金聚氨酯复合门窗，采用单层结构设计，此产品是专用于夏热冬冷地区超低能耗和近零能耗的门窗系统。外型材：铝材 6063-T5，表面可以采用不同的处理方式：粉末喷涂、氟碳喷涂、木纹转印、阳极氧化等，适应不同项目的需求。聚氨酯硬泡内核是有机高分子材料，具有重量轻、隔热好、易成形、吸声、阻燃、憎水、耐老化等性能。

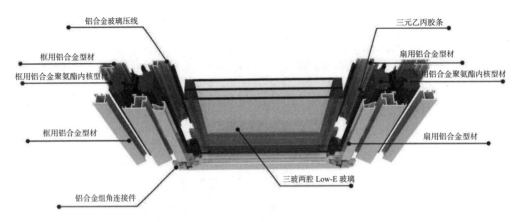

图 7-5　铝合金聚氨酯复合门窗

（3）门窗领域多元化的聚氨酯材料应用

聚氨酯材料因其出色的物理和化学性能，在多个领域得到广泛应用。在建筑材料方面，它主要用于制造聚氨酯复合材料附框和隔热条，这些产品以其优异的保温隔热性能受到市场青睐。此外，聚氨酯材料还广泛应用于门窗灌注领域，其制成的聚氨酯胶不仅黏性强，而且耐候性好，能有效提升门窗的密封性能。同时，防水透汽膜隔汽膜和预压膨胀密封带等产品也离不开聚氨酯材料，它们在防水防潮和密封方面发挥着重要作用。此外，高密度聚氨酯隔热垫块更是以其高效隔热性能在建筑节能领域大放异彩。聚氨酯材料应用领域参考图 7-6。

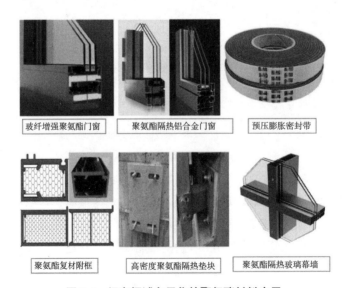

图 7-6　门窗领域多元化的聚氨酯材料应用

　　虽然聚氨酯材料在建筑节能领域具有诸多优点，但也存在一些缺点。首先，材料成本较高，由于聚氨酯材料是一种高性能材料，生产成本相对较高，因此在建筑节能领域的应用需要较高的投入。虽然其优异的保温性能能够带来长期的节能效果，但在初期投资上可能会有一定的经济压力。其次，施工难度较大，聚氨酯材料的施工需要专业的技术和设备，对于一般的施工单位来说，施工难度较大，需要较高的技术水平和施工经验，否则可能会出现门窗密封性能不达标、门窗框架松动等问题。再次，聚氨酯门窗的使用寿命相对较短，需要定期维护和更换，在使用过程中加强维护和管理。在实际应用中，需要综合考虑各种因素，选择适合的材料和施工方案。总的来说，虽然聚氨酯门窗在建筑节能领域具有很好的应用前景，但也需要克服上述缺点，以提高其适用性和稳定性。

　　2. 节能附框

　　节能附框是超低能耗门窗安装时必不可少的构件之一，其设计选型和施工安装过程对于超低能耗建筑验收以及项目后期运行的可靠性有非常重要的影响。2021年开始，上海地区明确提出了建筑外窗安装应采用节能附框预埋的安装方式。后期超低能耗建筑实施过程中，均采取节能附框作为外窗与结构洞口之间的连接构件，并根据建筑形式、技术要求、洞口墙身具体特点，采用不同规格、不同材质、不同性能的节能附框安装形式。表 7-4 为各类节能附框对比分析。

各类节能附框对比分析表　　　　　　　　表 7-4

品类	硬泡聚氨酯附框	木附框	石墨聚苯附框
产品图片			
产品描述	采用硬泡聚氨酯发泡工艺浇筑而成或采用硬泡聚氨酯发泡工艺与内部加强附件（钢制件或铝制件）一体浇筑而成的保温型附框	用实木或集成材制作的附框	以聚苯乙烯、石墨、发泡剂助剂等原材料，经模具制作，具有闭孔结构的聚苯乙烯泡沫塑料的型材
所属分类	节能型附框	节能型附框	节能型附框
应用标准	国家现行标准《建筑门窗附框技术要求》GB/T 39866；《温格润铝合金聚氨酯（PU）节能门窗》CPXY-J476	现行国家标准《防腐木材的使用分类和要求》GB/T 27651	现行地方标准《石墨模塑聚苯乙烯泡沫板通用技术要求》DB13/T 2582

续表

品类	硬泡聚氨酯附框	木附框	石墨聚苯附框
产品关键技术指标	密度（kg/m³）>250 高低温反复尺寸变化率（%）<0.3 低温落锤冲击 无破裂 耐酸性 无变化 耐碱性 无变化 高低温反复尺寸变化率（%）<0.3 型材握螺钉力（N）>2200N 连接角最大破坏力（N）>1000 主体材料导热系数 W/（m·K）<0.05	防腐剂投入度>90% 载药量（kg/m³）>4 型材握螺钉力>2000N	表观密度（kg/m³）>150 型材握螺钉力>2000N 压缩变形强度>2000kPa
常规尺寸（mm）	宽×高 70×40 70×50 90×40 90×50	宽×高 60×20等	宽×高 70×85等
优点分析	热工性能优秀，实芯结构抗压强度高，握钉力与角部抗破坏力强，加工方便、绿色环保	制作工艺简单，保温性能好	保温性、耐候性、抗湿度性能强

品类	钢塑复合附框	木塑附框	玻纤增强聚氨酯附框
产品图片			
产品定义	由硬质聚氯乙烯塑料与内置增强型钢共挤、复合而成的型材制成的附框	以硬质木粉和聚氯乙烯（PVC）为主要原料，加入助剂和辅助材料，按规定尺寸和构造经挤出成型的木塑型材制作的附框	以玻璃纤维为增强材料，聚氨酯树脂为基体树脂，通过拉挤成型工艺制备的型材加工而成的附框
适用范围	节能型附框	节能型附框	节能型附框
应用标准	现行行业标准《门、窗用钢塑共挤微发泡型材》JG/T 208	现行国家标准《门、窗用未增塑聚氯乙烯（PVC-U）型材》GB/T 8814	现行行业标准《玻纤增强聚氨酯节能门窗》JG/T 571
产品关键技术指标	洛氏硬度 HRR>90 静曲强度>35 弯曲弹性模量>2400 MPa 高低温反复尺寸变化率（%）<0.3 低温落锤冲击 无破裂 耐候性6000h静曲强度保留率(%)>80 耐酸性 无变化 耐碱性 无变化	吸水率（%）<0.5 吸水厚度膨胀率（%）<0.5 高低温反复尺寸变化率（%）<0.3 低温落锤冲击 无破裂 型材握螺钉力>3000N 耐候性6000h静曲强度保留率（%）>80 耐酸性 无变化 耐碱性 无变化	密度（g/cm³）1.8-2.2 吸水率（%）<0.5 巴柯尔硬度>40 纵向静曲强度>1000 高低温反复尺寸变化率（%）<0.3 低温落锤冲击 无破裂 耐候性6000h静曲强度保留率（%）>80 耐酸性 无变化 耐碱性 无变化
常规尺寸（mm）	宽×高×壁厚 90×24×2.5	宽×高×壁厚 90×24×5	宽×高×壁厚 100×50×3
优点分析	强度高、防水、防潮、耐腐蚀	抗老化、高强度、低传热、不吸水、不霉变以及隔热保温的特点	保温性能好，硬度高，不吸水，可与混凝土浇筑在一起

根据不同项目的具体施工特点和节能设计要求，超低能耗项目实施过程中通常有以下两种常见的附框安装方式，各具不同的优势特点：

（1）PC 预埋的安装方式

这是附框最基本也是最常规和标准的安装方式。将附框及相关连接构件组合后，由 PC 厂完成与墙体构件的预制。以硬质聚氨酯节能附框为例，根据洞口尺寸要求，将附框通过专用聚氨酯胶及角码进行角部连接后，由 PC 厂家将预埋连接构件与附框组合后与墙体构件一起完成浇筑预制。附框与墙面可以平齐或凸出 20mm 左右。预制节点见图 7-7。

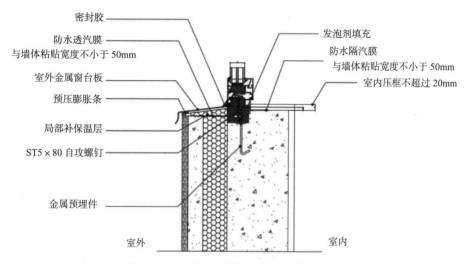

图 7-7　PC 预埋硬泡聚氨酯附框节点示意图

PC 预埋的超低能耗附框安装方式有诸多优点，比如：

1）附框与洞口墙体形成整体，墙体与附框连接部位形成较好的水密性、气密性。

2）干法施工更有利于整体施工效率的提升，更加灵活控制门窗进场安装时间，降低了门窗交期对项目工期的影响。

3）标准化洞口尺寸，更易于控制门窗安装精度，有利于提高安装效率。

4）门窗安装过程较为简单，工期短、成本低。

5）更好地减轻安装热桥对洞口热工的影响，等温线更加平直，不易穿过实心墙体带来的明显热桥效应。

6）有利于提升门窗洞口的视觉设计效果。附框高度对于门窗可视面的非透明部分影响较小。

7）安装强度、缝隙的节点处理设计更容易达成较好的设计效果，比如更简单有效地发挥防水透汽膜和防水隔汽膜的作用。

8）该安装方式也有一些不足，需要在实施过程中尽量采取加强监督控制的措施，规避风险。

9）对 PC 预制工艺精度要求较高，必须保证附框的尺寸精度及预埋后洞口平整，避免对于门窗安装配合的过大影响。

10）附框材料的物理特性，比如温度变形量、吸水率、强度及形状精度等对预制效果的影响大。

11）附框厂家与预制厂家之间需要更加紧密协作配合。

（2）附框的后置安装

部分项目的附框安装因为施工工序和时间节点等因素，不得不采取洞口预制完成后再安装附框的方式。这种方式有的洞口预留碴口进行附框安装，有的直接将附框安装于洞口平面上。其基本安装工艺是将附框根据洞口设计尺寸进行切割，再用锚栓按照既定节点工艺固定到实体洞口四周，缝隙做好发泡填充密封，通常附框安装与洞口的外侧平齐。安装节点见图 7-8。

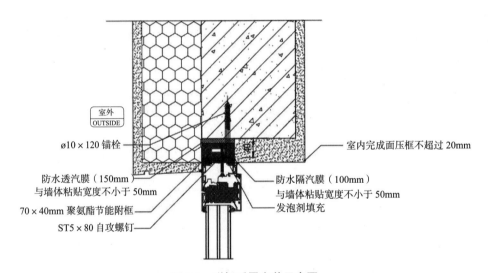

图 7-8　附框后置安装示意图

超低能耗门窗安装过程中，配合防水透汽膜和防水隔汽膜的施工要求，附框后置安装通常要求与窗框同时进场并施工，加大了项目整体施工工序的控制难度。另外，附框后置安装对于洞口可视面非透明部分的宽度增加，一定程度地缩减了窗口面积，对于洞口的采光性能、冬季太阳得热等都会带来不利影响。

硬泡聚氨酯节能附框在上海等地区超低能耗项目上已有广泛应用，图 7-9 为上海某大型超低能耗住宅项目的外窗洞口附框安装节点图参考。

该项目外窗采用铝合金聚氨酯复合窗，窗框传热系数低于 1.05W/（$m^2 \cdot K$），配置三玻两腔双层单银高透 Low-E，充氩气配置暖边间隔条。整窗传热系数可实现 K 值 1.2W/（$m^2 \cdot K$）。采用硬泡聚氨酯节能附框预埋安装工艺，安装后洞口综合传热系数低于 1.25W/（$m^2 \cdot K$），安装线性传热系数 $\Psi_{install}$ 低于 0.030W/（$m \cdot K$），充分满足该超低能耗项目对于外窗洞口的各项技术指标要求。

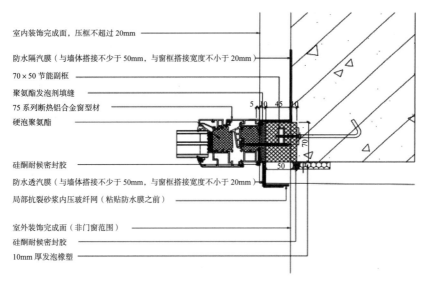

图 7-9 上海项目案例中附框安装节点图

室内装饰完成面，压框不超过 20mm
防水隔汽膜（与墙体搭接不少于 50mm，与窗框搭接宽度不小于 20mm）
70×50 节能副框
聚氨酯发泡剂填缝
75 系列断热铝合金窗型材
硬泡聚氨酯
硅酮耐候密封胶
防水透汽膜（与墙体搭接不少于 50mm，与窗框搭接宽度不小于 20mm）
局部抗裂砂浆内压玻纤网（粘贴防水膜之前）
室外装饰完成面（非门窗范围）
硅酮耐候密封胶
10mm 厚发泡橡塑

7.1.5 遮阳设备

超低能耗建筑中的遮阳设计是实现节能目标的关键策略之一，能有效减少建筑内部的太阳得热，降低空调能耗，同时还能改善室内光照条件和视觉舒适度。在遮阳设计过程中，选用合适的遮阳设备起到至关重要的作用。其中，中置遮阳技术在超低能耗建筑中被广泛被使用。中空内置百叶玻璃是将百叶系统整合在中空玻璃中间，通过磁力或电动控制，最终实现百叶系统在玻璃中空层间翻转和升降的产品。主要分为磁控型中空内置百叶玻璃、电动型中空内置百叶玻璃、智能型中空内置百叶玻璃等类别。

1. 磁控型中空内置百叶玻璃

百叶系统通过梯绳固定在横梁上，梯绳与横梁上的传动轴相连接，传动轴转动带动百叶翻转；同时，百叶系统还连接着拉绳一端，拉绳通过定滑轮（百叶转角）改变方向后延伸至侧边，拉绳另一端连接着一磁铁组件，磁铁组件与玻璃外侧的磁控手柄相互吸引。因此上下滑动手柄时，带动磁铁组件上下滑动，进而带动拉绳另一端的百叶系统跟着运动，见图 7-10 与表 7-5。

图 7-10 磁控型中空内置玻璃的控制方式

磁控型中控内置百叶玻璃的控制方式　　　　　　　　　　表 7-5

控制方式	应用场景	特点
单边单控	小于 1.7m² 时使用，常规用法	简洁，避免双控手柄数量过多而影响美观度
双边单控	大于等于 1.7m² 时使用，常规用法	省力
单边双控	大于等于 1.7m² 时使用，个性化用法	省密封胶成本，推拉门不开时使用，单边单控无法正常安装时使用

2. 电动型中空内置百叶玻璃

百叶系统通过梯绳固定在横梁上，梯绳与横梁上的传动轴相连接，传动轴转动带动百叶翻转；同时，百叶系统还连接着拉绳一端，由拉绳带动百叶做升降运动，拉绳的另一端连接在卷线器之上，而卷线器固定在传动轴之上，与传动轴连接的管状电机转动时带动传动轴转动，进而将运动节奏传递给连接百叶系统的拉绳和梯绳之上，实现百叶的升降和翻转。

3. 智能型中空内置百叶玻璃

智能型中空内置百叶玻璃是在电动型中空内置百叶玻璃的基础上，通过光热传感器和百叶控制程序的配合，通过判断阳光方向和季节的变化，实现百叶系统自主遮阳或采光的一种产品。产品内可加入光伏发电组件，通过光伏发电和锂电池储能（可充电）为百叶系统供能。

7.2 暖通设备

节能对于建筑设计行业特别是暖通空调行业来说，是一个需要长期坚持且为之奋斗的目标。根据《中国建筑能耗研究报告 2021》，2019 年中国建筑全过程二氧化碳排放总量为 49.97 亿吨，占全国碳排放总量的 50.6%；《中国建筑节能年度发展研究报告 2021》中指出，我国空调系统运行能耗导致的二氧化碳排放量约为 9.9 亿吨，空调系统所消耗的能源占我国社会总能耗的 21.7%，根据不同建筑类型及运行使用情况的不同，此比例占建筑运维阶段碳排放总量的 50% ~ 80%。由此可见，暖通空调在建筑工程中的节能减碳潜力巨大，合理的设计是实现节能目标的起点，节能减碳是大势所趋，也是我们迫切需要解决的问题。

在建筑工程中首先是在被动节能方面合理规划、优化设计，使建筑自身能耗降低，同时在主动节能方面合理选择冷热源、优化系统、提高设备能效、合理使用余热废热，用可再生能源代替化石能源，在改善室内温湿度和空气品质的前提下，推动建筑行业达到节能减碳的目的。

7.2.1 磁悬浮冷水（热泵）机组技术

1. 技术原理与定义

磁悬浮制冷是指离心式冷水机组采用磁悬浮技术，降低机械损耗，制冷运行更加高效、节能。从图 7-11 中可以看到，相比普通的变频离心机，磁悬浮变频离心机的不同部位和关键在于磁悬浮离心压缩机。

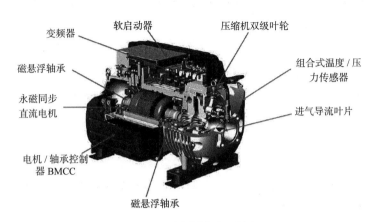

图 7-11 磁悬浮离心压缩机

磁悬浮压缩机是目前世界上最先进的压缩机，在市场上应用的磁悬浮压缩机基本为 Danfoss TURBOCOR 系列压缩机。磁悬浮压缩机的核心是磁悬浮轴承，利用磁铁"异性相斥"的原理，轴承内径与轴的外径同极，使轴承的内径与轴相互之间不接触。电动机、驱动轴以及离心叶轮都由磁悬浮轴承托起，处于没有直接接触的悬浮状态，因此消除了机械摩擦，在实际运行中，轴与轴承之间仅有气流摩擦。通过调节轴承的电磁力，转轴被定位在轴承的中心位置旋转，轴与轴承的间距仅为 0.5mm，10 个位置传感器以 600 万次 /min 的频率探测轴承三相位置并反馈给压缩机控制（BMCC），传感器能感测到 0.0005mm 的位移而作相应的调整。磁悬浮压缩机是一种两级压缩机械循环的压缩机，在第一级压缩机腔和第二级压缩机腔之间，具有一个中间吸气接口，它可以吸入一股中间压力的制冷剂，实现经济气循环。以此为基础，采用经济器制冷循环，在蒸发器和冷凝器之间安装一个经济器，经冷凝器冷凝过的液体冷媒被分成两个回路，一个回路的冷媒通过一个膨胀阀节流后，在经济器中对另外一个回路多的液体冷媒进行再冷却，提高将要进入蒸发器的这部分冷媒的过冷度，而膨胀阀节流的冷媒在经济器内完全蒸发后，由压缩机中间吸气口回到压缩机。经济器循环可以在几乎不增加压缩机功率的情况下，提高机组的制冷量，使机组达到更高的效率。

目前，磁悬浮压缩机可应用于冷水机组或者热泵机组。以磁悬浮离心式冷水机组为例，该类型机组的 *COP* 能达到 7 以上，而传统机组的 *COP* 只能达到 5～6。在最新的改造中，磁悬浮离心式冷水机组的 *COP* 已经达到 8。

2. 应用案例

（1）项目概括

某酒店项目位于湖北省荆门市，为某知名国际酒店管理公司旗下的五星级酒店。

酒店地上建筑面积 39389.67m²，酒店所在建筑高度 149.6m，地上 34 层，地下 2 层。酒店功能区位于裙楼 1～4 层和塔楼 23～34 层，酒店功能包括大堂、酒吧、餐饮、宴会会议、康体泳池、客房、行政酒廊及后勤配套、机动车停车库等。

（2）冷热源系统设计

酒店夏季设计冷负荷为 3938.5kW，冬季设计热负荷为 2158kW。冷负荷指标为 103W/m²，热负荷指标为 55W/m²。项目集中冷源由磁悬浮变频离心式冷水机组提供，冷水机组主机房设置在地下二层，设有 3 台制冷量为 1406kW/台（400RT）的磁悬浮冷水机组，制冷剂为环保 R134a，冷冻水供回水温度为 7℃/12℃，冷却水供回水温度为 30℃/35℃。项目酒店分为 2 个区，其中 1～4 层为低区，客房 23～34 层为高区。冷却塔采用超低噪声方形横流冷却塔，设置在裙楼屋顶。空调冷冻水循环泵、冷却水循环泵、采用卧式端吸清水离心泵，水泵与冷水机组、冷却塔均一一对应，并采用变频控制，技术参数见表 7-6。

磁悬浮主要设备与技术参数表　　　　表 7-6

名称	性能参数	数量（台）	备注
磁悬浮变频离心式冷水机组	Q=1406kW（400RT）N=219.2kW，COP=6.42（满载），NPLV=11.03，设计寿命 25 年	3	
冷冻水泵	流量 L=266m³/h，N=37kW	4	三用一备
冷却水泵	流量 L=340m³/h，N=45kW	4	三用一备
低噪声横流冷却塔	流量 L=400m³/h，N=11kW	3	
自控系统		1	

（3）机组性能与经济性测算及分析

项目酒店磁悬浮系统工程前期投资为 551 万元，如采用高效离心式冷水机组系统工程投资为 386 万元，由此可见，磁悬较高效离心式机投资多 165 万元，是高效离心式冷水机组投资的 1.43 倍。

为了提高对比的准确性、可靠性，用于比较的磁悬浮机组和高效离心式冷水机组均为某国际知名品牌旗下的机型，磁悬浮冷水机在标准工况下的名义性能系数 COP 较高效离心机高出 5%，综合部分性能系数 IPLV 高出 37%，运行噪声值低 10dB，使用寿命长出 10 年，在主要性能指标方面均明显优于高效离心机。

（4）磁悬浮与高效离心机组运行费用对比

采用磁悬浮机组较高效离心机组可节省电量 650285kWh/年，节约电费 715313 元/年，超出高效离心机部分的投资回收期 2.3 年。如按磁悬浮机组设计使用寿命 25 年测算，则 25 年一共可省电量 1626 万 kWh，节约电费 1788 万元。

7.2.2　大温差供冷、供热技术

1. 技术原理与定义

大温差小流量是一个减少空调系统投资，降低能耗的先进观念。大温差的目的是优化空调系统各设备间的能耗配合比，在保证舒适度的前提下减少冷量输配的能耗，或是减少冷却塔和末端空调箱的能耗，同时降低系统初投资。大温差可以在冷水侧或冷却水侧实现，也可以在空气侧实现。

大温差系统意在水泵、冷却塔的能耗得以降低，从而达到系统运行节能的目的。同时，需要让冷水机组承受相对严苛的工况才能实现。因此，并非所有冷水机组都可实现大温差。

大温差机组的冷冻水侧应该是向低温的方向进行，因为在流量降低以后，末端的换热系数会相应减小，如果水温保持不变，末端的换热量将降低，若要满足室内设计参数的要求，则需要加大末端的换热面积。如果在流量降低的情况下，降低冷冻水的供水温度以拉大末端换热温差来弥补流量降低引起的换热系数减小，则可以做到末端产品可参照常规方案设计。通过理论结合实际选型分析，冷冻水出水温度选择 5℃ 最为恰当。

大温差机组的冷却水侧应该是向高温的方向进行。因为冷却水的低温侧由冷却塔决定，若要大量降低冷却塔的出水温度，则必须加大冷却塔的换热面积，引起初投资的增加，且现行的标准冷却塔温度已经是在湿球温度条件下比较合理的温度，若要进一步降低，可能带来的初投资将急剧增加，且冷却水温度的降低受湿球温度的限制非常明显。所以在冷却水侧应尽量提高冷水机组的冷却水出水温度，并且在冷却塔侧会有 25% 左右的初投资和运行费用的节约。

2. 应用案例

（1）项目概况

申菱环境高新区智造基地研发大楼位于顺德高新区（杏坛），占地 200 亩，园区为集智能制造、智慧办公于一体的现代化绿色生态园区。园区包含有厂房、综合楼和研发楼等建筑，涵盖生产、办公、研发、宿舍等功能，此次申报"零能耗建筑"标识的范围为研发楼，研发楼总建筑面积 22795.32m²，建筑高度 28.95m，地上 6 层，主要功能为办公研发。

（2）空调系统设计

申菱环境高新区智造基地研发大楼采用超大温差水蓄冷高效制冷机房系统，冷冻水系统设计供回水温度 4℃/17℃，制冷机房系统全年目标能效比达到 5.5+（水蓄冷工况）。空调末端风机盘管采用超大温差串联逆流、直流无刷电机技术，可实现大温差及无级调速变风量运行。新风机采用 EC 风机，新风干管设置变风量控制器，可根据室内二氧化碳浓度传感器调节新风量大小，实现按需供应新风量，同时新风机组根据竖井内风压变频，自动调节风机频率，进而调整新风机的总风量，节省新

风冷负荷以及新风风机能耗。空调系统全年能效比≥4.2，实现空调系统节费、节碳、节能运行，系统组成见图7-12。

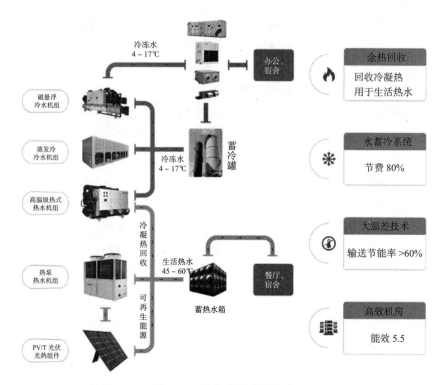

图 7-12　综合能源应用技术

（3）节能效果

根据2022年7月至2023年7月运行数据，该建筑综合节能率为100%，建筑本体节能率为41.47%，可再生能源利用率为100%，满足零能耗建筑要求，经济效益显著。该项目将为夏热冬暖地区近零能耗建筑提供技术示范。

7.2.3　热泵两联供——天氟地水、天水地水技术

1. 技术原理与定义

两联供主要包括两种机型：天水地水、天氟地水。所谓"天水地水"就是户式水机，工作原理是水管系统输送热/冷水到室内，通过室内末端将热/冷水转换为热/冷风的形式，从而为室内供暖。

天氟地水是中央空调和供暖行业的一种热泵两联供产品，把全变频氟系统中央空调和水地暖系统通过控制技术融合成一个系统，实现一机两用，中央空调和地暖二合为一。"天氟地水"概念是由约克VRF厂家青岛江森自控空调有限公司率先提出并注册商标。天氟地水产品中，"天氟"是指房间吊顶内的中央空调室内机末端，室内机里有氟盘管换热器，可进行空调制冷及制热；"地水"是指房间地板下的地

暖盘管水系统，可进行地板辐射供暖。制冷季通过中央空调吹冷风方式供冷，供暖季通过热水盘管地板辐射供暖。

从不同区域的产品分布来看，天氟地水更适合用于长江流域地区，这种机型在夏季制冷时有更好的除湿能力，是未来高端家装的发展方向；天水地水机型在长江流域地区和北方地区皆适用。目前，在北方地区供应量联供较有优势的国产品牌也开始向长江流域等南方市场布局。

天氟地水热泵两联供系统具有节能、舒适的技术特点，可以为夏热冬冷地区及更大范围气候区的建筑性能提升提供合理的技术支撑，也将助力建筑行业"双碳"目标的实现。

2. 方案对比

中国铁建·理想家项目紧邻地铁清源站，区位优势明显，生活配套完善。项目规划共 7 栋主楼 6 种户型，共计 1418 户，全自持租赁型商品房，开创一种全新高标准商品房租赁模式。选取其中一种户型作方案比较，结合当前市场上主流品牌技术参数逐一分析全水分体式两联供机组（以下简称全水分体机）和水氟一体式两联供机组（以下简称水氟一体机）在同等条件下的优劣。

针对同一户型分析的数据显示，水氟一体机制热相对衰减小，3.5HP 外机可满足房间制热需求，全水分体机则需要增大型号至 4HP 能满足需求，且在 –10℃时衰减相对较大。除此之外，还要进行其他些数据的分析和比较：

（1）水氟一体机室内机因采用氟作为冷媒，相比水冷风盘的尺寸更加小巧，机器最薄仅为 192mm，进深最小为 450mm；标配冷凝水提升泵缩小吊顶尺寸，有利于释放更高的空间。

（2）水氟一体机为内置水力模块，节省建筑内部空间，同时减少室内噪声的不良影响。

（3）水氟一体机系统的节能性较好，随着室外环境温度的降低，水氟一体机的供热能力优势越明显。

（4）换热技术，水氟一体机使用套管式换热器各方面数据显示优异，板式换热器经过长距离换热效率低。

（5）水氟一体机系统无须储水箱；全水分体机的管路中需配置储水箱，其缺点为：

1）水箱占用室内空间；

2）水箱内部配电加热耗能高；

3）如不加水箱，一旦系统内亏水，散热效率下降。

（6）水氟一体机夏季制冷冷媒热交换与冬季制热直接交换效率略高，且盘管与地暖在冬季互补。而全水系统需要进行水氟换热且需泵送能耗大，效率低。

7.2.4　基于模型预测控制（MPC）运行节能技术

当前多联机系统大多采用定蒸发温度的控制策略，即在控制室内机空气处理过程中保持恒定的蒸发温度。该蒸发温度保证同一系统内任意一台室内机在满负荷情况下均能提供足够的制冷能力。然而全年实际大部分情况下室内机处于非满负荷状态运行。大多数时间内室内机实际输出的冷量均超出房间所需的冷负荷，由于室内机输出与冷负荷的不匹配，出现室内过冷的问题，因此室内机会频繁启停开机。室内机的过输出是由于过高的冷凝温度（制热工况）或过低的蒸发温度（制冷工况）导致的，未使系统运行在满足负荷情况下的最佳能效点，该现象导致设备运行能耗浪费。由此看来，目前空调设备仍未充分利用变频设备的能力实现更加高效的运行。

解决该问题的主要方法是采用变蒸发温度＋变风量（自动风挡）的控制策略，在部分负荷工况下提高蒸发温度和调节风量使室内机能力输出匹配冷负荷，避免频繁启停。实现变蒸发温度＋变风量控制策略的节能控制，需要解决以下两个主要问题：①建筑负荷的获取；②合适的系统控制策略来匹配负荷。目前主要通过室内机吸入空气温度与此时设定温度的温差来计算室内要求的能力，但是该差值并不能真实反映室内达到设定温度时的负荷大小。另外，建筑实时负荷获取存在难度。

MPC 运行节能技术通过建筑围护结构传热特性与换气特性识别、建筑围护结构蓄热特性等技术识别空间特性，对空间负荷解耦实现准确判断空间传热负荷。多联机系统所有室内机根据温度下降速率、建筑热工特性参数，计算出冷媒蒸发温度和风量要求。室外机根据各室内机所需要的冷媒温度，优先满足冷媒温度需求最低的室内机，并把该冷媒温度提供给所有室内机。最后，每台室内机根据当前室外机提供的冷媒温度，室内外机自动适应自身的风量和流经室内机的冷媒流量，并捕捉温度变化规律对室内机风挡进行动态调节，以实现对室内温度的精准调节。数据证明，对比传统多联机控制技术，在相同运行时间内，采用 MPC 技术的室内机可以实现控制室温缓慢下降，趋于目标设定温度，而非进入达温待机状态。第三方的数据显示，MPC 运行节能技术通过实现冷媒温度、室内机风量和冷媒流量三重变频控制至少可以节能 20%，在保证室内舒适性的同时大幅提升系统运行能效，实现节能减碳。

7.3　可再生能源新技术

面对日益严重的能源短缺与环境污染挑战，超低能耗建筑的设计理念应运而生，其中可再生能源的广泛应用成为关键。特别是太阳能以其丰富的资源和无污染转化的特性，在可再生能源中占据主导地位，成为备受推崇的绿色能源之一。

当前，太阳能技术在超低能耗建筑中的应用主要是以供电系统的形式展现。而在这一领域中，光储直柔与风光互补发电技术无疑是两大璀璨的明星。它们凭借卓越的能效和环保特性，为建筑行业的可持续发展注入强大的动力，成为推动绿色建筑向前迈进的重要力量。

7.3.1　光储直柔技术

1. 技术原理与定义

"光储直柔"等新型电力技术已得到大量关注和政策支持。国务院下发的《国务院关于印发 2030 年前碳达峰行动方案的通知》中明确提出，终端用能电能替代和建设光储直柔建筑。住房和城乡建设部在《"十四五"绿色节能与绿色建筑发展规划》中提出，要大力发展建筑光伏并建设采用光储直柔新型电力系统技术的柔性用能建筑。

光储直柔技术，其核心在于将光伏发电、储能、直流配电和柔性用电四大要素融合于建筑之中。其中，"光"是指充分利用建筑表面安装的光伏组件，将太阳能辐照资源转化为电能，使建筑从单纯的能源消费者转变为生产者；"储"则是利用多样化的储能技术，如电储能、热储能等，实现建筑产能和用能的智能储存与使用；"直"意味着建筑采用低压直流配电系统，不仅能够提升供电质量，方便接入分布式能源，还能有效提高用电效率；"柔"则是指建筑的柔性用能特性，它能够平衡建筑用能和可再生能源产能的波动性和不确定性。简单来说，"光储直柔"是指通过光伏等可再生能源发电、储能、直流配电和柔性用能来构建适应碳中和目标需求的新型建筑配电系统（或称建筑能源系统），如图 7-13 所示。

简而言之，光储直柔技术是通过集成光伏发电、储能、直流配电和柔性用能等要素，构建适应碳中和目标需求的新型建筑配电系统（或称为建筑能源系统），为建筑行业的绿色转型提供强有力的技术支持。

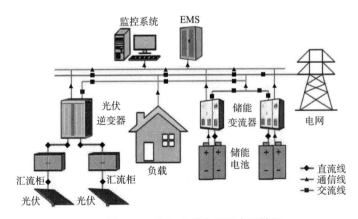

图 7-13　建筑光储直柔配电系统图

2. 技术特点与优势

近年来，"光储直柔"建筑概念逐渐崭露头角，被认为是协同能源供给侧发展、有效降低建筑碳排放的重要技术路线之一。其特点在于利用零排放的光伏发电作为主要能源供应，通过直流配电减少交直流转换过程中的能量损耗，从而显著降低建

N

N

 超低能耗、近零能耗建筑设计与施工指南

筑总能耗。同时，分布式储能与柔性用电技术的结合，使得光伏发电与建筑用能曲线实现高度匹配，确保建筑能够高比例地使用绿色电力，进而实现低碳甚至零碳排放的目标。

"光储直柔"技术具有广泛的适用性，不仅适用于我国大部分地区，特别是太阳能资源丰富的北方严寒、寒冷地区，以及夏热冬冷（除四川盆地）和夏热冬暖地区，其应用范围也在逐步拓展。从新建建筑到既有建筑，从城市办公建筑到商业建筑、校园、产业园区及农村住宅，其应用规模正在不断扩大。在校园、产业园区等规模化应用场景中，该技术更是展现出巨大的发展潜力。在建筑中的应用方面，直流化的成熟应用场景已涵盖照明、空调、IT类办公设备及监测展示设备、家用电器和充电桩等多个领域。

当前，建筑屋顶安装的高效单晶硅组件的BAPV形式仍是光伏利用的主流方式。随着光伏技术的不断进步，光伏组件的色彩、形状及透光性能将越来越适应建筑美观的需求，同时组件的效率也将逐步提高，成本逐渐下降。未来，建筑外立面的BIPV光伏形式有望成为屋顶光伏的重要补充，为建筑提供更多的绿色能源选择。

3. 应用实践与案例

位于山西省南部的东禾村，沐浴在充沛的阳光下，以其丰富的太阳能资源成为发展清洁能源的理想之地。作为光伏资源Ⅱ类地区，东禾村每年享受着高达1500h的光照时间，为清洁能源的普及和应用提供得天独厚的自然条件。与此同时，村内屋顶资源的丰富和周边广袤的荒地，总面积达320万平方米，为分布式光伏的安装提供了绝佳的基础。

在这里率先应用了低压直流供用电技术，精心打造了"光储直柔"系统，并结合东禾村的实际情况开展了低压直流负荷群的示范应用，如图7-14所示。这一创新举措不仅标志着国内首个基于乡村的"光储直柔"分布式发电低压直流系统的诞生，更为能源革命和碳达峰、碳中和的"3060"目标贡献了实质性的农村电力系统方案。

图7-14 村内建筑屋顶（部分已完成光伏板安装）

184

东圻村的"光储直柔"系统预计年发电量将达到惊人的 750 万度电。该系统采用"自发自用,余电上网"的模式,确保村民能够优先使用光伏发电,从而降低对外部电网的依赖,显著减少农民的电费支出,甚至为他们带来额外的售电收入。预计每年能为农民带来 300 万元的经济收益,极大地提升了村民的生活水平,如图 7-14 所示。

此外,该系统的稳定运行还为电网带来稳定的购电售电收益,促进电力市场的健康发展。这一项目的成功实施,不仅实现了能源的高效利用和环境保护,还推动了当地经济的可持续发展,实现了社会、经济和环境的多赢。东圻村光储直柔系统的案例,将激励更多地区探索和实践清洁能源的发展道路,共同迈向绿色、低碳的未来。这一典范展示了清洁能源在农村地区的巨大潜力和广阔前景,为能源革命和可持续发展注入新的活力。

4. 发展面临的问题和挑战

尽管"光储直柔"技术为建筑领域在实现碳达峰、碳中和目标带来弯道超车的机会,显著提升了可再生能源的利用效率,并解决风光发电的安装空间及调蓄能力等技术难题,但其在建筑领域的集成应用仍处于初期探索阶段,面临诸多阻碍和挑战。

目前,"光储直柔"技术在我国建筑领域的应用尚处于试点阶段,尚未形成可广泛复制和推广的标准化案例。现有落地项目多集中在东部沿海地区的公共建筑,其示范效应尚显不足,市场关注度较低,产业聚集度有待提高。同时,缺乏明确的政策指导和激励措施,建筑业主和开发商在采用该技术时持观望态度,难以激发市场主体的参与热情。此外,政策的不稳定性和不一致性也可能影响投资者对技术的信心。

随着"光储直柔"技术在建筑领域的逐步普及,相关标准体系的建设也显得尤为迫切。当前,行业内对于技术的使用和生产标准尚未完善,缺乏统一的安全标准和认证体系,这在一定程度上阻碍了技术的推广和应用。市场上设备元件的质量参差不齐,建筑低压直流配用电的生态环境尚未成熟,可能导致系统间的兼容性问题,增加技术集成和部署的复杂性。虽然国际标准组织已开始关注标准化工作,但仍需进一步加强相关标准设立和配套产业的提升。

此外,光伏、储能、直流配电等技术在建筑领域的应用仍需深入研究和优化。简单地将这些技术从其他领域移植到建筑领域并不能满足复杂的建筑用电需求。在建筑设计阶段,需充分考虑储能电池的存储空间、散热及安全问题,结合光伏建筑的特点,以更好地匹配建筑用电负荷特性。

成本问题也是制约"光储直柔"技术广泛应用的重要因素。受稀缺材料影响,相关设备价格波动频繁,降本压力大。同时,技术的软硬件系统尚需不断迭代升级,成本难以控制。目前,"光储直柔"技术的投入高度依赖政策补贴,后期收益不明显,维护费用不清晰,尚未形成可持续的商业模式。随着新型材料的不断涌现和光伏技术的快速发展，未来有望突破成本瓶颈，进一步推动该技术的市场应用。

7.3.2 风光互补发电

随着经济的蓬勃发展，能源消耗逐年攀升，常规能源日渐枯竭，对可再生新型清洁能源的渴求愈发迫切。在众多可再生能源与新能源技术开发中，风能和太阳能以其无尽的储量和巨大的开发潜力脱颖而出，成为最具前景的可再生能源。近年来，光伏和风力发电成本快速下降，而传统能源成本逐年攀升，这使得风光互补供电系统展现出广阔的应用前景。

目前风光互补独立供电系统主要应用于偏远地区及负荷需求较小的地方。其特点在于完全依赖太阳能和风能作为电力来源，并配备蓄电池组作为储能装置，以应对自然资源无法满足负荷需求的情况。值得一提的是，太阳能与风能在时间和地域上具有天然的互补性，这种特性使得风光互补发电系统能够更加稳定、高效地提供电力供应，为偏远地区和特定用户提供可靠的能源解决方案。

1. 技术原理与定义

风光互补发电系统，是一种集成风能、太阳能及蓄电池等多种能源发电技术与系统智能控制技术的复合可再生能源发电系统。其核心组成部分包括风力发电机组、太阳能光伏电池组、控制器、蓄电池、逆变器以及交流直流负载等，如图 7-15 所示。

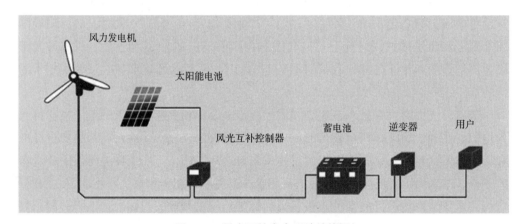

图 7-15　风光互补发电系统结构图

在风力发电部分，系统利用风力机将风能高效转换为机械能，再通过风力发电机将机械能转化为电能。这部分电能通过控制器对蓄电池进行充电，并在需要时通过逆变器为负载提供稳定的交流电。

光伏发电部分则利用太阳能电池板的光伏效应，将光能直接转换为电能。同时，这部分电能也用于对蓄电池充电，并在需要时通过逆变器转换为交流电，为负载供电。

逆变系统由多台逆变器组成，它的主要任务是将蓄电池中的直流电转换为标准的 220V 交流电，确保交流电负载设备的正常运行。同时，逆变系统还具备自动稳压功能，有效提高风光互补发电系统的供电质量。

控制部分是整个系统的"大脑"，它根据日照强度、风力大小以及负载的变化，智能切换和调节蓄电池组的工作状态。在发电量超出负载需求时，控制器将多余的电能送往蓄电池组存储；而在发电量不足时，则自动从蓄电池组中提取电能，保障系统工作的连续性和稳定性。

蓄电池部分由多块蓄电池组成，它既是能量的调节器，又是负载平衡的关键。它将风力发电系统和光伏发电系统产生的电能存储为化学能，以便在供电不足时提供补充，确保整个系统的稳定运行。

通过这样一套高效、智能的系统设计，风光互补发电系统能够充分利用风能和太阳能这两种可再生能源，为偏远地区或特定用户提供稳定、可靠的电力供应。

2. 技术特点与优势

（1）通过合理的设计与匹配，基本上可以实现由风光互补发电系统供电，很少或基本不用启动备用电源，获得较好的社会效益和经济效益。

（2）免除建变电站、架设高低压线路和高低压配电系统等工程，系统成本合理。

（3）具有昼夜互补、季节性互补特点，系统稳定可靠、性价比高。

（4）独立供电，在遇到自然灾害时不会影响全部使用者的用电；低压供电，运行安全、维护简单。利用风能、太阳能的互补性，可以构建比较稳定的输出系统，有较高的稳定性和可靠性。

（5）在保证供电量相当的情况下，可大大减少储能蓄电池的容量；电力设施维护工作量及相应的费用开销大幅度下降。

3. 应用实践与案例

吉林某高校风光互补发电研发中心，坐落于吉林省长春市宽城区吉林建筑大学城建学院新校区内，总建筑面积约 4000m²。该建筑以其超低能耗特性引人注目，其部分电能供应巧妙地采用了风光互补发电系统。这一系统巧妙地将光伏组件安装在工训楼南侧的斜屋面上，利用高达 60° 的倾斜角充分捕捉太阳能；而风力发电机组则威武地伫立在屋顶，随时准备捕捉风能。

在光伏组件方面，研发中心采用保定中泰新能源科技有限公司的高效能 LN240（30）-3.250 型产品，装机容量高达 29.75kWp。将组件巧妙地串联起来，以满足逆变器 MPP 电压 260-850 的要求，共分为 6 个单元，每个单元拥有 4.95kWp 的功率。这些太阳能电池组件所需屋顶面积大约 205m²，却为建筑带来源源不断的绿色能源。

值得一提的是，该项目还采用先进的建筑一体化光伏（BIPV）系统。在建筑设计过程中，光伏组件被巧妙地铺设在建筑结构的外表面，与屋面、天窗、幕墙等完美融合，不仅实现了高效发电，还为建筑赋予独特的绿色环保美观风格。

该研发中心的照明和生活用电主要依赖于屋顶的风光互补式自有电站。经过精确测算，照明和生活年用电量约为 6.7 万 kWh。而屋顶约 200m² 的倾斜屋面上布置了 128 块多晶硅光伏板，总安装功率达到 32kW；同时，屋顶还安装 6 台功率为 3.6kW 的微风力发电机组。这些设备共同发力，每年可提供约 5.7 万 kWh 的发电量，足以满足 85% 的照明和生活用电需求。

该风光互补发电系统采用并网形式，当电力不足时，可以从电网获取补充；而当光照充足或风力强劲时，多余的电能则可以输送到电网中，实现能源的双向流动。经计算，该项目约 90% 照明和生活年用电量的可由太阳能或风能提供，按本地居民电价 0.52 元 /kWh 计算，每年可节省电费高达 34840 元，展现了风光互补发电技术的巨大经济效益和环保价值。

广州市屹立着一座高达 303m、共 69 层的零能源大楼——珠江大厦，如图 7-16（a）所示。这座建筑完全依靠风力与太阳能供电，实现了能源的自给自足。其中，垂直风力涡轮机巧妙地安装在用于紧急避险的设备层，既保证发电效率，又不占用宝贵的办公空间。据数据显示，大厦通道内的风速最高可达到 10m/s，为风力发电提供了有力的条件。

珠江大厦的设计秉承"零能耗"的先进理念，采用一系列创新技术，包括智能型内置遮阳百叶的内呼吸双层道玻璃幕墙、日光控制及光感应照明、冷辐射带需求化通风、高效制冷机房、PLC 空调智控系统、下行势能发电型双层电梯等。此外，风力发电与太阳能光伏发电的建筑一体化设计更是锦上添花，如图 7-16（b）所示，使得这座建筑在节能方面达到 63.2% 的节能率。

（a） （b）

图 7-16　广州珠江城及大厦内的风力发电装置

（a）珠江大厦；（b）大厦内风力发电装置

4. 发展面临的问题和挑战

风光互补发电系统的发展面临多重问题和挑战。其中，发电量和负载之间的同步问题尤为突出。由于风电和光电的资源具有不确定性，导致发电与用电负荷难以实现平衡。特别是在天气不佳的情况下，蓄电池组容易处于亏电状态，这不仅影响蓄电池的使用寿命，还增加系统的运行成本。值得注意的是，蓄电池本身的投资成本较高，频繁更换无疑会加重经济负担。

此外，大型风力发电机对风速要求较高，通常只适用于风力资源丰富的地区。而在风光互补发电系统中，小型风力发电机更具应用潜力。然而，市场上的小型风力发电机以水平轴发电机为主，这类发电机存在维修不便、易折断等问题，并且对风速的要求相对较高。相比之下，垂直轴发电机以其结构简单、维修便利、对风力要求低等优势，显示出更大的发展潜力。

当前，研究和发展风光互补发电系统已成为国家战略，旨在促进可再生能源的消纳，提高能源系统的综合效率，进而推动能源系统的转型。然而，目前我国在多能互补能源系统方面的研究仍处于示范应用阶段，面临诸多技术挑战和市场难题。因此，我们需要加大研发力度，攻克关键技术，推动风光互补发电系统的广泛应用，为我国的可持续发展贡献力量。

第8章

超低能耗案例及增量成本分析

8.1 超低能耗、近零能耗案例分析

8.1.1 钟祥市文化振兴工程——科技馆

1. 工程概况（图 8-1）

（1）项目简介

项目名称：钟祥市文化振兴工程——科技馆

建筑类型：公共建筑

结构形式：钢框架 + 钢桁架 + 预应力拉索结构

建筑面积：8735.07m²

项目地点：湖北省钟祥市

建筑类别：科技馆

建设单位：钟祥新驰建设工程有限公司

设计单位：中南建筑设计院股份有限公司

咨询单位：中南建筑设计院股份有限公司

项目管理：杨冕、蒋乐磊、吴玉雄、田源、熊登、王承宇、陈正红、赵希利

设计人员：李春舫、戴维、伏果、纪晗、吴平、李斌、程欢、马翼龙

咨询成员：谢春娥、史芳源、武新锴、杨雷、程娜

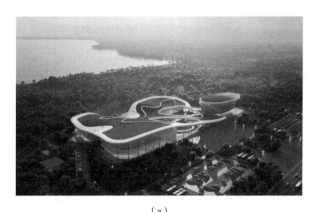

（a）

（b）

图 8-1　项目效果图（一）

（a）项目效果图 1；（b）项目效果图 2

（2）项目概况

该项目位于湖北省钟祥市镜月湖南侧，祥云大道北侧，祥瑞大道中路以东，九五路以西，是钟祥文化振兴工程（包括图书馆、文化馆、档案馆、科技馆、城市综合展厅、其他建筑、地下建筑等建筑）之中的科技馆部分。项目规划总用地面积 117246.17m²，绿地率 36%。其中科技馆部分建筑面积 8735.07m²，地上 3 层，建筑高度 22.5m。该项目属于湖北省重点项目，湖北省首批智能建造试点项目，也是"十四五"零碳建筑科技示范工程，达到近零能耗建筑设计要求，并已成功申报近零能耗建筑。该项目基于全生命周期管理 PLM 平台（Product Lifecycle Management），营造了良好的室内外环境，并显著降低运行能耗。融合高性能围护结构等被动式设计技术，结合高效的空调系统，设置能耗监测平台，在满足各房间用能需求的同时实现智慧高效运行。科技馆整体满足《近零能耗建筑技术标准》GB/T 51350—2019 设计要求，建筑本体节能率达到 30.35%，综合节能率达到 100%，采用 2 级节水器具，节水率达到 10%。同时，充分利用可再生能源，采取 BIPV 光伏一体化形式设太阳能光伏，光伏发电量达到 51.40 万 kWh/ 年，绿化覆盖面积高达 36%，改善场地微气候，减少城市热岛效应。

（3）建筑平面图（图8-2）

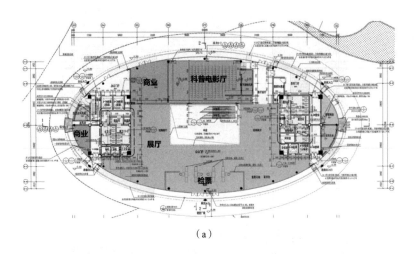

（a）

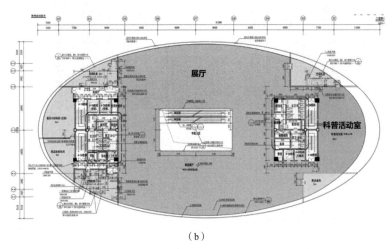

（b）

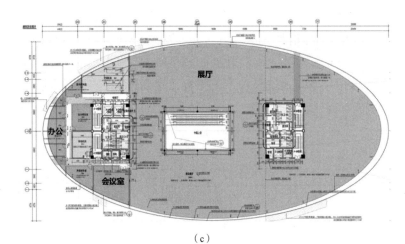

（c）

图8-2 建筑平面图（一）

（a）建筑一层平面图；（b）建筑二层平面图；（c）建筑三层平面图

2. 项目指标要求及定位

该项目按照《近零能耗建筑技术标准》GB/T 51350—2019 中关于夏热冬冷地区近零能耗建筑能效指标要求，即需满足建筑综合节能率 ≥ 60%，建筑本体节能率 ≥ 20%，可再生能源利用率 ≥ 10%。

3. 超低能耗建筑技术方案

（1）建筑本体节能设计

1）整体布局：该项目位于钟祥市镜月湖南侧，钟祥南站以北，祥瑞大道中路以东，九五路以西。聚焦城市发展和用地特征，以"文化门户、生态 T 台、动力之源"为核心驱动力，打造城市文化会客厅。一层主要功能房间为科普电影厅、商业、展厅、检票、贵宾休息室等；二层主要功能房间为展厅、科普活动室等；三层主要功能房间为办公室、会议室、图书资料室、展厅等。

2）体形系数：0.12。

3）窗墙面积比：南 0.19；北 0.17；东 0.17；西 0.18。

4）自然通风、自然采光：项目整体布局充分考虑风向影响，响应主导风，夏季以防热、通风降温为主，冬季以防止冷风渗透为主。通过不同季节的风环境模拟，微调建筑布局和屋盖造型，使人行区域位于风舒适区，从而在防风和通风之间取得平衡。科技馆富有科技感的碗状造型能够形成很好的自遮阳，在保障天然采光的同时避免夏季阳光入射和眩光，降低空调负荷。建筑首层玻璃幕墙主要外门的上方设电动开启扇，二层无外窗，三层外窗全部设手动开启扇，通过建筑内部的中庭形成良好的通风路径。

（2）围护结构节能设计

屋面：采用 100mm 厚岩棉板 +50mm 厚玻璃丝棉毡，屋面传热系数为 0.32W/（m² · K）。

外墙：采用 100mm 厚岩棉板，外墙传热系数为 0.45W/（m² · K）。

外窗：采用隔热铝合金 65 系列平开（24mm 隔热条）[6Low-E 单银 +12A+5+12A+6（高透 Ⅱ 型）暖边]，整窗传热系数为 1.8W/（m² · K）。

挑空楼板保温：采用 100mm 厚岩棉板，挑空楼板传热系数为 0.44W/（m² · K）。

（3）气密性设计

该项目的建筑气密性遵循《近零能耗建筑技术标准》GB/T 51350—2019 中关于气密性设计施工的要求（图 8-3）。铝单板幕墙采用 3mm 厚铝单板（3mm 氟碳喷涂，三涂两烤），保温材料采用 100mm 厚 180kg/m³ 保温岩棉，背板采用 10mm 硅酸钙板（A 级防火）拟合曲面，内侧抹灰处理，兼作气密层。幕墙气密性能等级为现行国家标准《建筑幕墙、门窗通用技术条件》GB/T 31433 中的 3 级。

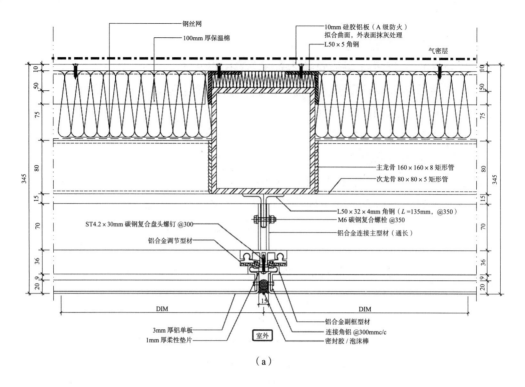

（a）

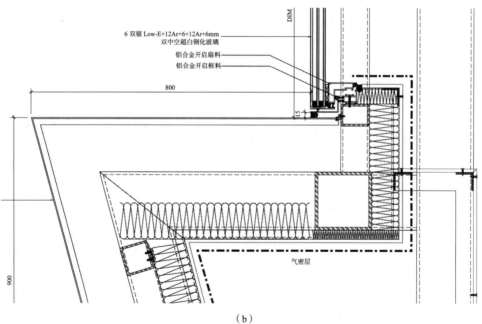

（b）

图 8-3　气密性层示意图

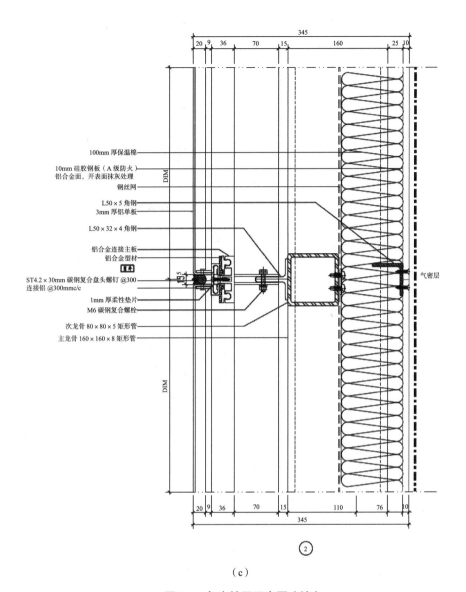

100mm 厚保温棉
10mm 硅胶钢板（A 级防火）
铝合金面，开表面抹灰处理
钢丝网
L50×5 角钢
3mm 厚铝单板
L50×32×4 角钢
铝合金连接主板
铝合金型材
ST4.2×30mm 碳钢复合盘头螺钉 @300
连接铝 @300mmc/c
1mm 厚柔性垫片
M6 碳钢复合螺栓
次龙骨 80×80×5 矩形管
主龙骨 160×160×8 矩形管

气密层

（c）

图 8-3 气密性层示意图（续）

（4）无热桥设计

该项目门、窗通过增加隔热垫块、保温隔热设计处理等方式（图 8-4），最大限度地降低室内外冷热能量的传递速度，在节能的同时保证室内温度场均匀分布，创造更舒适的室内环境。

（5）暖通空调设计

该项目暖通空调冷热源及系统形式：采用集中式水 - 空气中央空调系统，根据经济、可靠、适用、节能、环保的原则，结合该项目的建筑特点及使用功能，空调冷热源采用一体式双冷高效冷水（热泵）机组，名义工况单台制冷量 1706kW，制热量为 1275kW，名义工况 *COP* 为 6.33，名义工况 *IPLV* 为 7.06。内置高效离心式

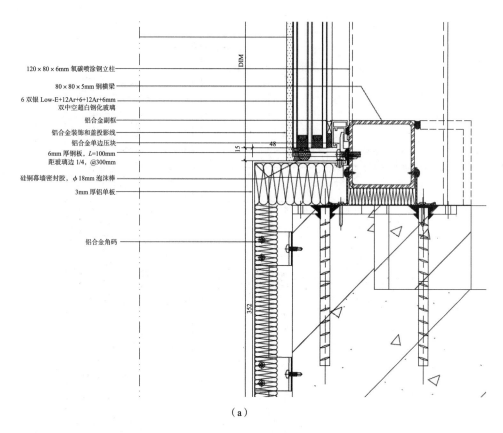

120×80×6mm 氧碳喷涂钢立柱
80×80×5mm 钢横梁
6 双银 Low-E+12Ar+6+12Ar+6mm 双中空超白钢化玻璃
铝合金副框
铝合金装饰和盖投影线
铝合金单边压块
6mm 厚钢板，L=100mm 距玻璃边 1/4，@300mm
硅铜幕墙密封胶，φ18mm 泡沫棒
3mm 厚铝单板
铝合金角码

（a）

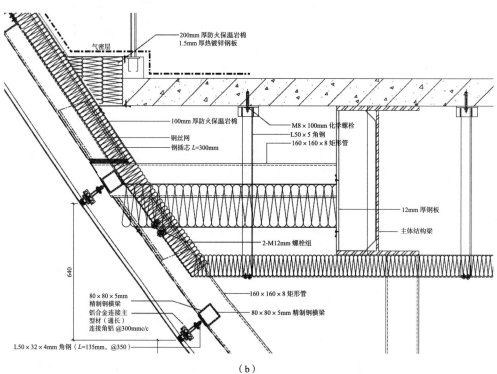

气密层
200mm 厚防火保温岩棉
1.5mm 厚热镀锌钢板
100mm 厚防火保温岩棉
钢丝网
钢插芯 L=300mm
M8×100mm 化学螺栓
L50×5 角钢
160×160×8 矩形管
12mm 厚钢板
主体结构梁
2-M12mm 螺栓组
160×160×8 矩形管
80×80×5mm 精制钢横梁
80×80×5mm 精制钢横梁
铝合金连接主型材（通长）
连接角铝 @300mmc/c
L50×32×4mm 角钢（L=135mm，@350）

（b）

图 8-4　无热桥门窗、楼板、屋面处理示意图

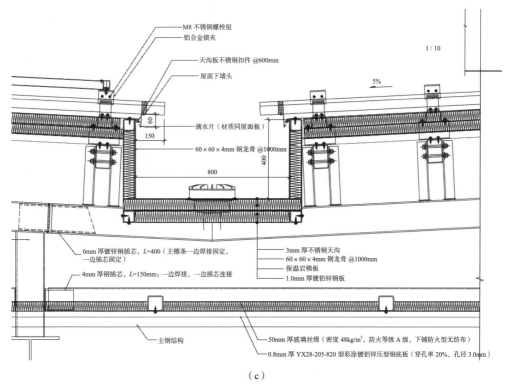

图8-4 无热桥门窗、楼板、屋面处理示意图（续）

变频水泵，水泵效率≥82%。优于《近零能耗建筑技术标准》GB/T 51350—2019中压缩循环冷水（热泵）机组中制冷性能系数3.40的要求。

高效热回收新风系统：展厅采用大风量空调机组＋低速风道的一次回风全空气系统，服务大厅采用温控旋流风口顶送风，下部集中回风；活动室、电影厅、办公室等小房间采用风机盘管＋新风系统，风盘采用双层百叶风口侧送风或方形散流器顶送风，门铰式百叶风口顶部回风。空调机房、新风机房位置靠近服务区域，减少风道长度。所有全空气空调系统过渡季节可全新风运行，最大新风量为系统风量的60%。新风热回收采用全热回收，全热回收交换率不低于70%。全空气空调机组均为变频空调机组，在人员密度较高、流量集中且随时间变化较大的空间，如展厅、观众厅等大空间空调机组回风管内设置二氧化碳传感器，根据室内污染物浓度控制新风阀和回风阀开度。一次回风全空气系统中设置初效过滤器，风机盘管回风口处设置回风口空气净化器（初效过滤网＋静电除尘模块＋等离子催化网），从而充分保证室内环境卫生需求。

（6）可再生能源设计

该工程在屋面设置光伏面积2329.58m²，在平面图上为深色部分（图8-5），装机容量为499.95kW。据测算，光伏系统全年发电量约为51.38万kWh。项目全年总能耗约为39.63万kWh，实现可再生能源利用率为112.57%。

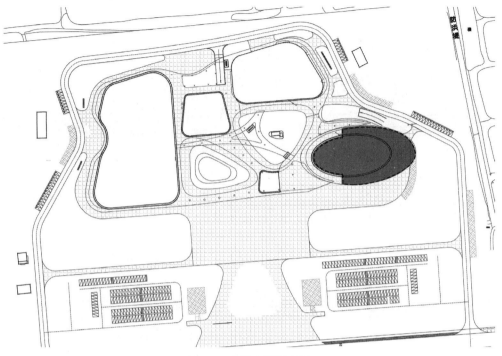

图 8-5　光伏布置示意图

（7）能效指标计算结果

该项目建筑能耗计算采用 PKPM-PHEnergy 分析软件，经模拟计算，结果如表 8-1、表 8-2 所示，能效指标结果为：建筑本体节能率 30.35%，建筑综合节能率 100%，可再生能源利用率 112.57%，满足《近零能耗建筑技术标准》GB/T 51350—2019 中关于夏热冬冷地区近零能耗公共建筑能效指标的要求。

建筑总能耗分析汇总　　　　　　　　　　　　表 8-1

能耗类型	设计建筑		参考建筑	
供暖空调（kWh）	E1, Hvac	143545.33	E0, Hvac	284344.04
照明能耗（kWh）	E1, Lt	140085.02	E0, Lt	165073.89
电梯能耗（kWh）	E1, transp	69147.68	E0, transp	76064.65
通风机能耗（kWh）	E1, fan	43534.5	E0, fan	43534.5
可再生能源能耗（kWh）	E1, r	513868.61	E0, r	0
建筑总能耗（kWh）	E1, all	0	E0, all	570436.77
单位面积能耗（kWh/m²）	E1, all/A	0	E0, all/A	65.14

能效指标　　　　　　　　　　　　　　　　　　　表 8-2

指标	设计建筑	基准建筑	限值	结论
建筑能耗综合值（kWh/m².a）	0.00	169.78	—	满足设计要求
建筑本体节能率	30.35%	—	≥ 20%	
建筑综合节能率	100%	—	≥ 60%	
可再生能源利用率	112.57%	—	≥ 10.00%	

4. 项目标识

（1）近零能耗标识（图 8-6）

图 8-6　项目近零能耗标识（一）

（2）"十四五"零碳建筑示范（图 8-7）

图 8-7　项目科技示范工程

8.1.2 重庆国际生物城配套公寓工程 7 号楼

1. 工程概况（图 8-8、图 8-9）

（1）项目简介

项目名称：重庆国际生物城配套公寓工程 7 号楼

建筑类型：公共建筑

结构形式：剪力墙

建筑面积：23191.62m²

项目地点：重庆市巴南区木洞镇松子村

建筑类别：酒店式公寓

建设单位：重庆国际生物城开发投资有限公司

设计单位：中国华西工程设计建设有限公司、重庆源道建筑规划设计有限公司

咨询单位：重庆市斯励博工程咨询有限公司

咨询团队成员：叶剑军、张梅、刘颉、傅瑶、王琪、黄彬桓、刘法港、谢林肖

（a）

（b）

图 8-8　项目效果图（二）

（a）项目效果图 1；（b）项目效果图 2

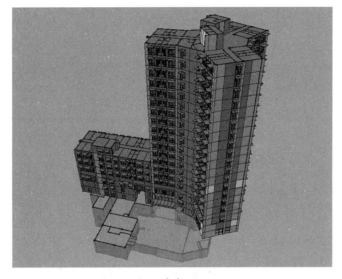

（a）

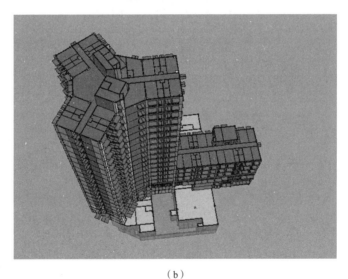

（b）

图 8-9　项目模型图（一）

（a）项目模型图 1；（b）项目模型图 2

（2）项目概况

该项目为重庆国际生物城配套公寓工程，位于重庆市巴南区木洞镇松子村，采用框架 - 剪力墙结构，规划设计为集公寓、酒店等功能于一体的高层公共建筑，为重庆国际生物城建设发展三年行动计划提供基础建设支持的市重点项目。该项目总用地面积 40290m²，总建筑面积 159426.07m²，本次近零能耗建筑实施范围为重庆国际生物城配套公寓工程 7 号楼，建筑高度 74.5m，地上 18 层，地下 2 层，总建筑面积 23191.62m²（示范建筑面积 23191.62m²），建筑主要功能分区包括客房、公共区、办公区、后勤服务区等。项目目前处于施工阶段。

（3）建筑平面图（图 8-10）

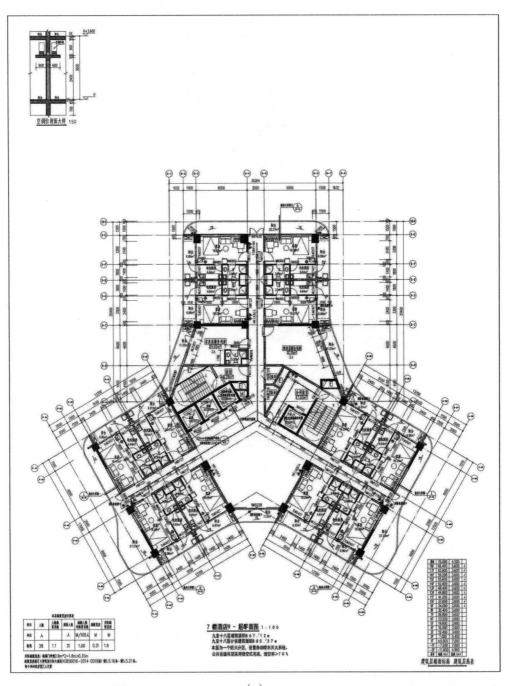

（a）

图 8-10　建筑平面图（二）

（a）建筑一层平面图

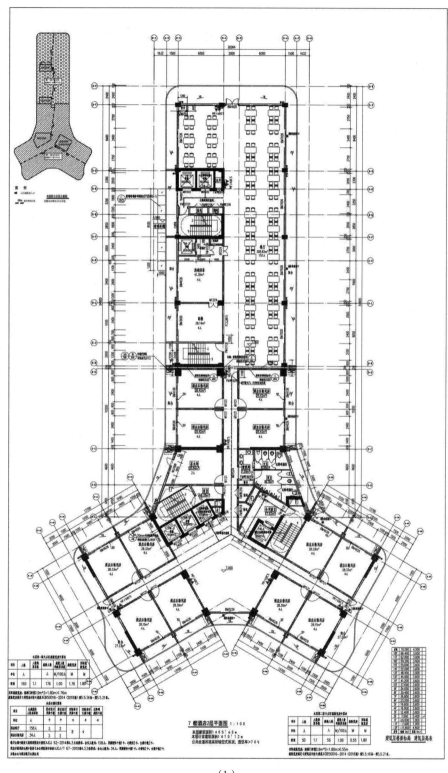

（b）

图 8-10　建筑平面图（二）（续）

（b）建筑二层平面图

2. 项目指标要求及定位

该项目按照《近零能耗建筑技术标准》GB/T 51350—2019 中关于夏热冬冷地区近零能耗建筑能效指标要求，即需满足建筑综合节能率≥ 60%，建筑本体节能率≥ 20%，可再生能源利用率≥ 10%。

3. 超低能耗建筑技术方案

（1）建筑本体节能设计

该项目主要示范特点：采用被动式、主动式、可再生能源三种节能技术。在被动式技术上，将绿色低碳理念充分融入建筑本体设计之中，保障所有功能房间均 100% 外窗可开启，保证了自然通风效果，减少过渡季启动空调的时间，从而降低供暖空调能耗；透明幕墙及外窗采用三玻两腔的节能型玻璃，将外窗传热系数控制在 1.9W/m² · K，远低于标准推荐值，通过建筑布局设计，确保自然采光的效果，减少人工照明时间与照明能耗，注重无热桥设计和气密性提升处理，增加建筑的保温性能与建筑寿命。在主动式技术上，空调系统选用高性能集中式空调，大幅度提升设备用能效率；采用新风热回收系统，减少热交换的能量损失；电梯、灯具等电器产品通过选用变频可调、能量回收的节能产品，同时优化控制措施，妥善挖掘电梯和照明系统的节能潜力。

（2）围护结构节能设计

屋面：采用难燃型挤塑聚苯板（88.0mm），屋面传热系数为 0.36。

外墙：蒸压加气混凝土砌块 526 ~ 625（外墙灰缝≤ 3mm）（250.0mm）+ 增强型改性发泡水泥保温板 A 型（20.0mm），外墙传热系数为 0.70。

挑空楼板传热系数：岩棉板（垂直纤维）（50.0mm），传热系数为 0.89。

幕墙：隔热铝合金型材多腔密封 K_f=5.0[W/（m² · K）]（窗框窗洞面积比 20%）（6 高透光 Low-E+12Ar+6 透明 +12A+6 透明），传热系数为 1.90W/（m² · K）。

建筑围护结构热工性能见表 8-3。

建筑围护结构热工性能（酒店式公寓） 表 8-3

传热系数	数值（W/m² · K）
屋面传热系数	0.36
外墙传热系数	0.70
挑空楼板传热系数	0.89
幕墙传热系数	1.9
太阳得热系数	0.15（夏季）/0.40（冬季）

（3）气密性设计

该项目门窗部位的气密性从材料和构造方面进行了保障。在材料上，采用高气密性外门窗，幕墙气密性不低于 3 级，外窗气密性不低于 7 级，外门气密性不低于 7 级。洞口的室外一侧铺贴防水透汽膜，室内一侧铺贴防水隔汽膜，以防止薄弱部位的水汽渗漏。防水透汽膜和隔汽膜的搭接在混凝土侧不小于 50mm，在窗框侧不小于 20mm。

隔汽膜的主要作用是阻止水汽渗透到幕墙内部，从而提高幕墙的防水性能。在一定程度上，隔汽膜也可以起到气密性作用，减少外部空气的渗透，隔汽膜并不是主要用于提高气密性的材料，其主要作用是防水隔汽。透汽膜的作用是在保持防水的同时，调节室内外空气的流通，保持室内空气清新，改善室内环境。

该项目同时对穿墙洞口进行气密性处理，管道与洞口之间的缝隙用耐候密封胶填充。室内侧采用防水隔汽膜粘贴，室外侧采用防水透汽膜粘贴。隔汽膜与透汽膜在管道和墙体上的搭接长度均不小于 40mm。

对于出屋面管道，伸出屋面外的管道设置 PVC 套管进行保护，套管与管道之间填塞保温岩棉。室内侧采用防水隔汽膜粘贴，隔汽膜在管道和墙体上的搭接长度不小于 40mm。管道与洞口之间的缝隙用耐候密封胶填充。

（4）无热桥设计

玻璃幕墙、外窗锚固采用断热桥锚栓，屋面采用倒置式做法，为避免出现结构性热桥，女儿墙与屋面连接处采用难燃型挤塑聚苯板进行包覆，保温层与屋面、墙面保温层连续，保温层内设置防水隔汽层。对于出屋面立管，在室外侧采用灌注保温岩棉进行包裹，减少热桥影响。立管上方灌注保温岩棉的边界采用抗裂砂浆填充，外刷两道聚氨酯防水层。

该项目尽量避免在外墙上安装开关、插座线盒，确需安装时进行有效的气密性处理。位于钢筋混凝土墙体上的开关、插座线盒采取预埋方式设置；位于砌体墙上的开关、插座线盒在砌筑时预留孔槽，安装线盒时先用石膏灰浆封堵孔槽，再将线盒底座嵌入孔位内使其密封。预埋电线管套管内穿线完毕后使用密封胶封堵开关、插座等处的管口，密封胶封堵深度不小于 30mm。套管内穿线完毕后采用密封胶对开关、插座的管口进行有效的封堵。

（5）暖通空调设计

1）冷热源

该项目采用的冷热源为模块式风冷热回收机组和模块式风冷热泵机组。−1～5层空调系统采用 1 台名义制冷量为 70.4kW、名义制热量为 85.5kW、名义热回收量 100kW 的模块式风冷热泵热回收机组，7 台名义制冷量为 132kW、名义制热量为 141kW 模块式风冷热泵机组；6～18 层空调系统采用 2 台名义制冷量为 70.4kW、名义制热量为 85.5kW、名义热回收量 100kW 的模块式风冷热泵热回收机组，5 台名义制冷量为 132kW、名义制热量为 141kW 模块式风冷热泵机组。具体参数详见表 8-4。

冷热源设备参数（酒店式公寓）　　　　　　　表 8-4

序号	设备型式	制冷量（kW）	制热量（kW）	热水水温进/出（℃）	数量（台）	能效比（COP）	服务区域
1	模块式风冷热回收机组	70.4	85.5	15/55	3	4.75	酒店
2	模块式风冷热泵机组	132	141	40/45	12	4.21	酒店

2）环境一体机选型

①新风热回收

该项目新风机组带热回收装置，热回收效率70%。

②二氧化碳监测联动

该项目新风机组带二氧化碳及PM2.5监测功能。当二氧化碳浓度超过设定的阈值时，系统会自动调节新风系统，将室内空气中的二氧化碳浓度降低到合适的范围内。

③高效过滤

该项目新风机组风机为二级能效，带有高效过滤器，且过滤器对大于或等于0.5μm细微粒物的过滤效率大于60%。

（6）可再生能源设计

该项目在建筑屋面设置太阳能光伏发电系统（图8-11），光伏组件安装总面积约为3301m²，年发电量约为525503kWh，项目屋顶光伏方阵采用600Wp单晶硅电池组件，该项目采用自发自用余电上网的供电形式，分布式光伏发电供建筑用电负荷，不足部分由公共电网补充。该项目光伏系统可安全、稳定可靠地运行，并通过先进的显示与监控系统实时监控光伏系统运行状况及数据。

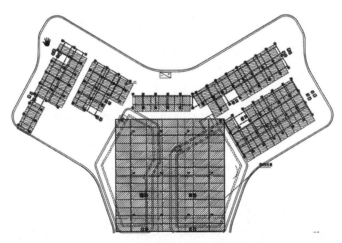

图8-11　局部光伏布置示意图（一）

（7）能效指标计算结果

PKPM超低能耗计算结果（酒店式公寓）　　　　　表8-5

指标	设计建筑	基准建筑	限值	结论
建筑综合能耗值（不含可再生能源发电）（kWh/m²·a）	158.79	239.62	—	满足设计要求
建筑综合能耗值（kWh/m²·a）	78.77	239.62		
建筑本体节能率	33.98	—	≥20.00%	
建筑综合节能率	67.13	—	≥60.00%	
可再生能源利用率	77.45	—	≥10.00%	

经计算（表 8-5），该项目建筑综合节能率为 67.13%，建筑本体节能率（不包含可再生能源）为 33.98%，可再生能源利用率 77.45%，满足《近零能耗建筑技术标准》GB/T 51350—2019 中的近零能耗建筑能效指标要求。

（8）增量成本

从相关市场了解到，空调系统更换指导价为 600000 元 / 台，电梯能量回馈装置指导价为 45000 元 / 台，生活热水采用空气源热泵指导价为 100000 元 / 台，新风热回收系统指导价为 7000 元 / 台，可再生能源（例如光伏发电系统）指导价为 800 元 /m²，气密性和无热桥设计及实施指导价为 8 元 /m²，因此该项目增量成本总额为 310.49 元 /m²。该项目的增量成本如表 8-6 所示。

<table>
<tr><td></td><td colspan="6" style="text-align:center">增量成本（酒店式公寓）</td><td style="text-align:right">表 8-6</td></tr>
<tr><td>项目</td><td>空调系统
形式更换</td><td>新风热回
收设备</td><td>电梯能量回
馈装置</td><td>生活热水采用
空气源热泵</td><td>气密性和无热
桥设计及施工</td><td>可再生能源（太
阳能光伏系统）</td><td>总计</td></tr>
<tr><td>增量成本
（元 /m²）</td><td>51.74</td><td>78.48</td><td>7.76</td><td>38.81</td><td>8.00</td><td>125.70</td><td>310.49</td></tr>
</table>

（9）近零能耗标识（图 8-12）

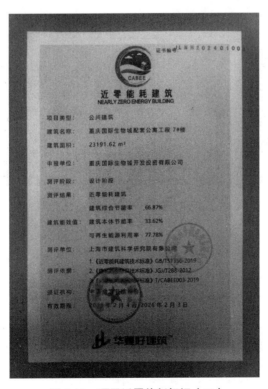

图 8-12　项目近零能耗标识（二）

8.1.3 岳麓山实验室集聚区（农科院片区）B-2# 栋成果展示中心

1. 工程概况

（1）项目简介（图 8-13、图 8-14）

项目名称：岳麓山实验室集聚区（农科院片区）B-2# 栋成果展示中心

建筑类型：公共建筑

结构形式：框架结构

建筑面积：4744.26m²

项目地点：湖南长沙

建筑类别：办公建筑

建设单位：湖南建设投资集团有限责任公司

设计单位：湖南省建筑设计院集团股份有限公司

咨询单位：湖南省建筑设计院集团股份有限公司

项目管理：黄劲、彭琳娜、龙毅湘、钟凌宇、彭柱、常菊霞、王乐威、田峰

设计人员：张善林、佟洁、王瑜斌、熊鹏、李可欣、朱昌宙、欧阳彪

咨询成员：谭宏霞、欧鹏飞、易子涵、曾江月、谷小龙、张晶、姚浩书

图 8-13 项目效果图（三）

图 8-14 项目模型图（二）

（2）项目概况

该项目为岳麓山实验室集聚区（农科院片区）B-2# 栋项目近零能耗低碳示范建筑，位于自贸区核心区，临空经济区隆平组团，距离黄花机场和高铁南站分别为 17km、3km。区域内有湖南农业大学、湖南省农业科学院、国家杂交国际种业交易中心等 30 多家涉农单位，集中了湖南省最主要的农业科教创新资源。靠近湖南省长沙市芙蓉区湖南农业大学和湖南省农业科学院，北靠人民路、东临红旗路，交通便利，条件良好。

该项目拟建设成集"品种创新、基础研究、创业孵化、共享服务"等功能于一体的现代化高标准国家级农业实验园区，一个具有强大集聚功能、辐射能力和示范带动作用的总部聚集区，属于湖南省首个近零能耗建筑。

该项目目前处于施工阶段。

（3）建筑平面图（图 8-15）

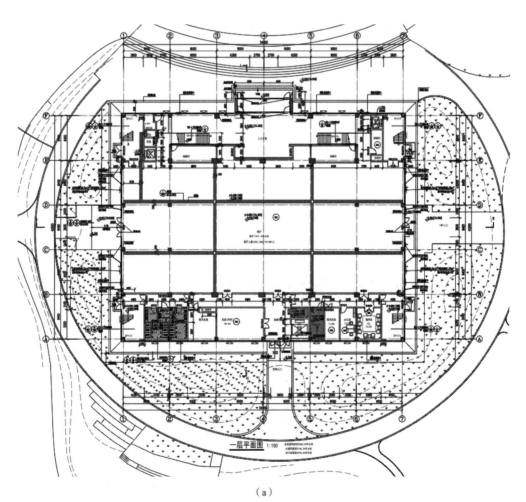

（a）

图 8-15　建筑平面图（三）

（a）建筑一层平面图

超低能耗、近零能耗建筑设计与施工指南

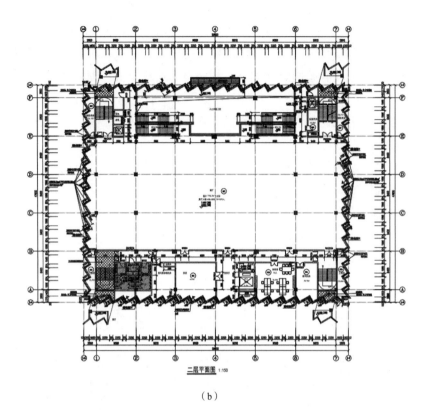

（b）

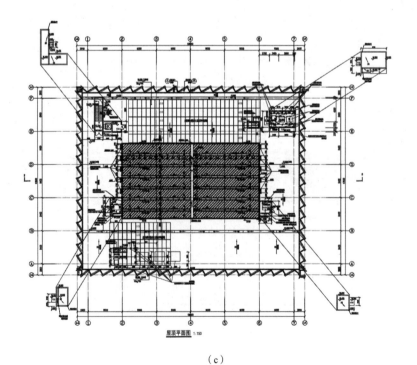

（c）

图 8-15　建筑平面图（三）（续）

（b）建筑二层平面图；（c）建筑屋顶层平面图

210

2. 项目指标要求及定位

该项目按照《近零能耗建筑技术标准》GB/T 51350—2019 中关于夏热冬冷地区近零能耗建筑能效指标要求，即需满足建筑综合节能率 ≥ 60%，建筑本体节能率 ≥ 20%，可再生能源利用率 ≥ 10%。

3. 超低能耗建筑技术方案

（1）建筑本体节能设计

该项目主要示范特点：采用被动式、主动式、可再生能源三种节能技术。在被动式技术上，将绿色低碳理念充分融入建筑本体设计之中，保障所有办公室均100% 采用可开启外窗，保证了自然通风效果，减少过渡季启动空调的时间从而降低供暖空调能耗；透明幕墙采用 6 种透光 Low-E+12 氩气 +6 透明的节能型玻璃，将传热系数控制在 1.9W/m²·K，远低于标准推荐值，通过建筑布局设计，确保自然采光的效果，减少人工照明时间与照明能耗，注重无热桥设计和气密性提升处理，增加建筑的保温性能与建筑寿命。在主动式技术上，空调系统选用高性能集中式空调，大幅度提升设备用能效率；采用新风热回收系统，减少热交换能量损失；电梯、灯具等电器产品通过选用变频可调、能量回收等节能产品，同时优化控制措施，挖掘照明和电梯的节能潜力。

（2）围护结构节能设计

该项目屋面：采用难燃型挤塑聚苯板（140.0mm），屋面传热系数为 0.25。

外墙：重砂浆砌筑烧结页岩多孔砖 / 空心砖墙（200.0mm）+ 岩棉板（90.0mm），外墙传热系数为 0.46。

挑空楼板传热系数：无饰面网织增强岩棉板（70.0mm），传热系数为 0.50。

幕墙：隔热金属型材 K_f=5.8W/（m²·K）（窗框面积比 10%）[6 中透光 Low-E+12 氩气 +6 透明（遮阳 0.44）]，传热系数为 1.85W/（m²·K）。

屋顶天窗：隔热金属型材多腔密封 K_f =5.0W/（m²·K）（窗框面积比 20%）[6 中透光 Low-E+12 氩气 +6 透明（遮阳 0.46）]，传热系数为 2.10W/（m²·K）。

建筑围护结构热工性能见表 8-7。

建筑围护结构热工性能（办公建筑） 表 8-7

传热系数	数值（W/m²·K）
屋面传热系数	0.25
外墙传热系数	0.46
挑空楼板传热系数	0.50
幕墙传热系数	1.85
太阳得热系数	0.39/0.40

（3）气密性设计

门窗部位的气密性是从材料和构造方面保障的。在材料上，采用高气密性外门窗，气密性不低于《建筑幕墙、门窗通用技术条件》GB/T 31433—2015 的规定，幕墙不低于 4 级，外窗不低于 8 级；在构造上，外窗安装部位采用满足《建筑门窗附框技术要求》GB/T 39866—2021 要求的节能附框。洞口的室外一侧铺贴防水透汽膜，室内一侧铺贴防水隔汽膜，以防止薄弱部位的水汽渗漏。防水透汽膜和隔汽膜的搭接长度应符合《建筑用气密性材料应用技术规程》T/CECS 826—2021 的规定，在混凝土侧不小于 50mm，在窗框侧不小于 20mm。

玻璃幕墙采用隔汽膜与透汽膜来提高气密性，隔汽膜的主要作用是阻止水汽渗透到幕墙内部，从而提高幕墙的防水性能。在一定程度上，隔汽膜也可以起到气密性作用，减少外部空气的渗透，隔汽膜并不是主要用于提高气密性的材料，其主要作用还是防水隔汽。透汽膜的作用是在保持防水的同时，调节室内外空气的流通，保持室内空气清新，改善室内环境。透汽膜通常会对幕墙的气密性产生一定程度的影响，因为它允许空气和水蒸气通过，一定程度上降低了幕墙的气密性。

该项目对穿墙洞口进行气密性处理，管道与洞口之间的缝隙用耐候密封胶填充。室内侧采用防水隔汽膜粘贴，室外侧采用防水透汽膜粘贴。隔汽膜与透汽膜在管道和墙体上的搭接长度均不小于 40mm。

对于出屋面管道，伸出屋面外的管道设置 PVC 套管进行保护，套管与管道之间填塞保温岩棉。室内侧采用防水隔汽膜粘贴，隔汽膜在管道和墙体上的搭接长度不小于 40mm。管道与洞口之间的缝隙用耐候密封胶填充。

对电线盒等易发生气密性问题的部位进行节点设计。

位于钢筋混凝土墙体上的开关、插座线盒采取预埋方式设置；位于砌体墙上的开关、插座线盒在砌筑时预留孔槽，安装线盒时先用石膏灰浆封堵孔槽，再将线盒底座嵌入孔位内，使其密封。预埋电线管套管内穿线完毕后，使用密封胶封堵开关、插座等处的管口，密封胶封堵深度不小于 30mm。套管内穿线完毕后，采用密封胶对开关、插座的管口进行有效封堵。

（4）无热桥设计

外窗采用预埋嵌入式附框的形式与墙体连接，预埋节能附框部分嵌入混凝土墙，外侧保温层覆盖一部分附框形成连续保温层。成品外窗安装于节能附框上，窗外侧与外墙主体层齐平，内侧包裹窗洞侧边并延伸至附框，与附框形成连续保温层。附框与成品窗框采用断热连接，避免在窗框部位产生局部热桥。节能附框满足《建筑门窗附框技术要求》GB/T 39866—2021 的相关规定。窗上口外侧设置成品滴水线条，窗下口外侧安装金属窗台板，保温层采用的锚栓均为断热桥锚栓。

玻璃幕墙采用隔汽膜与透汽膜，能够提高幕墙的防水性能、透汽性能和保温隔热性能，同时施工便利，有助于提高建筑质量和可靠性。将防水隔汽膜按照施工要求铺设在基层表面上，确保膜与基层紧密贴合，避免出现空鼓和裂缝。将透汽膜按照施工要求铺设在防水隔汽膜上，确保膜与基层紧密贴合。

该项目屋面采用倒置式做法，为避免出现结构性热桥，女儿墙与屋面连接处采用难燃型挤塑聚苯板进行包覆，保温层与屋面、墙面保温层连续，保温层内设置防水隔汽层，以减小热桥产生的范围。女儿墙设置金属盖板以提高耐久性，金属盖板与结构连接部位采用隔热垫块以避免热桥。

对于出屋面立管，在室外侧采用灌注保温岩棉进行包裹，减少热桥影响。屋面防水层上翻连续。立管上方灌注保温岩棉的边界采用抗裂砂浆填充，外刷两道聚氨酯防水层，上面设置金属盖板并用耐候密封胶封口。

该项目尽量避免在外墙上安装开关、插座线盒，确需安装时，进行有效的气密性处理。位于钢筋混凝土墙体上的开关、插座线盒采取预埋方式设置；位于砌体墙上的开关、插座线盒在砌筑时预留孔槽，安装线盒时先用石膏灰浆封堵孔槽，再将线盒底座嵌入孔位内，使其密封。预埋电线管套管内穿线完毕后，使用密封胶封堵开关、插座等处的管口，密封胶封堵深度不小于 30mm。套管内穿线完毕后，采用密封胶对开关、插座的管口进行有效封堵。

（5）通风空调设计

1）冷热源

该项目采用的冷热源为 2 台制冷量 100kW、制热量 83kW 的蒸发冷却式双冷高效冷水（热泵）带焓增机组和 1 台制冷量 352kW 一体式气悬浮蒸发冷式冷水机组。夏季供回水温度为 7℃ /12℃，冬季供回水温度为 40℃ /45℃。具体参数详见表 8-8。

冷热源设备参数（办公建筑）　表 8-8

序号	设备型式	制冷量（kW）	制热量（kW）	数量（台）	能效比 COP
1	蒸发冷却式双高效热泵（模块机）	100	83	2	制冷：4.35 制热：3.32
2	气悬浮一体式冷水机组	352	—	1	5.34

2）环境一体机选型

①新风热回收

该项目新风系统采用 4 台风量 5000m³/h 的转轮热回收式组合式空调机组，转轮热回收全热交换效率大于 70%。

②二氧化碳监测联动

该项目新风机组带二氧化碳、PM10 及 PM2.5 监测功能。当二氧化碳浓度超过设定的阈值时，系统会自动调节新风系统的运行，增加新鲜空气的供应量，将室内空气中的二氧化碳浓度降低到合适的范围内。

③高效过滤

该项目空调机组和新风机组采用两级过滤，其中初效过滤采用板式过滤，中效过滤器采用板式高压静电过滤器。其中静电除尘装置要求 PM2.5 一次性去除效率达到 90% 以上，1.0μm 颗粒物去除效率达到 98% 以上，微生物净化效率达到 99% 以上。

（6）可再生能源设计

该项目在 B-2 栋屋顶设置太阳能光伏发电系统（图 8-16），该项目地经纬度为北纬 28° 18'34'，东经 113° 02'97"，海拔高度为 34m。光伏组件在女儿墙与设备机房之间采用架空光伏顶棚的安装形式，利用屋顶总面积约 580m^2，共安装 550Wp 单晶硅光伏组件 220 块，装机容量为 121kWp。项目采用"自发自用，余量上网"模式，以 400V 电压等级并入就近变压器低压母排。

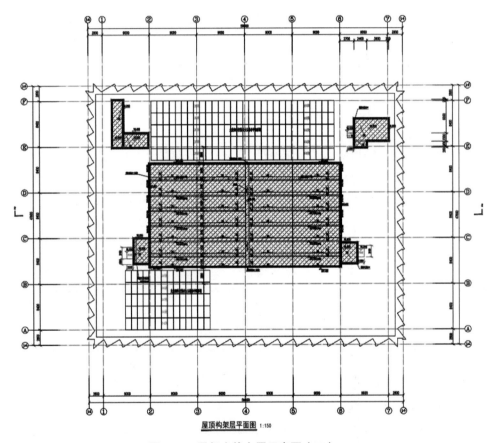

图 8-16　局部光伏布置示意图（二）

（7）能效指标计算结果

经计算（表 8-9），该项目设计建筑的建筑综合节能率为 63.51%，建筑本体节能率（不包含可再生能源）为 24.75%，满足《近零能耗建筑技术标准》GB/T 51350—2019 中的近零能耗建筑能效指标要求。

PKPM 超低能耗计算结果（办公建筑）　　　　　　表 8-9

指标	设计建筑	基准建筑	限值	结论
建筑综合能耗值（不含可再生能源发电）（kWh/m²·a）	110.42	146.73	—	满足设计要求
建筑能耗综合值（kWh/m².a）	53.54	146.73	—	
建筑本体节能率	24.75%	—	≥ 20%	
建筑综合节能率	63.51%	—	≥ 60%	
可再生能源利用率	55.92%	—	≥ 10.00%	

（8）增量成本

依据《建筑节能与可再生能源利用通用规范》GB 55015—2021，建筑几何参数、使用功能等参数与设计建筑相同，原设计为绿建三星，空调系统为风冷螺杆热泵机组，屋顶单晶硅光伏板，装机容量约 25kW。

从相关市场了解到，非透明围护结构：难燃型挤塑聚苯板指导价为 510 元/m³；岩棉板指导价为 480 元/m³；透明围护结构：透光幕墙指导价为 1580 元/m²；屋顶天窗指导价为 15080 元/m²；空调系统：涡旋式风冷热泵指导价为 100000 元/台，一体式水冷机指导价为 450000 元/台，蒸发冷模块机组指导价为 180000 元/台，转轮热回收式组合式空调机组指导价为 55000 元/台，可再生能源(例如光伏发电系统)指导价为 5.8 元/W。该项目的增量成本如表 8-10 所示。

增量成本（办公建筑）　　　　　　　　表 8-10

项目	非透明围护结构	透明围护结构	冷热源系统	可再生能源（太阳能光伏系统）	合计
增量成本（元/m²）	13.82	108.68	14.30	58.35	195.15

（9）近零能耗标识（图 8-17）

图 8-17　项目近零能耗标识（三）

8.1.4 长三角一体化绿色科技示范楼

1. 工程概况

（1）项目简介（图 8-18、图 8-19）

（a）

（b）

图 8-18 项目效果图（四）

（a）项目效果图 1；（b）项目效果图 2

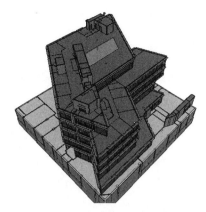

图 8-19　PKPM 超低能耗模拟模型图（一）

项目名称：长三角一体化绿色科技示范楼

建筑类型：公共建筑

结构形式：钢管混凝土柱—钢框架结构

建筑面积：11311m²

项目地点：上海市普陀区真南路与武威东路交叉口南 200m

建筑类别：科技研发

建设单位：上海枫景园林实业有限公司

设计单位：上海建工集团股份有限公司

咨询单位：上海建工集团股份有限公司

绿建策划及设计：贾珍、何俊

项目负责人：苗亮

方案设计：刘一乐、刘川、张翼峰、年伟杰

建筑设计：姜波、韩静超、蔡栋、顾书卿、张凯会

结构设计：潘全胜、林杰、朱敏、丁亦奂

暖通设计：胡立蛟、李晴

给水排水设计：夏洛、陈晶晶、赵述祥

电气设计：葛敬元、单宝亮

（2）项目概况

该项目位于上海市普陀区真南路与武威东路交叉口南 200m，用地面积 3422m²，总建筑面积 11311m²，地上 5 层、地下 2 层，为科研建筑。

该项目由上海建工集团全产业链打造，集团旗下投资、设计、施工、运维全产业链相关单位共同建设，旨在打造一栋具有全球影响力的高标准绿色碳中和建筑。规划先行，设计引领，创新驱动，最大限度地减少能源消耗以及对环境的污染，打造中国绿色建筑三星、中国健康建筑三星、中国近零能耗建筑、美国 LEED 铂金级建筑、美国 WELL 铂金级建筑、英国 BREEAM 杰出等级建筑。

（3）建筑平面图（图8-20）

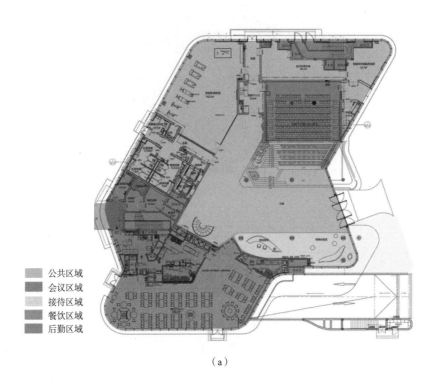

公共区域
会议区域
接待区域
餐饮区域
后勤区域

（a）

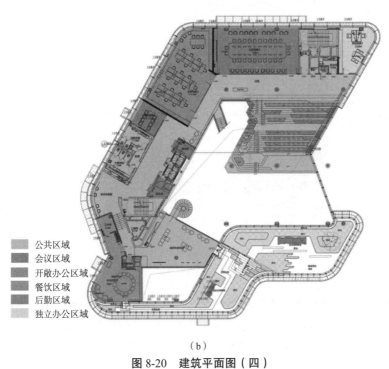

公共区域
会议区域
开敞办公区域
餐饮区域
后勤区域
独立办公区域

（b）

图8-20　建筑平面图（四）

（a）建筑一层平面图；（b）建筑二层平面图

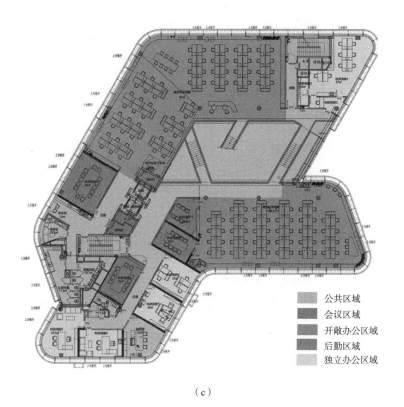

（c）

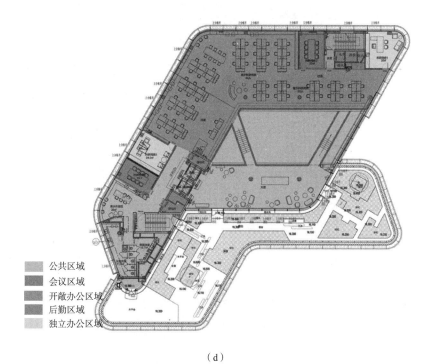

（d）

图 8-20　建筑平面图（四）（续）

（c）建筑三~四层平面图；（d）建筑五层平面图

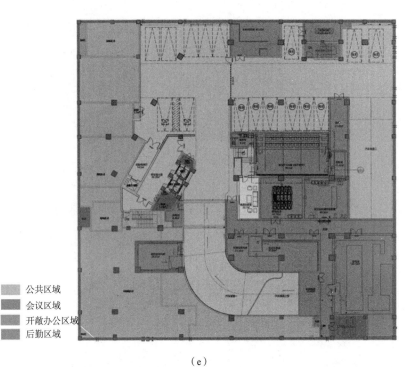

公共区域

会议区域

开敞办公区域

后勤区域

（e）

公共区域

后勤区域

（f）

图 8-20　建筑平面图（四）（续）

（e）建筑地下一层平面图；（f）建筑地下二层平面图

2. 项目指标要求及定位

该项目按照《近零能耗建筑技术标准》GB/T 51350—2019 中关于夏热冬冷地区近零能耗建筑能效指标要求，在满足规范要求（建筑综合节能率 ≥ 60%，建筑本体节能率 ≥ 20%，可再生能源利用率 ≥ 10%）的基础上，性能大大提高，最终建筑综合节能率 100%，建筑本体节能率 51.18%，可再生能源利用率 100%。

以"能碳双控"为理念，通过创新技术与成熟技术的应用，为建筑提供科学的节能设计方案，推进绿色建筑不断研发，实现建筑的动态零能耗运行，建设长三角碳中和先行实践项目。

围绕高品质和绿色低碳发展需求，项目按六大认证进行设计运营，包括中国绿色建筑三星、中国健康建筑三星、中国近零能耗建筑认证、美国 LEED 铂金级认证、美国 WELL 铂金级认证、英国 BREEAM 杰出等级认证；建筑具有五大卓越性能：全生命周期碳中和、建筑运营净零能耗、建筑运营极致节水、高效室内空气品质、建筑垃圾减量化运营。

基于绿色、零能耗、零碳和健康的四大建筑技术体系，研究形成 16 项指南的超前绿色建造发展理念，发挥科技创新在工程建造过程中的主动作为和引领作用，积极探索、创新研发并实践应用了一系列绿色低碳技术（图 8-21），将绿色科技示范楼打造成为具有全球影响力的高标准绿色碳中和建筑。

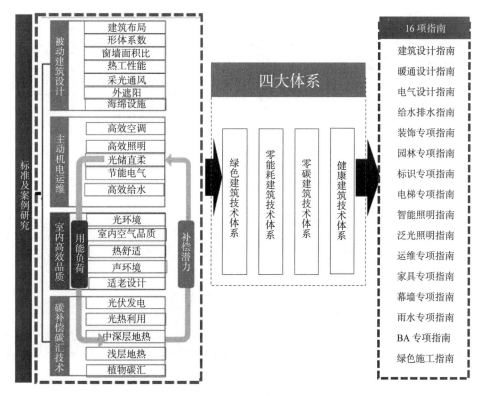

图 8-21　绿色低碳设计体系

3. 超低能耗建筑技术方案

（1）建筑本体节能设计

规划布局：该项目用地整体南偏西6.56°，楼栋排布按照平行于城市道路布置原则。项目紧邻公共绿地，最大化景观资源利用，营造诗意、现代的绿色办公环境。中庭景观采用有序散落的花池，自下而上贯穿整栋建筑，是整栋建筑的"绿肺"，利用四季更替的植物改善室内微气候的同时，让人们尽可能地在建筑内部感知自然律动。

建筑体形、窗墙面积比：建筑形体规则，体形系数0.2，窗墙面积比东向0.46，南向0.48，西向0.35，北向0.41，通过各朝向窗墙面积比的控制，有效降低空调房间太阳辐射得热。

自然采光：建筑采用透光性良好的外窗和幕墙结构，控制房间进深，并利用中庭导入阳光，使室内形成良好的双侧采光效果，增加办公人员的使用舒适度，分析结果见图8-22，地上91%的空间采光满足使用需求。地下采用8个导光管系统引入自然光线，如图8-23所示，减少日常照明能源消耗，节约10%的地下车库照明能耗，极大地节约了照明能耗。

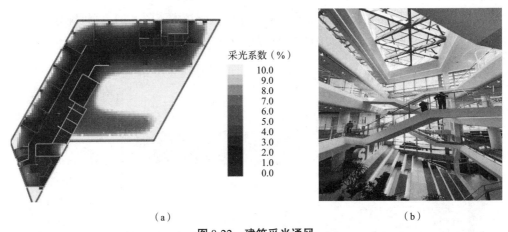

（a）　　　　　　　　　　　　　　　　　　（b）

图8-22　建筑采光通风

（a）建筑采光模拟效果图；（b）自然通风采光中庭实景图

（a）　　　　　　　　　　　　　　　　　　（b）

图8-23　导管措施

（a）导光管地上部分；（b）导光管地下部分

自然通风：幕墙设置可开启外窗，开启比例达到 10% 以上。室内空气气流组织良好（图 8-24），过渡季典型工况下主要功能房间平均自然通风换气次数不小于 2 次 /h 的面积比例达到 98.96%，换气次数统计见表 8-11。

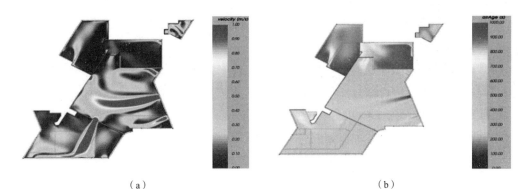

（a）　　　　　　　　　　　　　　　　　　（b）

图 8-24　建筑自然通风效果图

（a）风速云图；（b）空气龄图

主要功能房间的室内换气次数汇总表　　　　表 8-11

评价范围	换气次数达标的面积比例（%）	标准限值（%）	是否达标
评价范围 1	99.04	≥ 60.00	达标
评价范围 2	100.00	≥ 60.00	达标
评价范围 3	98.52	≥ 60.00	达标
评价范围 4	100.00	≥ 60.00	达标
评价范围 5	97.17	≥ 60.00	达标
汇总	98.96	≥ 60.00	达标

（2）围护结构节能设计

该项目屋面：采用 110mm 厚岩棉板，屋面传热系数为 0.40W/（m²·K）。

非透明幕墙：采用 95mm 厚岩棉板，非透明幕墙传热系数为 0.47W/（m²·K）。

透明幕墙：外窗框料材质为铝合金，幕墙玻璃配置为 6+1.52PVB+6（双银 Low-E）+12Ar+8（双银 Low-E）+12Ar+8mm 暖边双中空夹胶超白钢化玻璃，整窗传热系数为 1.6W/（m²·K）。

供暖与非供暖分户楼板：上下表面各 20mm 厚无机保温砂浆。

挑空楼板保温：120mm 厚钢筋混凝土楼板 +55mm 厚岩棉板。

供暖与非供暖房间隔墙：200mm 加气混凝土砌块。

非透明外门，整门传热系数：K=1.6W/（m²·K）。

（3）气密性设计

该项目的建筑气密性遵循《近零能耗建筑技术标准》GB/T 51350—2019 中关于气密性设计施工的要求。依据建筑不同功能单元、用能情况对建筑进行合理气密分区，进行气密性专项设计。将建筑按南北错层划分为 8 个独立的气密性单元，并包围各自外围护结构；采用简洁的造型和节点设计，避免出现气密性难以处理的节点；选用气密性等级高的外门窗；选择适用的气密性材料做节点气密性处理，如紧实完整的混凝土、气密性薄膜、专用膨胀密封条、专用气密性处理涂料等材料，对门洞、窗洞、电气接线盒、管线贯穿处等易发生气密性问题的部位进行节点设计。

（4）无热桥设计

该项目外围护结构整体采用玻璃幕墙，其中 50% 以上面积为非透明幕墙，大大提高了建筑的热工性能，如图 8-25 所示，最大限度地降低室内外冷热能量的传递速度，在节能的同时兼顾建筑自然采光及室内景观视线，保证室内温度场均匀分布，创造更舒适的室内外环境。

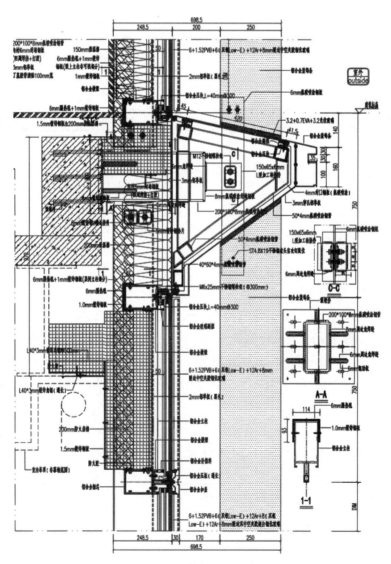

图 8-25　无热桥处理示意图

（5）暖通空调设计

该项目采用地源热泵系统。在不影响结构的前提下，将 146 口地源热泵井满铺在场地中，空调冷热源极大地利用了地热资源（图 8-26）。建筑采用温湿度独立控制系统、新风机组双冷源系统，满足 1 级能效，配合建筑可再生能源综合应用，最终实现建筑运营市政电网净零能耗。

图 8-26　地源热泵高效机房

（6）可再生能源设计

建筑表皮设计融合高效光伏与水平垂直遮阳系统，采用五玻双腔玻璃的被动式节能幕墙，组成高性能的外表皮系统，最大限度地利用太阳能，如图 8-27 ~图 8-29 所示，该项目光伏总装机容量为 492.63kW，首年发电量预估为 48 万度，年均减少二氧化碳排放量约 182.5t，节约标准煤 139.05t。

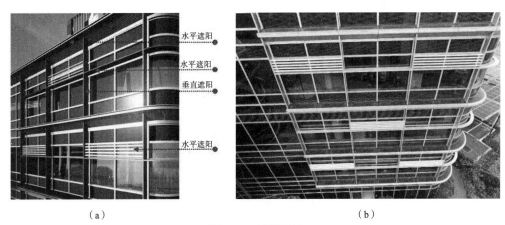

（a）　　　　　　　　　　　　　　　　　（b）

图 8-27　遮阳系统

（a）水平垂直遮阳系统；（b）层间光伏遮阳系统

（a）   （b）

图 8-28　建筑光伏

（a）光伏布置鸟瞰图；（b）屋面光伏布置示意图

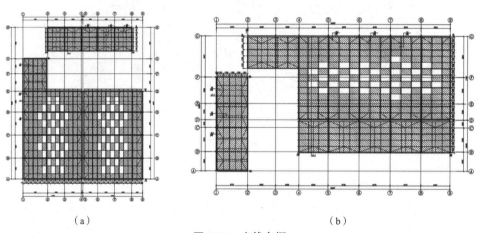

（a）   （b）

图 8-29　光伏车棚

（a）南侧光伏车棚布置示意图；（b）北侧光伏车棚布置示意图

（7）其他绿色建筑措施

建筑室外场地设置雨水花园、透水铺装、下凹绿地及雨水回收系统，打造高效海绵铺装，同时采用 1 级节水器具，开源节流，构建建筑生态水循环系统，该项目除餐饮用水和皮肤接触用水外，全部采用循环水，实现建筑极致节水的目标，如图 8-30、图 8-31 所示。

（8）能效指标计算结果

该项目经模拟计算，建筑能效指标结果为：建筑综合节能率 100%，建筑本体节能率 51.18%，可再生能源利用率 100%，满足《近零能耗建筑技术标准》GB/T 51350—2019 中关于零能耗建筑的要求。

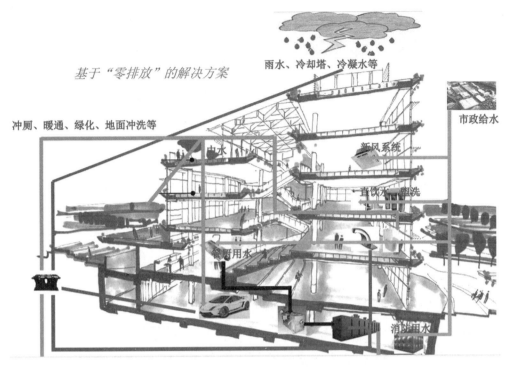

图 8-30 水资源利用原理图

图 8-31 雨水回收示意图

（9）增量成本（表 8-12）

增量成本分析（科技研发） 表 8-12

实现绿建采取的措施			每平方米增量成本（元/m²）	增量成本（万元）
名称	单价	应用量		
光伏发电系统	8元/W	131.6kW	93.08	105.28
空气质量监测系统	35万/套	1套	30.94	35
雨水回用系统	30万/套	1套	26.52	30
BIM技术	15元/m²	11782m²	15.62	17.67
导光筒	2500元/个	8个	1.77	2
合计			167.93	189.95

8.1.5 零碳产业园区智能化信息服务中心及配套设施建设项目

1. 工程概况

（1）项目简介（图 8-32、图 8-33）

项目名称：零碳产业园区智能化信息服务中心及配套设施建设项目

建筑类型：公共建筑

结构形式：钢筋混凝土框架结构

建筑面积：50301.01m²

项目地点：内蒙古鄂尔多斯市伊金霍洛旗的蒙苏经济开发区

建筑类别：办公建筑

建设单位：鄂尔多斯市鄂苏工业园区市政工程建设有限责任公司

设计单位：深圳市温州卓伊节能科技有限公司城建工程设计有限公司

咨询单位：温州卓伊节能科技有限公司

（2）项目概况

该项目位于内蒙古自治区鄂尔多斯市伊金霍洛旗江苏工业园东北区，东临 210 国道，西连阿四公路，北接荣乌高速、柴伊公路等，距鄂尔多斯机场和包西铁路鄂尔多斯站约 20km，交通区位条件优越。该项目总建筑面积 50301.01m²，其中计容建筑面积 41051.01m²，不计容建筑面积 9250m²，容积率 0.93，建筑密度 44.98%，绿地率 25.0%。建筑包含智能智慧控制区、零碳产业技术发展及应用研究中心、信息化展销区、一体化功能区、地下智能停车场等。

（3）建筑平面图（图 8-34）

（a）

（b）

图 8-32　项目效果图（五）

（a）项目效果图 1；（b）项目效果图 2

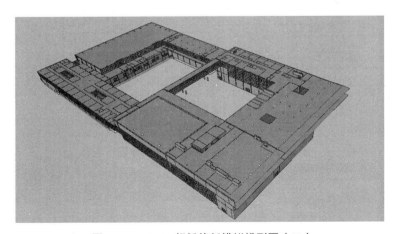

图 8-33　PKPM 超低能耗模拟模型图（二）

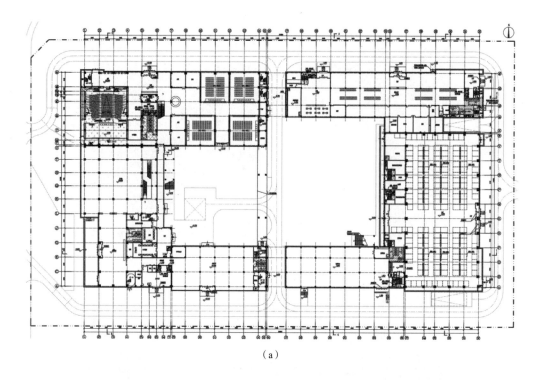

（a）

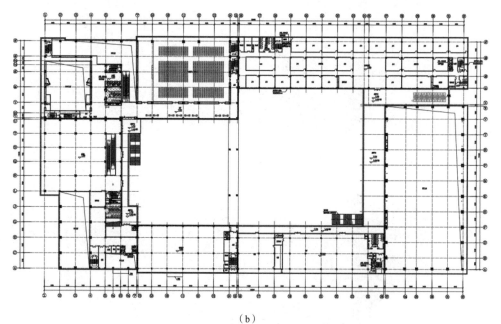

（b）

图 8-34　建筑平面图（五）

（a）建筑一层平面图；（b）建筑二层平面图

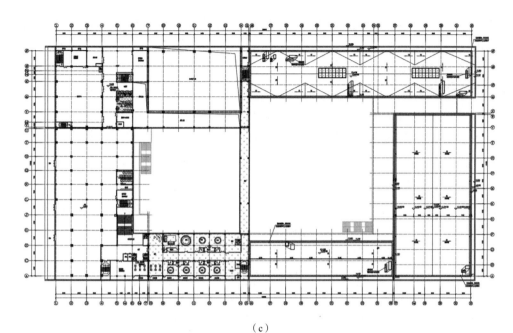

（c）

图 8-34 建筑平面图（五）（续）

（c）建筑三层平面图

（4）项目指标要求及定位

该项目建筑能耗综合值 0kWh/m² · a，建筑本体节能率 37.38%，建筑综合节能率 100%，可再生能源利用率 282.59%，满足零能耗建筑要求，即需满足建筑综合节能率 ≥ 60%，建筑本体节能率 ≥ 30%，换气次数 N_{50} ≤ 1.0，可再生能源利用率 ≥ 10%。

2. 超低能耗建筑技术方案

（1）建筑本体节能设计

1）整体布局：该项目位于内蒙古自治区鄂尔多斯市伊金霍洛旗江苏工业园东北区，东临 210 国道，西连阿四公路，北接荣乌高速、柴伊公路等。该项目秉承"被动优先、主动优化、经济适用"的建设理念，结合地域优势，采用性能化设计方法，性能化设计以定量分析及优化为核心，结合建筑和设备的关键参数对建筑负荷及能耗的敏感性进行分析，并在此基础上，结合建筑全生命周期的经济效益分析，进行技术措施和性能参数的优化选取，打造鄂尔多斯零碳产业园标志性工程。

2）体形系数：0.12。

3）窗墙面积比：南 0.50；北 0.65；东 0.43；西 0.54。

4）自然通风、自然采光：该项目位于严寒地区，主要设计了冬季防风措施，在冬季主导风向上错落设置建筑物，避免出现直通的通风风道。改善冬季室外活动环境，以确保冬季在建筑周围人行活动区域距离地面高度 1.5m 左右位置的风速小于 5m/s，风速系数小于 2.0，建筑物前后风压差不大于 5Pa。在建筑中间设置中庭，在冬季可高效利用自然光，提高冬季太阳得热，并在第二层、第三层顶部设置天窗，可有效增加自然采光。

（2）围护结构节能设计

屋面：保温材料采用 120mm 厚聚氨酯板，传热系数设计值为 0.20W/（m²·K）。

地面：采用 145mm 厚岩棉板，外窗传热系数为 0.29W/（m²·K）。

外墙：采用 180mm 厚岩棉板双层错位铺设，外窗传热系数为 0.20W/（m²·K）。

地下室外墙：采用 50mm 厚挤塑聚苯板，地下室外墙热阻为 1.81（m²·K）/W。

外窗：采用 12（TP）超白 Low-E+15Ar+12（TP）超白 +15Ar+12（TP）超白暖边双中空玻璃，整窗传热系数为 1.02W/（m²·K），气密性能为 8 级，太阳得热系数为 0.45，可见光透射比 0.6。

（3）气密性设计

该建筑选用气密性等级为 8 级的外门窗，窗户内、外侧分别粘贴隔汽膜和透汽膜，沿门窗框粘贴至洞口的室内墙体上，窗型材对接部位的缝隙应用密封胶封堵，幕墙玻璃安装节点如图 8-35 所示。

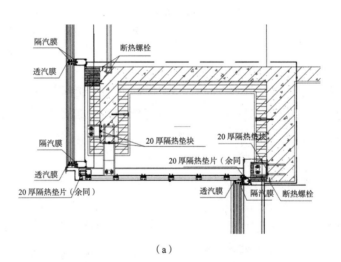

（a）

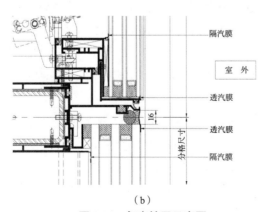

（b）

图 8-35　气密性层示意图

（4）无热桥设计

该项目外墙保温层一直向上延伸至檐口处，包覆整个檐口后与屋面保温层相连，并用断热桥锚栓固定；穿墙孔、模板支护螺栓孔、吊装孔采用硬泡聚氨酯发泡填缝剂进行填塞，洞口处用封堵防水砂浆；穿墙管道与保温材料接触的部位使用预压密封带与硅酮密封胶进行密封连接；出屋面管道的内、外侧及压顶均采用保温材料进行全包裹，并采用隔汽、防水卷材对顶面和侧面进行处理，隔汽层与防水层之间的保温材料应使用聚氨酯发泡胶进行粘贴；雨水管支架与保温板接触的部位采用预压密封带进行柔性的防水、抗渗漏连接。各部位详细做法如图 8-36 所示。

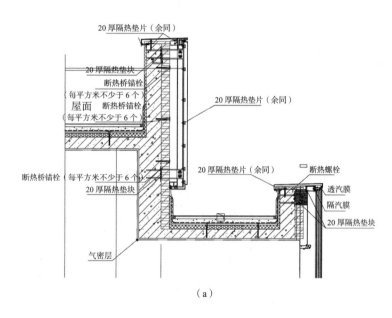

（a）

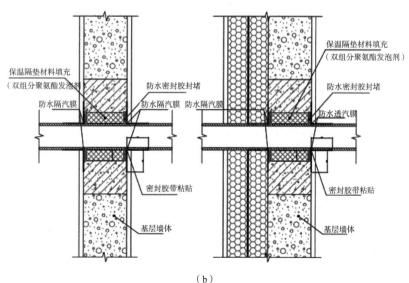

（b）

图 8-36　无热桥屋面、穿墙管道处理示意图

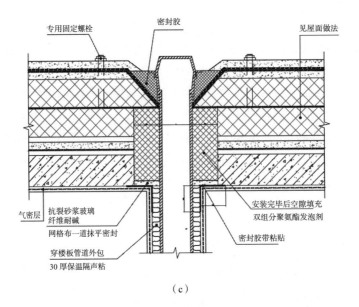

（c）

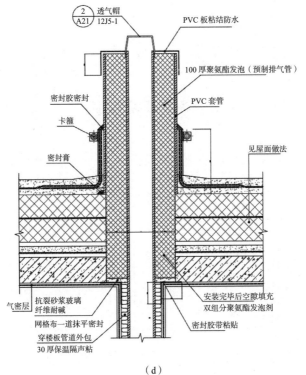

（d）

图 8-36　无热桥屋面、穿墙管道处理示意图（续）

（5）暖通空调设计

　　该项目暖通空调冷热源及系统形式：该项目冷源采用电动压缩式冷水机组，热源由市政热力提供，一次热媒为市政热网提供的 85℃/65℃热水。室内空调系统采用散热器供暖、风机盘管系统供冷（全热交换器）的形式，夏季供冷，冬季供暖。

高效的新风热回收系统：新风系统采用全热交换器，全热交换效率 70%。新风气流和从室内排出的混浊气流在新风系统内的热交换核心处进行能量交换，降低了从室外引入新鲜空气对室内舒适度、空调负荷的影响。另外，系统还可以根据人体舒适性需求配置智能化控制系统。

（6）可再生能源设计

该项目采用 BIPV 光伏一体化设计，如图 8-37 所示，扣除遮挡、楼梯间等限制后，BIPV 光伏一体化建设规模 2MW，预计年均发电量 2700MWh，实现了建筑能源自给自足，可再生能源利用率 282.59%，使可再生能源年产能大于或等于建筑全年用能，达到零能耗标准要求。

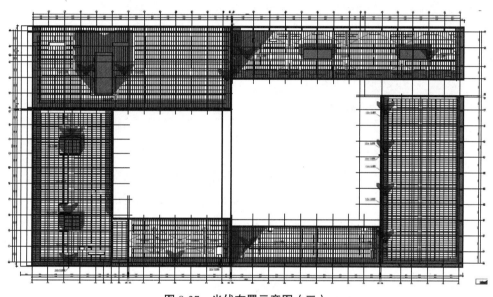

图 8-37　光伏布置示意图（三）

（7）能效指标计算结果

该项目建筑能耗计算采用 PKPM-PHEnergy 分析软件，经模拟计算，结果如表 8-13、表 8-14 所示，能效指标结果为：建筑本体节能率 37.38%、建筑综合节能率 100%、可再生能源利用率 282.59%，满足《近零能耗建筑技术标准》GB/T 51350—2019 中关于严寒地区近零能耗公共建筑能效指标的要求。

建筑总能耗分析汇总　　　　　　　　　　　表 8-13

能耗类型	设计建筑		参考建筑	
供暖空调（kWh）	E1，Hvac	947316.9	E0，Hvac	1949311.71
照明能耗（kWh）	E1，Lt	550641.91	E0，Lt	599550.05
设备能耗（kWh）	E1，e	174688.54	E0，e	174688.54
电梯能耗（kWh）	E1，transp	52826.69	E0，transp	44217.41

能耗类型	设计建筑		参考建筑	
建筑总能耗（kWh）	E1，all	1725474.04	E0，all	2767767.71
可再生能源产能（kWh）	E1，r	2700255.6	E0，all	0
需非可再生能源提供能耗（kWh）	E1，r	−1036188.54	E0，all	2767767.71
单位面积能耗（不含可再生能源发电）（kWh/m²）	E1，all/A	34.30	E0，all/A	55.02
单位面积能耗（含可再生能源发电）（kWh/m²）	E1，all/A	−19.38	E0，all/A	55.02

能效指标 表 8-14

指标	设计建筑	基准建筑	限值	结论
建筑综合能耗值（不含可再生能源发电）[kWh/（m²·a）]	89.58	143.06	—	
建筑能耗综合值 [kWh/（m²·a）]	0.00	143.06	—	满足设计 要求
建筑本体节能率	37.38%	—	≥ 30%	
建筑综合节能率	100%	—	≥ 60%	
可再生能源利用率	282.59%	—	≥ 10%	

（8）增量成本

该项目与同类型常规节能 65% 公共建筑相比，其增量成本主要构成如表 8-15 所示，总增量成本为 445 元/m²，增加的成本主要来自高性能的外保温系统，其中外墙外保温系统 50 元/m²，屋面保温 20 元/m²，地面保温 40 元/m²。此外，高性能的外窗 140 元/m²，高效的新风热回收系统 105 元/m²。

增量成本汇总表 表 8-15

项目	超低能耗公共建筑造价（元/m²）	节能公共建筑造价（元/m²）	增量成本（元/m²）
结构	830	820	10
非承重内外墙	115	105	10
外墙外保温	205	155	50
屋面保温	45	25	20
地面保温	40	0	40
外门	65	45	20
外窗	235	95	140
多联机系统	145	120	25
新风热回收系统	105	0	105
特殊热桥节点	25	0	25
合计	1810	1365	445

3. 项目零能耗标识（图 8-38）

图 8-38　项目零能耗标识

8.1.6　申菱环境高新区智造基地研发大楼

1. 工程概况

（1）项目简介（图 8-39）

项目名称：申菱环境高新区智造基地研发大楼

建筑类型：公共建筑

结构形式：剪力墙

建筑面积：22795.32m²

项目地点：广东省佛山市

建筑类别：办公建筑

建设单位：广东申菱环境系统股份有限公司

咨询单位：广州市设计院集团有限公司

团队成员：屈国伦、崔梓华、谭海阳、黄冬娜、张学伟、姜少华、邹思

（2）项目概况

申菱环境高新区智造基地研发大楼位于顺德高新区（杏坛），占地 200 亩，园区为集智能制造、测试验证、智慧办公于一体的现代化绿色生态园区。园区包含厂房、综合楼和研发楼等建筑，涵盖生产、办公、研发、宿舍等功能，此次申报"零能耗建筑"标识的范围为研发楼，研发楼总建筑面积约 22795.32m²，建筑高度 28.95m，地上 6 层，主要功能为办公研发。该项目从 2022 年 7 月开始投入运行，通过一年的实际运行，各项用能系统高效运行，实现了零能耗建筑的设计目标。该

项目将为夏热冬暖地区近零能耗建筑提供技术示范，有效推进了夏热冬暖地区低碳化发展进程。

图 8-39　项目效果图（六）

（3）建筑平面图（图 8-40）

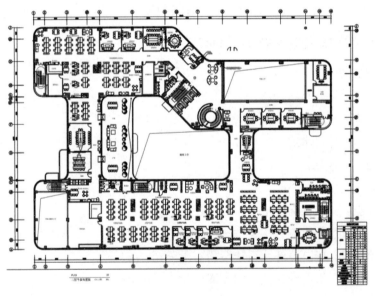

图 8-40　建筑平面图（六）

2. 项目指标要求及定位

该项目研发楼的建设目标为零能耗建筑。零能耗建筑是近零能耗建筑的高级表现形式，建筑本体性能节能率满足《近零能耗建筑技术标准》GB/T 51350—2019 中关于夏热冬暖地区近零能耗建筑能效指标要求，即需满足建筑综合节能率 ≥ 60%，建筑本体节能率 ≥ 20%，并充分利用建筑本体和周边的可再生能源资源，使可再生能源年产能大于或等于建筑全年全部用能的建筑。

该项目采用高效空调系统设计，制冷机房能效目标≥5.5（水蓄冷工况），空调系统能效目标≥4.2。

3. 超低能耗建筑技术方案

（1）建筑本体节能设计

研发大楼本体设计充分考虑自然采光条件，采用类中庭设计，进深小，具有多面采光，配合光照度感应系统，可以减少灯具开启时间，如图 8-41（a）所示。同时建筑外立面设置可开启扇，充分考虑自然通风条件，尽可能地延长过渡季，减少空调开启时间，如图 8-41（b）所示。建筑外立面实际情况见图 8-42。

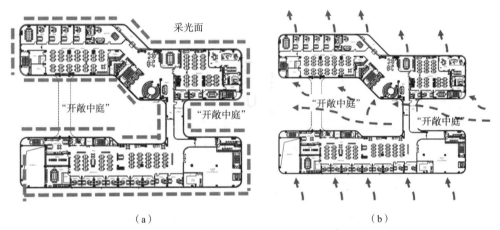

（a）　　　　　　　　　　　　　　　　（b）

图 8-41　建筑外立面采光、开启扇示意图

（a）中庭采光示意图；（b）建筑外立面可开启扇通风示意图

图 8-42　建筑外立面可开启实物图

（2）围护结构节能设计

该项目屋面：采用 130mm 厚挤塑聚苯板，屋面传热系数为 0.37W/（m²·K）。

外墙：采用 50mm 厚硬质岩棉板保温材料，外墙传热系数为 0.55W/（m²·K）。

外窗：外窗框料材质为隔热金属型材，外窗玻璃配置 6mm 高透光 Low-E+12mm 空气 +6 透明中空玻璃，整窗传热系数为 2.6 W/（m²·K），太阳得热系数为 0.38。

（3）暖通空调设计

研发大楼采用超大温差水蓄冷高效制冷机房系统，冷冻水系统设计供回水温度 4℃/17℃，制冷机房系统全年目标能效比达到 5.5+（水蓄冷工况）。冷源系统由 2 台 1512kW 水冷磁悬浮冷水机组、1 台 800kW 蒸发冷磁悬浮冷水机组、1 台 800kW 蒸发冷螺杆冷水机组、2 个 1230m³ 立式蓄冷水罐、2 台冷却塔以及对应的水泵等组成，如图 8-43 所示；冷冻水系统设计供回水温度 4℃/17℃，13℃大温差系统，相比常规 5℃温差可节能 61.5%；冷却水系统设计供回水温度 30.5℃/35.5℃。热源系统由 4 台风冷模块热泵机组及对应的水泵组成。空调水系统采用分区两管制，局部四管制；蓄冷冷冻水系统不设板换，直接供冷，可大大简化水系统，提高水系统输送系数，降低运行能耗。设备、阀件、管网均按低阻力设计。此外，考虑综合楼生活热水需求，设置了 1 台高温水级热式热泵机组，机组制冷量 545kW，制热量 710kW，冷回收量用于空调系统，热量用于生活热水；冷水设计供回水温度 4/13℃与大系统匹配，热水设计供回水温度 60℃/15℃，热水温度可满足生活热水要求，无须二次加热。系统全天总的蓄冷量为 33079kWh，蓄冷率为 75%。其中，水冷冷水机组用于研发楼和综合楼空调系统的蓄冷和供冷，蒸发冷水机组（兼产品研究示范）用于综合楼的夜间供冷。

（a）　　　　　　　　　　　　　　（b）

图 8-43　冷热源设备

（a）蒸发冷螺杆冷水机组；（b）蓄冷水罐

空调末端风机盘管采用超大温差串联逆流、直流无刷电机技术，可实现大温差及无级调速变风量运行。新风机采用 EC 风机，新风干管设置变风量控制器，可根据室内二氧化碳浓度传感器调节新风量大小，实现按需供应新风量，同时新风机组根据竖井内风压变频，自动调节风机频率，进而调整新风机的总风量，节省新风冷负荷以及新风风机能耗。空调系统全年能效比 ≥ 4.2，实现空调系统节钱、节碳、节能运行。

（4）可再生能源设计

研发大楼利用园区屋面进行太阳能光伏板敷设，如图 8-44 所示，屋面面积约 67607m²，安装光伏容量 6.41MWp，采用 2 个 10kV 并网点接入厂区配电网，光伏系统发电量满足园区内全年建筑能耗需求，超过园区用电需求的部分直接并入电网。

同时，研发大楼自身屋面设置 PVT 板和太阳能光热板，如图 8-45 所示，PVT 板所发电量存储在储能机柜中，主要用于热泵热水机组的运行；PVT 板和光热板所产生的热量用于给生活热水预热。

图 8-44　太阳能光伏技术

图 8-45　太阳能光热技术

研发大楼室外地面车棚设置光伏板，储能机柜将光伏板的电存储，主要用于新能源车充电桩和办公用电，如图 8-46 所示。

图 8-46　充电桩储能直流技术

（5）能效指标计算结果

根据模拟计算，得到该项目建筑能耗结果如表 8-16、表 8-17 所示，该项目建筑综合节能率 100%，建筑本体节能率 43.58%，可再生能源利用率 100%，满足《近零能耗建筑技术标准》GB/T 51350—2019 中关于零能耗建筑的要求。

建筑能耗结果　　　　　　　　表 8-16

	空调供暖系统	照明系统	电梯系统	光伏系统	总计
基准建筑用电量（万 kWh）	97.12	47.37	3.03	0.00	147.52
基准建筑单位面积用电量（kWh/m²）	42.60	20.78	1.33	0.00	64.71
设计建筑用电量（万 kWh）	56.13	26.35	0.75	610.00	83.23
设计建筑单位面积用电量（kWh/m²）	24.62	11.56	0.33	267.60	36.51
节电量（万 kWh）	40.99	21.02	2.28	610.00	674.29
节能率（%）	42.20	44.37	75.15	—	43.6
节标煤量（tce）	125.83	64.53	6.99	1872.70	2070.06
节碳量（tCO₂）	153.62	78.78	8.54	2286.28	2527.22

注：本表中数值均已统一转换为等效耗电量。

近零能耗公共建筑能效指标　　　　　　　　　　表 8-17

项目		数值	标准要求	是否满足要求
建筑综合节能率（%）		100.00	≥60%	满足
可再生能源利用率（%）		100.00	≥10%	满足
建筑本体性能指标	建筑本体节能率（%）	43.70	≥20%	满足
	换气次数 N_{50}	0.60	—	满足
结论	本项目技术满足《近零能耗建筑技术标准》GB/T 51350—2019 中关于零能耗建筑的要求			

（6）增量成本

申菱环境高新区智造基地研发大楼"零能耗建筑"采用主动式和被动式技术相结合，以及可再生能源的利用。被动式技术主要通过优化建筑围护结构，采用自然通风、自然采光、遮阳等技术措施降低建筑本体能源需求，主动式技术包括提升空调、照明、电梯三个建筑主要耗能系统的能效。可再生能源的利用主要设置太阳能光伏板。该项目的增量成本如表 8-18 所示。

增量成本（研发大楼）　　　　　　　　　　表 8-18

项目	被动式技术	主动式技术	可再生能源	自控系统
增量成本占比	8%	17.2%	72.9%	1.8%

4. 项目零能耗建筑标识（图 8-47）

（a）　　　　　　　　　　　　　　　　　（b）

图 8-47　项目零能耗建筑标识

（a）项目零能耗建筑设计标识；（b）项目零能耗建筑运行标识

8.1.7 上海建科徐汇科技园建科中心

1. 工程概况

（1）项目简介（图 8-48、图 8-49）

项目名称：上海建科徐汇科技园建科中心

建筑类型：公共建筑

结构形式：框架

建筑面积：6727.88m²

项目地点：上海市徐汇区

建筑类别：科研办公建筑

建设单位：上海建科集团股份有限公司

设计单位：上海建科工程咨询有限公司

咨询单位：上海市建筑科学研究院有限公司

团队成员：张颖、撒书培、张文宇、李坤、汪雨清、张景涵 、张丽娜 、林姗 、乔正珺 、邵冬祥

（2）项目概况

上海建科徐汇科技园建科中心（以下简称上海建科中心）项目位于上海市宛平南路 75 号，总建筑面积 6727.88m²（其中地上建筑面积 4304.43m²、地下建筑面积 2423.45m²），地上 4 层，地下 1 层，建筑高度 23.95m，建筑类型为科研办公建筑。采用装配式建造形式，建筑单体装配率不低于 80%。基于可持续认证的目标引领，项目建立了包括可持续场地与景观、高效结构与建材、高性能建筑表皮、综合能源利用、高效机电系统、健康室内环境在内的六大技术体系，并集成二十余项重点示范技术。该项目的实践是一次对建筑全生命周期实现碳中和路径的积极探索。

图 8-48　项目实景图

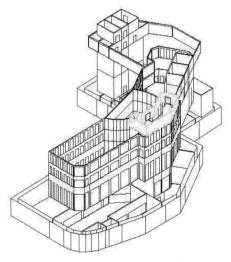

图 8-49　超低能耗模拟模型

（3）建筑平面图（图 8-50）

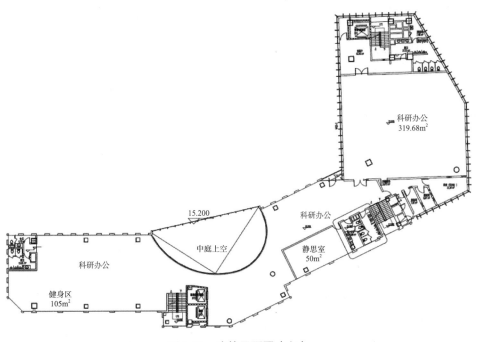

图 8-50　建筑平面图（七）

2. 项目指标要求及定位

该项目按照《上海市超低能耗建筑技术导则（试行）》中的相关指标要求，即需满足全年累计耗冷热量降低幅度 ≥ 30%，全年一次能源消耗量降低幅度 ≥ 50%，气密性指标（换气次数 N_{50}）≤ 1.0。

3. 超低能耗建筑技术方案

（1）建筑本体节能设计

1）项目规划布局、朝向及建筑体形

该项目位于上海市宛平南路 75 号，东邻复旦大学医学院，北邻多层住宅小区，南邻上海第四中学，西接宛平南路。项目朝向为南偏东 20.2°，体形系数为 0.37。

2）各朝向窗墙面积比

设计的各朝向窗墙面积比，分别如表 8-19、表 8-20 所示。

东向及南向窗墙面积比　　　　　　　　　　　　　表 8-19

朝向	东向			南向	
	立面 1（北偏东 74°）	立面 2（南偏东 45°）	立面 3（南偏东 76°）	立面 4（南偏东 22°）	立面 5（南偏西 20°）
单一立面窗墙面积比	0.56	0.53	0.86	0.39	0.67

西向及北向窗墙面积比　　　　　　　　　　　　　表 8-20

朝向	西向			北向			
	立面 6（南偏西 73°）	立面 7（南偏西 44°）	立面 8（北偏西 75°）	立面 9（北偏西 17°）	立面 10（北偏西 45°）	立面 11（北偏东 41°）	立面 12（北偏东 12°）
单一立面窗墙面积比	0.42	0.15	0.84	0.42	0.51	0.41	0.84

3）自然采光和通风技术方案

该项目办公区域内部分割以开敞式办公布局为主，通过建筑进深优化，采用透光性良好的玻璃和玻璃幕墙，以及浅色地面饰面材料改善自然采光效果。经分析，90% 以上的主要功能房间能满足国家现行标准中采光系数的要求，达到《上海市超低能耗建筑技术导则（试行）》中 75% 的功能空间采光系数满足现行国家标准《建筑采光设计标准》GB 50033 要求的规定。

该项目各主要功能空间可开启窗扇位置设置合理，采用南北通透的开窗设计，有利于增强自然通风效果，如图 8-51 所示。经分析，在过渡季典型工况下，全部功能空间室内自然通风换气次数可达到 2 次 /h，满足《上海市超低能耗建筑技术导则（试行）》75% 的功能空间在过渡季典型工况下室内自然通风换气次数达到 2 次 /h 的规定。

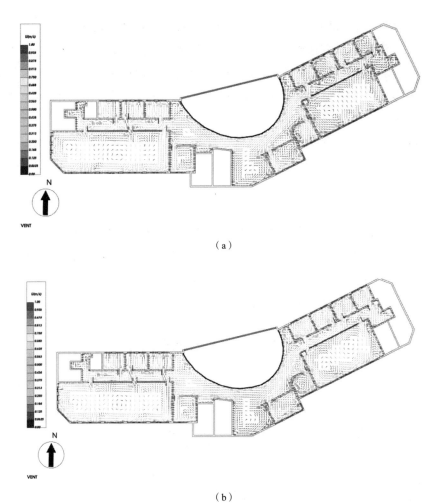

图 8-51　不同工况过渡季室内风速矢量图
（a）春季工况；（b）秋季工况

（2）围护结构节能设计

屋面：包括种植屋面和普通屋面两种节能屋面体系，均采用 65mm 厚新型保温不燃材料 STP 板作为屋面保温，保温板导热系数为 0.007W/（m·K），燃烧性能为 A 级。种植屋面传热系数为 0.13W/（m²·K），普通屋面传热系数为 0.14W/（m²·K）。

外墙：主楼外墙采用 UHPC 超高性能混凝土饰面，内嵌燃烧性能 A 级的保温岩棉板。外墙整体构造为 100mm 钢筋混凝土 +120mm 岩棉板 +UHPC 超高性能混凝土饰面，外墙平均传热系数为 0.37W/（m²·K）。

外窗：东向、南向外窗采用隔热铝合金型材、三玻两腔充氩气玻璃，西向、北向外窗采用隔热铝合金型材、三玻两腔充气双银玻璃（5 中透光 Low-E+12Ar+5+12Ar+5 双银），整体外窗传热系数为 1.40W/（m²·K），玻璃遮阳系数分别为 0.46 和 0.25。

供暖空调房间与非供暖空调房间之间的隔墙：主要构造为 20mm 水泥砂浆 +200mm 加气混凝土砌块 B06 级 +20mm 水泥砂浆，传热系数为 0.90W/（m²·K）。

供暖空调房间与非供暖空调房间之间的楼板：采用 20mm 水泥基无机保温砂浆保温，主要构造为 20mm 水泥基无机保温砂浆 +120 mm 钢筋混凝土 +20mm 水泥砂浆，传热系数为 1.99W/（m²·K）。

底部接触室外空气的架空楼板或外挑楼板：采用 100mm 岩棉板保温，主要构造为 20mm 水泥砂浆 +150mm 钢筋混凝土 +100mm 岩棉板 +20mm 石灰水泥砂浆，传热系数为 0.42W/（m²·K）。

（3）气密性控制措施

该项目采用高气密性控制措施，针对围护结构各板块结合部位，在室内侧粘贴防水隔汽膜，在室外侧粘贴防水透汽膜，并采用耐候胶、发泡聚氨酯、硅酮密封胶等封严措施，能够有效减少冬季冷风渗透，降低建筑能耗，提升室内环境舒适性。

典型部位气密性控制措施如表 8-21 所示。

典型部位气密性控制措施　　　　　　　　　表 8-21

控制部位	密性控制措施
预制墙板（UHPC 饰面）与窗拼接部位	室内侧采用防水隔汽膜，室外侧采用防水透汽膜粘贴，辅以耐候胶粘贴封严
外墙（UHPC 饰面层）与外墙（UHPC 饰面层）结合部位	室外侧采用防水透汽膜辅以耐候胶粘贴封严，空内侧采用防水隔汽粘贴
外窗与墙体（钕锌板饰面）连接部位	室内侧采用防水隔汽膜，室外侧采用防水透汽膜，结合面采用密封膏嵌缝，发泡聚氨酯填缝
穿墙管道洞口接触部位	室内侧采用防水隔汽膜，室外侧采用防水透汽膜，预压膨胀密封带及硅酮密封胶密封
柱穿架空楼板接触部位	楼板室内侧采用防水隔汽膜粘贴，楼板室外侧采用防水透汽膜粘贴，预压膨胀密封带及硅酮密封胶密封
柱穿地下空顶板接触部位	地下室顶板室内侧采用防水隔汽膜粘贴，地下室顶板室外侧采用防水透汽膜粘贴

（4）无热桥控制措施

该项目建筑每层均采用连续完整的保温层设计，针对围护结构各热桥控制部位采用多种无热桥控制措施，如隔热膜、A 级防火保温条、岩棉板、挤塑聚苯板、发泡聚氨酯、无机保温砂浆等，填充不同围护结构板块交接部位形成的热桥，实现各部位有效断热桥，保障建筑整体无热桥。

其中，外墙与外墙结合部位以及外墙与玻璃幕墙、外窗结合部位的无热桥控制措施如图 8-52 所示。

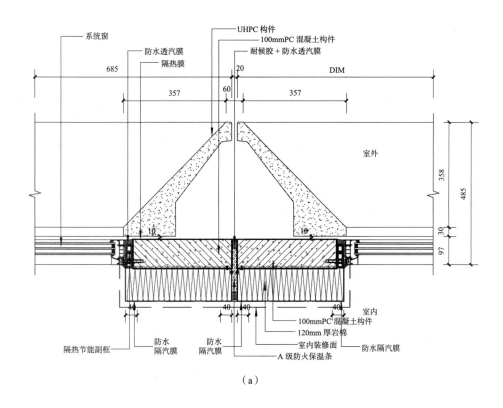

（a）

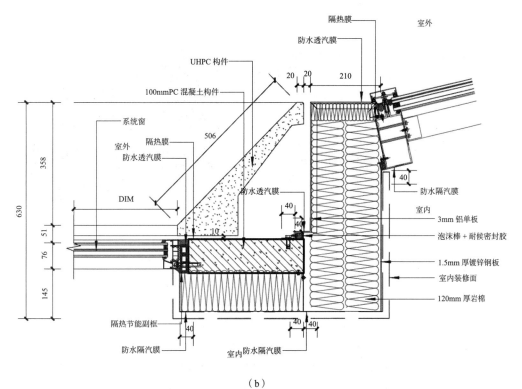

（b）

图 8-52　不同部位热桥处理措施示意

（a）外墙与外墙结合部位；（b）外墙与玻璃幕墙、外窗结合部位

（5）暖通空调设计

该项目采用高效的集中式变制冷剂流量多联机加独立新风系统。

多联机空调系统的室内机容量均根据服务的室内区域负荷确定，对应的室外机容量根据室内机容量及管长修正、高差修正、容霜修正及室外机连接率等确定。该项目选取的多联机空调系统单台制冷量为79.49～174.34kW，制热量为71.89～145.93kW，多联机空调系统室外机全年性能系数 *APF* 为4.7～5.7，机组效率均达到一级能效标准。

该项目配置了3台全热交换新风机组，机组制冷工况全热回收效率66%，制热工况全热回收效率71%。每台机组均具备旁通功能，在过渡季或室内外焓差（温差）较小时，新风可经旁通管直接进入室内，实现节能。

（6）可再生能源设计

除了常规光伏组件外，该项目还采用立面光伏幕墙集成技术、光伏光热一体化系统，如图8-53所示。

立面：与传统的薄膜光伏墙不同，该项目南立面局部外墙采用仿石材纹理晶硅发电玻璃，在幕墙单元非透明部分的上、下、左、右侧均安装立面光伏板块，在不影响玻璃透光率的情况下，可以有效利用太阳能辐射能量。立面光伏有效安装面积约200m²，安装容量21.6kW，年发电量约7900kW·h。

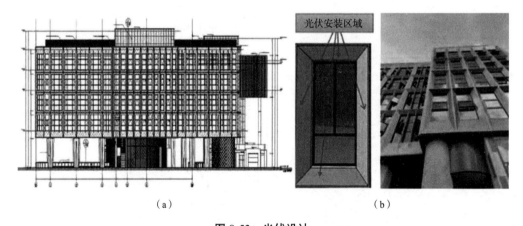

（a）　　　　　　　　　　　　（b）

图 8-53　光伏设计

（a）南向光伏幕墙布置范围示意图；（b）光伏幕墙外观图

屋面：该项目创新性地采用常规光伏与光伏光热一体化系统相结合的形式。在屋面设置PVT系统组件，将光伏发电组件与太阳能集热器有机结合，形成光伏光热一体化系统。系统在光电转换时，利用冷却介质将光伏电池片的热量回收。PVT系统不仅可以获得热收益，同时降低PV组件温度，提高光电转化效率。

屋面共设置16片发电功率为360W的PVT一体化组件与16片发电功率为545W的常规光伏组件，光伏发电系统实际安装容量14.48kW，年发电约15700kw·h；

同时，配置 1 台 PVT 专用空气源热泵热水机组，用于产生食堂所需的生活热水，额定制热量 38.85kW，额定制热效率可达 4.45。

（7）能效指标计算结果

该项目采用建筑能耗计算分析软件进行能耗指标分析，经模拟计算，能效指标结果为：全年累计耗冷热量降低幅度为 32.81%，全年一次能源消耗量降低幅度为 50.26%，结果见表 8-22、表 8-23，满足《上海市超低能耗建筑技术导则（试行）》中 3.3.2 条关于能效指标的要求。

全年累计冷热量结果汇总表　　　　　　　　　　　表 8-22

项目	基准建筑	设计建筑
全年累计热负荷指标（kW·h）	132118.38	44763.78
全年累计冷负荷指标（kW·h）	320659.68	259476.46
全年累计冷热负荷指标（kW·h）	452778.06	304240.24
全年累计耗冷热量降低幅度	32.81%	

全年供暖空调、照明、生活热水、电梯等一次能源消耗量汇总表　　表 8-23

建筑分项能耗	基准建筑	设计建筑
年供暖系统能源消耗（Eh）（kW·h）	103492.73	35064.96
年供冷系统能源消耗（Ec）（kW·h）	251183.42	145183.25
年照明系统能源消耗（El）（kW·h）	255658.14	143954.87
年生活热水系统能源消耗（Ew）（kW·h）	121806.18	65544.64
年电梯系统能源消耗（Ee）（kW·h）	38506.90	25625.88
年可再生能源发电量（Er）（kW·h）	0	32077.50
合计（kW·h/m²）	114.55	56.97
全年一次能源消耗量降低幅度	50.26%	

注：表中所有计算结果均已折算为一次能源数据。其中供暖、供冷系统能源消耗均考虑新风热回收。

（8）增量成本

与我国公共建筑节能设计标准相比，按照被动式超低能耗建筑技术标准进行设计与建造，该项目单位面积增量成本约为 1000 元 /m²，总增量成本为 725 万元，示范增量成本概算如表 8-24 所示。

增量成本概算表　　　　　　　　表 8-24

设计内容	类型	预估单价	预估总价（万元）
围护结构	真空绝热板屋面保温	160 元 /m²	28.42
	UHPC 高性能混凝土外墙装饰	材料：2156 元 /m² 安装：286 元 /m²	212.95
	岩棉板外墙保温	750 元 /m³	30
	三玻两腔充氩气双银外窗	2135 元 /m²	247.91
	电动卷帘外遮阳	399 元 /m²	33.95
设备系统	多联式机组（APF=4.8）	—	282
	独立新风热回收系统	—	31
	空气源热泵热水机组 （制热量 84kW，COP 为 4.39）	—	8.25
可再生能源系统	屋面光热光伏一体化	—	43
	HPC 立面光伏	2459 元 /m²	127.19
合计		1045 万元	
相对基准		320 万元	
增量成本		725 万元	
单位面积增量成本（元 /m²）		1077.61 元 /m²	

注：相对基准，基准建筑不采用光伏光热；且供冷供暖系统采用常规多联式热泵机组。以上价格为估算价格，仅供参考，实际增量成本根据项目具体设计参数作相应调整。

8.2　增量成本分析

由于引入各适宜性节能技术以达到被动式超低能耗建筑的标准，需要投入一部分额外的成本，故也称为被动式超低能耗建筑的节能增量成本，以下简称为增量成本。对于被动式超低能耗建筑的增量成本来说，项目的规模以及项目所在地，包括其使用功能与类型等一系列条件，都会使增量成本发生较大的差别。

增量成本又可进一步细分为：在对被动式超低能耗建筑进行前期设计阶段时，设计部门将收取一定金额的节能设计咨询费用，这部分费用也称为增量设计咨询成本；对于项目在后期运营管理与节能维护过程中产生的费用，可称为增量维修管理成本；因其额外使用高能效节能产品和技术体系而在基准成本中增加的部分费用，将称为增量建造成本。

为了研究的便利性，我们通常考虑被动式超低能耗的增量建造成本。可将被动式超低能耗住宅建筑增量成本定义为：因与基准方案住宅建筑技术选用存在差异性，为实现满足特定被动式超低能耗建筑标准要求的项目而带来项目在节能技术应用上的成本变化。可得出被动式超低能耗建筑增量成本的计算公式如下：

$$A = B - C \qquad\qquad (8\text{-}1)$$

式中：A——被动式建筑增量成本；

　　　B——被动式建筑建造成本；

　　　C——基准建筑建造成本。

　　其中，将节能率为 65% 的建筑，除热工参数及空调系统不同，其余均一致视为基准建筑。基准建筑与被动式超低能耗建筑进行建造成本对比分析，其中主要考虑外围护结构保温层增量成本、窗户增量成本、无热桥设计增量成本、空调系统增量成本以及部分检测设备增量成本。

8.2.1　保温系统增量成本分析

　　根据超低能耗案例统计外墙和屋面常用保温材料，图 8-54 给出了 26 栋超低能耗项目外墙保温材料使用情况，严寒地区超低能耗项目最多（10 栋），其次是寒冷地区（8 栋）和夏热冬冷地区（7 栋）。外墙保温材料中使用石墨聚苯板最多，有10 个项目，主要集中在严寒寒冷地区的居住建筑项目，在严寒寒冷居住建筑项目中使用率达到 73%，且均仅选择石墨聚苯板作为保温材料，未与其他材料组合使用，厚度基本在 240 ~ 300mm，夏热冬冷和夏热冬暖超低能耗项目中石墨聚苯板的厚度低于 240mm。岩棉使用率居第二，主要用于严寒和寒冷地区和夏热冬冷地区的公共建筑中，其中有两个项目是岩棉 + 真空绝热板 /EPS 保温板组合保温的形式。张时聪等研究了 64 栋超低能耗建筑的保温材料使用情况（图 8-55），其中 55 栋属于严寒和寒冷地区。围护结构保温材料以岩棉为主，接近 50 栋建筑使用了岩棉作为保温材料，其次是 XPS 和 EPS。

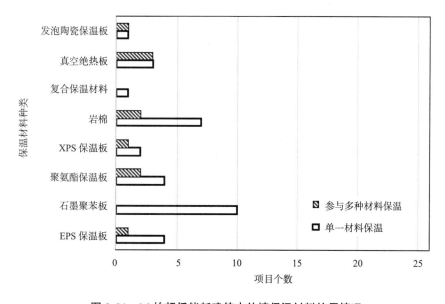

图 8-54　26 栋超低能耗建筑中外墙保温材料使用情况

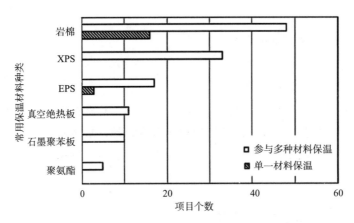

图 8-55　64 栋超低能耗建筑中保温材料使用情况

基于以上多栋超低能耗建筑案例分析，岩棉、挤塑聚苯板（XPS）、模塑聚苯板（EPS）、石墨聚苯板保温材料在超低能耗建筑中应用比较广泛。岩棉的导热系数低，防火性能好，使用寿命长，耐高温、隔热，价格便宜。岩棉的导热系数 ≤ 0.046W/（m·K），防火等级可达到 A1 级，密度在 140～200kg/m³，蓄热系数为 0.70～0.75W/（m²·K），但其吸水性强。模塑聚苯板（EPS）保温隔热性能好，抗压性能好，防水、防潮效果好，挤塑聚苯板（XPS）同样具有较好的保温隔热性能，抗水、防潮性能优越，防腐蚀、耐用。与挤塑聚苯板（XPS）相比，模塑聚苯板（EPS）的吸水率更高，其导热系数略高于挤塑聚苯板（XPS），模塑聚苯板（EPS）的导热系数 ≤ 0.037W/（m·K），挤塑聚苯板（XPS）的导热系数 ≤ 0.0334W/（m·K）（表 8-25）。石墨聚苯板是在聚苯乙烯的原材料中添加红外反射剂，导热系数性能优越，较模塑聚苯板（EPS）的保温性能提升 30%，导热系数达到 0.033W/（m·K），石墨聚苯板也是超低能耗项目首选的保温材料之一。真空绝热板的导热系数可以做到 0.012W/（m·K）以下，其导热系数是目前保温材料中导热系数最低的材料，同时防火性能可以达到 A 级，防火性能较好，所以这种材料也是超低能耗项目中较为青睐的材料，但如果发生破损，保温性能骤降。

超低能耗项目中常用保温材料的导热系数　　　　　　　　　　表 8-25

保温材料		导热系数 [W/（m·K）]	防火等级	来源
岩棉	岩棉带	≤ 0.044	A	《近零能耗建筑技术标准》 GB/T 51350—2019
	岩棉条	≤ 0.046		《建筑外墙外保温用岩棉制品》 GB/T 25975—2018
	岩棉板	≤ 0.040		
模塑聚苯板（EPS）	033 级	≤ 0.033	B	《绝热用模塑聚苯乙烯泡沫塑料（EPS）》 GB/T 10801.1—2021
	037 级	≤ 0.037		

续表

保温材料		导热系数 [W/（m·K）]	防火等级	来源
挤塑聚苯板 （XPS）	024 级	≤ 0.024	B	《绝热用挤塑聚苯乙烯泡沫（XPS）》 GB/T 10801.2—2018
	030 级	≤ 0.030		
	034 级	≤ 0.034		
石墨聚苯板		≤ 0.032	B	《近零能耗建筑技术标准》 GB/T 51350—2019

　　《近零能耗建筑技术标准》GB/T 51350—2019 和《公共建筑节能设计标准》GB 50189—2015 中各气候分区公共建筑的外墙传热系数范围如表 8-26 所示。当外墙的传热系数取《近零能耗建筑技术标准》GB/T 51350—2019 推荐范围时，与外墙热工按《公共建筑节能设计标准》GB 50189—2015 取值相比的各常用保温材料成本需增加多少有待考究。增量成本研究以各气候分区公共建筑外墙保温材料为例。以下各保温材料的价格及增量成本仅供参考。

各气候分区公共建筑外墙传热系数范围　　　　表 8-26

气候分区	传热系数 [W/（m²·K）]	
	《近零能耗建筑技术标准》GB/T 51350—2019	《公共建筑节能设计标准》GB 50189—2015
严寒地区	0.10 ~ 0.25（高指标~低指标）	≤ 0.38（严寒 A 区甲类公共建筑，体形系数 ≤ 0.30）
寒冷地区	0.10 ~ 0.30（高指标~低指标）	≤ 0.50（寒冷地区甲类公共建筑，体形系数 ≤ 0.30）
夏热冬冷地区	0.15 ~ 0.40（高指标~低指标）	≤ 0.80（夏热冬冷地区甲类公共建筑，热惰性指标 D>2.5）
夏热冬暖地区	0.30 ~ 0.80（高指标~低指标）	≤ 1.5（夏热冬暖地区甲类公共建筑，热惰性指标 D>2.5）
温和地区	0.20 ~ 0.80（高指标~低指标）	≤ 1.5（温和地区甲类公共建筑，热惰性指标 D>2.5）

　　由 65% 节能率标准提升至超低能耗或近零能耗建筑，岩棉板、难燃型膨胀聚苯板、难燃型挤塑聚苯板和石墨聚苯板，增加的保温厚度最大可分别达到 345mm、270mm、245mm 和 270mm。增量成本与基准指标（基于《公共建筑节能设计标准》GB 50189—2015）呈正相关关系，寒冷地区基准指标为 0.50W/（m²·K），指标要求低于严寒地区，因此尽管对于严寒和寒冷地区，高指标均为 0.10W/（m²·K），但寒冷地区的岩棉板增量成本高于严寒地区，约高 10 元 /m²。寒冷地区达到高指标的岩棉板增量成本最大，需 138.0 元 /m²，其次是严寒地区的 128.0 元 /m² 的增量成本，严寒和寒冷地区达到低指标的增量成本则相反（图 8-56）。

　　目前很多超低能耗项目集中在严寒和寒冷地区，其他气候分区正处于尝试阶段，尤其是夏热冬暖和温和地区，由于气象条件不似严寒寒冷地区严苛，供暖和空调度日数较小，所以满足超低能耗水平要求的保温材料无须过厚，同时增量成本也较严寒和寒冷地区更少。由于夏热冬暖和温和地区超低能耗低指标为 0.80W/（m²·K），可能建筑主体的自保温便可满足传热系数要求，所以该地区的外墙主体层的保温材料增量成本较低，甚至为 0 也不足为奇。

满足超低能耗高指标要求时，难燃型膨胀聚苯板、难燃型挤塑聚苯板和石墨聚苯板的增量成本变化趋势与岩棉板相同，寒冷地区的增量成本最高，其次是严寒地区，夏热冬暖地区的增量成本最低。据了解，岩棉市场价格约为 400 元 /m³，难燃型膨胀聚苯板单价为 330 元 /m³ 左右，难燃型挤塑聚苯板价格为 680 元 /m³，石墨聚苯板市场价格在 600 ~ 700 元 /m³（实际价格以各地区实际市场价格为准）。难燃型挤塑聚苯板和石墨聚苯板单价高于岩棉板和难燃型膨胀聚苯板，所以其增量成本高于后两种保温材料，难燃型膨胀聚苯板增加的成本最少。由于岩棉板的价格相对便宜，所以在四种保温材料中即使保温厚度增加最多，但成本增加量并不居于首位。

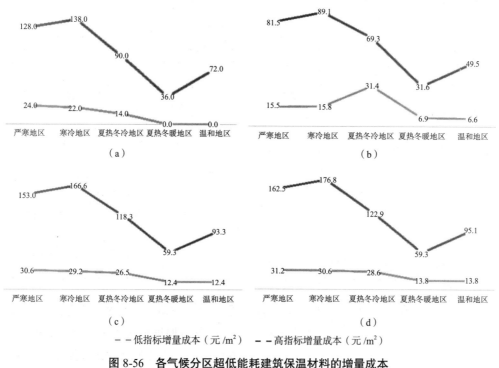

图 8-56　各气候分区超低能耗建筑保温材料的增量成本
（增量成本单位是元 /m²，按照该保温材料使用面积进行统计，非建筑面积）
（a）岩棉板；（b）难燃型膨胀聚苯板；（c）难燃型挤塑聚苯板；（d）石墨聚苯板

8.2.2　窗体系统增量成本分析

根据《建筑节能门窗》16J607，整窗传热系数 K =1.0 ~ 1.4W/（m²·K），建议选用玻纤聚氨酯窗、铝包木窗，聚氨酯复合窗、断热铝等高性能门窗，第 7 章节重点关注了该部分内容。

表 8-27 汇总了 20 栋超低能耗建筑主要使用的玻璃材料，使用三玻、双 / 三层 Low-E、充氩气和暖边技术偏多，这也是超低能耗建筑中较为常用的外窗方案。

20 栋超低能耗建筑主要使用的玻璃材料　　　　表 8-27

玻璃材料	层数		Low-E 玻璃				氩气		暖边	银层	
	双层	三层	普通玻璃	单层	双层	三层	充氩气	单层充氩气		单银	三银
三玻两腔		√	√								
三玻两腔充氩气		√	√				√				
双层 Low-E 充氩气	√			√							
双层 Low-E 三玻两腔		√		√							
双层 Low-E 充氩气，暖边	√			√			√		√		
单层 Low-E 三玻两腔 单层充氩气，单层充空气		√		√				√			
双层 Low-E 三玻两腔充氩气		√		√			√				
双层 Low-E 三玻两腔充氩气，暖边		√		√			√		√		
Low-E 三玻两腔充氩气		√				√	√				
单层 Low-E 双玻两腔充氩气	√			√			√				
双层 Low-E 三玻两腔		√		√							
Low-E 三玻两腔，暖边		√				√			√		
Low-E 三玻两腔，三银		√				√					√
Low-E 三玻两腔，暖边，单银		√				√			√		√

　　门窗价格主要是由窗框五金件型材形式、厂家品牌决定，对于窗框型材及玻璃价格的确定，国内外品牌和小厂家价格差别较大，所以具体价格应根据实际项目选型、地区和厂家确定，本节关于窗体系统的成本分析仅供参考。

　　（1）断热铝合金平开窗 6Low-E+12A+6 为 500 ~ 550 元 /m²；玻璃纤维聚氨酯平开窗 6Low-E+12Ar+6 为 600 ~ 700 元 /m²。

　　（2）PVC（塑钢窗框）相对断热铝合金便宜 30% ~ 50%，减少约 150 元 /m²，整窗为 350 ~ 450 元 /m²。

（3）玻璃纤维聚氨酯窗与断热铝合金窗框相比贵 30%，增加 30 ~ 50 元 /m²，整窗贵 80 ~ 100 元。

（4）铝木复合窗框相对断热铝合金窗框贵 200 元 /m²，约 800 元 /m²。

（5）中空内置百叶一体化玻璃相对普通中空玻璃成本增加 300 元 /m² 左右；铝合金双玻中空窗现价为 800 ~ 1000 元 /m²。

（6）双玻中空玻璃与三玻两腔中空玻璃成本增加 70 ~ 80 元 /m²；为 380 ~ 390 元 /m²。

（7）双玻中空玻璃约平时价格为 310 ~ 320 元 /m²。

（8）暖边与非暖边增加 10 元 /m²。

（9）中空玻璃空气与充氩气增加 5 ~ 10 元 /m²。

（10）单银与双银三银分别约增加 10 元 /m²、20 元 /m²。

（11）双玻真空中空玻璃，玻璃价格在 1000 元 /m² 以上，整窗铝合金在 1200 ~ 1500 元 /m²，缺点是价格贵，且厂家质保期短，国内 4 ~ 5 家厂家生产，产能有限，因此市面上该种窗型较少。

8.2.3 空调供暖系统增量成本分析

由于空调系统能耗是建筑能耗较为重要的一部分，为了实现降本增效，提升围护结构性能，使用性能更好的空调系统是必要措施，因此分析空调系统的增量成本可以为后续选择空调系统时提供参考价值。

图 8-57 为 13 个典型案例的空调系统类型统计，这些案例分别来自严寒和寒冷地区、夏热冬冷地区以及夏热冬暖地区。除图中案例列举外，根据以往各个地区的项目来看，居住建筑均使用多联机加新风热回收系统，公共建筑则以风机盘管加新风系统居多，搭配的冷热源机组多为空气源热泵、电制冷机组，其余项目使用了地源热泵。

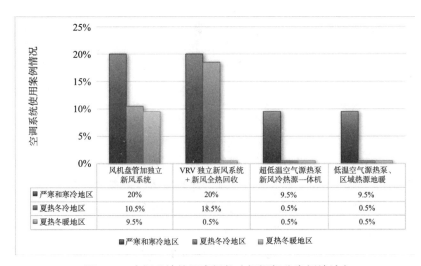

图 8-57 空调系统使用案例数（根据部分案例统计）

在此基础上进行增量成本分析，如表 8-28 所示（数据来源于统计结果）。

各类气候分区下不同空调系统的增量成本分析　　　　　　　　　　表 8-28

空调系统类型	增量成本（元 /m²）			
	严寒和寒冷地区		夏热冬冷地区	
	新风系统	冷热源机组	新风系统	冷热源机组
风机盘管加独立新风系统	177	−30	78.48	51.74
VRV 多联机系统＋新风全热回收	377	−108	320	147
超低温空气源热泵新风冷热源一体机	72	180	—	—
低温空气源热泵、区域热源地暖	59.3	203	—	—

上述增量成本的分析，对于对比建筑，严寒和寒冷地区居住建筑满足《严寒和寒冷地区居住建筑节能设计标准》JGJ 26—2018 的规定，夏热冬冷地区则满足《夏热冬冷地区居住建筑节能设计标准》JGJ 134—2010 的规定，公共建筑满足《公共建筑节能设计标准》GB 50189—2015 的规定。新风系统选择是超低能耗建筑设计过程中的重要环节，在各类空调系统中都扮演着重要角色，尤其是在多联机加新风系统中，增量成本尤为显著，这也与其本身的系统工作原理相关，一般此类系统的新风是单独处理的，不方便借助冷热源机组的辅热。对于冷热源机组，在夏热冬冷地区，有些机组选型出现成本的负增长，由此可见超低能耗围护结构优化设计的必要性及效果的显著性，因建筑冷、热负荷均有所下降，不需要制冷、制热量更大的机组，进而节约成本。而在严寒和寒冷地区，空调系统能耗主要集中在供暖上，随着围护结构性能的提升，热负荷有所降低，但选择技术更加先进、性能更好的空气源热泵同样会增加成本。

8.2.4　增量成本变化

在总建筑成本中，超低能耗的增量成本占 20%～40%。超低能耗建筑的增量成本中，被动式技术成本占比最大，占 47%～66%，主动式技术和可再生能源等系统对增量成本的影响也不可忽视，但其增量成本跨度较大，分别在 8%～20%、8%～45% 范围内浮动。图 8-58 是 2016～2018 年多栋超低能耗示范项目的增量成本变化，数据来源于张时聪等的统计结果。办公建筑的增量成本降低幅度最大，达到 820 元 /m²，居住建筑的增量成本略低于办公建筑，降低幅度达到 700 元 /m²，由于办公建筑的成本稍高于居住建筑，所以相对来说居住建筑的增量成本降低比例略高于公共建筑，达到 53.8%，而公共建筑的增量成本降低比例为 50.6%。学校建筑的增量成本降低幅度及比例最低，分别为 540 元 /m² 和 35.1%。

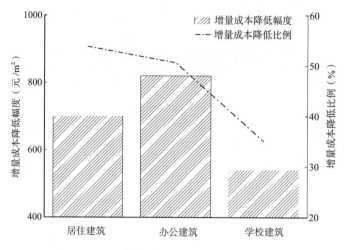

图 8-58　超低能耗示范项目增量统计

为满足超低能耗建筑的要求，在围护结构方面，建筑中主要考虑的技术措施有优化建筑外围护结构、外窗、外遮阳、热桥节点设计等技术措施，在空调供暖系统中，主要从新风热回收系统、冷热源设备等角度节能，同时兼顾考虑可再生能源系统，如图 8-59（a）所示。在众多技术措施中，优化外墙保温系统和外窗系统、使用新风热回收系统、提高冷热源设备的能效、进行断热桥设计措施使用频率较高。

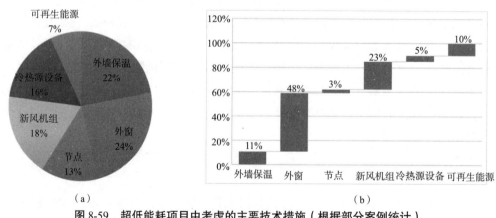

（a）　　　　　　　　　　　　　　　　（b）

图 8-59　超低能耗项目中考虑的主要技术措施（根据部分案例统计）
（a）主要使用的技术措施占比；（b）各技术措施增量成本占比

在上述提到的各项技术措施中，外窗系统和新风热回收系统所产生的增量成本居前两位，如图 8-59（b）所示，两者增量成本占比超过 50%。其次是外墙保温系统和可再生能源，这两者的增量成本占总增量成本的 10% 左右。本节技术措施是根据部分案例进行统计的，实际项目中也存在其他技术措施，根据 2020 年中国建筑科学研究院发布的《近零能耗建筑规模化推广政策》中，各个示范超低能耗建筑中更详尽地统计了被动技术、主动技术和可再生能源系统（图 8-60）。对于被动式技术，各示范项目强化了自然采光和自然通风设计，积极推进光导、蓄热和地道通风技术；对于主动技术，高效照明、通风热回收和选择节能电器是节能降碳的主要措施；光伏、地源热泵、光热、空气源热泵在超低能耗项目中被广泛使用。

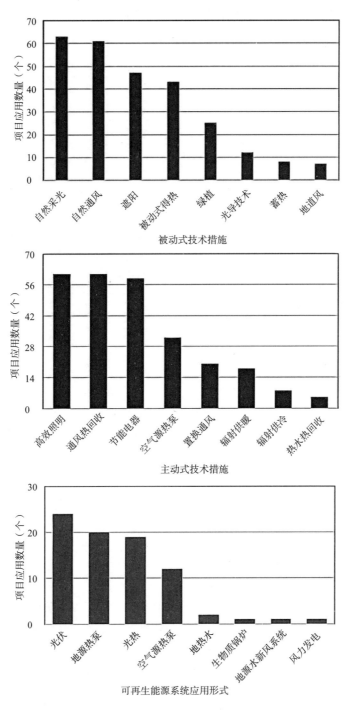

图 8-60 示范项目中各项技术措施

我国早期的超低能耗项目大多是在严寒和寒冷地区，主要借鉴德国被动房的技术体系，随着我国建筑节能技术的发展，超低能耗建筑案例逐渐增多，并向近零能耗的方向继续发展，我国也在不同地区进行被动房推广技术的尝试。在先进建筑节能技术的推进、部品逐渐的发展和升级以及政府政策的支持下，超低能耗建筑建造面积和项目数量逐年增长，我国超低能耗项目的增量成本呈下降趋势。

第 9 章

超低能耗建筑评审流程及测评机构

近年来，随着人们对环境保护和可持续发展的重视，超低能耗建筑在建筑行业中逐渐兴起，各地陆续涌现出一批超低能耗、近零能耗项目。为了实现超低能耗的规模化发展，各地也陆续出台了评审管理办法，本章节将对中国建筑节能协会发布的《近零能耗建筑测评管理办法》及地方主管部门发布的测评管理办法进行重点介绍，以便读者对超低能耗测评流程有更加清晰的了解。

9.1 中国建筑节能协会评审流程

我国超低能耗、近零能耗及零能耗建筑测评流程主要是根据中国建筑节能协会发布的《近零能耗建筑测评管理办法》开展，测评流程通常包括以下步骤：

（1）概念设计阶段：在此阶段，建筑设计团队会对超低能耗建筑的概念进行初步设计，包括建筑结构、采光、节能设备等方面的考虑。

（2）能源模拟分析：通过能源模拟软件，对建筑进行能源效率评估，包括对建筑外壳、通风、空调、采光等系统的能源消耗进行模拟分析，评估建筑的能源需求和效率。

（3）资料准备：建筑设计团队需要准备相关的设计文档、材料选用信息、设备参数等，以便进行测评。

（4）提交测评机构：提交准备好的资料给相关的测评机构或认证机构，进行正式的超低能耗建筑测评申请。

（5）测评审核：测评机构会对提交的资料进行审核，包括设计文件、能源模拟分析结果等，确保建筑设计符合超低能耗标准要求。

（6）测评结果：测评机构会根据审核结果给出评定意见，认证建筑是否达到超低能耗标准，如果未达标，则可能要求设计团队进行调整或改进。

以上是一个一般的超低能耗建筑测评流程。

9.1.1　评价总则

（1）为切实提升我国建筑能效水平，规范超低能耗建筑、近零能耗建筑、零能耗建筑评价工作，引导建筑节能行业健康有序发展，制定《近零能耗建筑测评管理办法》（以下简称本办法）。

（2）本办法所称的近零能耗建筑评价（以下简称评价），是指依据《近零能耗建筑技术标准》GB/T 51350—2019 和中国建筑节能协会《近零能耗建筑测评标准》T/CABEE003—2019 等相关标准，对申请主体提供的建筑物，按照本办法规定的程序和要求，认定建筑能耗水平是否达到超低能耗建筑、近零能耗建筑、零能耗建筑相关节能要求并进行登记信息性标识的评价活动。

（3）本办法适用于居住和公共建筑评价的组织实施与管理。评价以单栋建筑为对象。

（4）评价工作分为设计评价、施工评价和运行评价三个阶段。建筑施工图设计文件审查通过后可进行设计评价，建筑物完成竣工验收可进行施工评价，建筑物投入使用 1 年后可进行运行评价。

其中，关于评价机构的事务和评价方式如下：

（1）中国建筑节能协会（以下简称协会）成立近零能耗建筑评价管理办公室（以下简称"评管办"）负责协会的日常评价管理与推广工作，包括选定与监督第三方评价机构、评价管理以及受理查询与投诉事务。

（2）协会采用国际通用的质量评价手段，授权经协会评审的第三方评价机构对建筑进行评价。

（3）评管办定期对评价机构进行评定，或组织评价机构间的同行评审，每三年一次公布合格的第三方评价机构名录。

9.1.2　评价程序

1. 申请

评价的申请可由业主单位、房地产开发单位向第三方评价机构提出，鼓励设计单位、施工单位和物业管理单位等相关单位共同参与申请。申请单位应当提供真实、完整的申报材料。

2. 形式审查和技术预审

第三方评价机构在收到申请资料后 10 个工作日内进行形式审查和技术预审，若资料齐全，且通过技术预审，则进行评价工作；若预审不合格，申请单位需对材料进行整改后再次提交申请。

3. 评价

正式受理评价申请后，第三方评价机构组建评价专家组。评审前至少提前 5 个工作日将申请资料、专家名单（推荐）、评审议程报评管办。评管办批准同意评审方案后，第三方评价机构组织专家进行评审。

4. 评审结果报送

评审通过的项目，由第三方评价机构在 10 个工作日内将资料报送评管办；对原则上通过，但需要补充解释性材料或部分内容修改的项目，由申请单位 5 个工作日内根据评审意见提交补充材料或修改内容函复申请第三方评价机构；未通过的项目，第三方评价机构在评审结论作出后 5 个工作日内通知申请单位。

5. 结果公示

通过评价的项目以中国建筑节能协会文件在中国建筑节能协会官网（www.cabee.org）进行公示，公示期结束，无异议项目颁发证书并授予标识使用权。

9.1.3 评价证书

1. 统一规定

评管办统一规定近零能耗建筑评价证书的格式、内容和近零能耗建筑标识的样式、种类。

2. 评价证书基本内容：

（1）评价申请人名称、地址；

（2）评价项目名称、地址；

（3）评价依据；

（4）评价模式（需要时）；

（5）发证日期和有效期限；

（6）发证机构；

（7）证书编号；

（8）其他需要标注的内容。

3. 证书有效期

预评价和正式评价证书有效期 2 年，运行评价证书有效期 5 年。

9.1.4 结果采信

（1）项目中如选用获得协会推广目录中的产品或通过绿色建材评价的产品（在有效期内），可直接采信其结果，不必重复检测。

（2）获证项目相关信息纳入中国近零能耗建筑评价项目在线数据库与中国好建筑项目宣传平台，向社会公众公开。

（3）获证项目同时获得中国好建筑商标—华夏好建筑宣传使用权。

9.1.5 评价费用

协会不收取任何评价费用，评价工作由第三方评价机构组织开展，由第三方评价机构与申请单位签署服务合同并合理收取相关评价费用。

9.1.6 评价标识建筑提交材料清单

（1）评价标识申报声明。

（2）建筑基本信息表（附件2文件）。

（3）项目技术方案。包括但不限于：项目概述、效果图、关键技术指标计算及技术途径、建筑设计（整体布局、体形系数、窗墙面积比）、围护结构设计（保温及门窗性能）、气密性及无热桥设计、冷热源及末端设计和控制策略、生活热水、电气节能、可再生能源应用等情况。

（4）节能计算书。包括但不限于：软件介绍、建模方法、关键参数设置、系统建模、负荷/能耗模拟计算结果及分析。

（5）主要施工图及计算书。包括但不限于：总平面图、效果图、建筑立面/剖面/典型层平面图、建筑设计说明、工程做法表、关键节点大样图、防结露计算、暖通设计说明、系统图、设备列表、可再生能源设计资料、生活热水系统图、电气设计说明、照明节能设计、能耗监测（可根据项目进展情况提供）等图纸和计算书。

（6）气密性测试结果。具有相关资质的检测单位出具的检测报告。

（7）施工质量控制文件。包括但不限于：施工单位声明（安全施工、竣工验收）、设计变更及工程洽商、主要使用部品材料的技术参数及检验/检测报告、机电系统工程调试报告及施工过程控制照片。

（8）运行文件。包括但不限于：建筑一年以上室内环境与分项计量能耗数据及能耗统计分析报告，计量仪表校核报告。居住建筑典型户电表、气表计量报告、光伏发电系统转换效率测试报告、太阳能热利用系统及地源热泵系统热泵机组的运行记录及性能检测报告。

注：申请近零能耗建筑预评价请提供1~5项；申请正式评价请提供1~7项；申请运行评价请提供1~8项。

9.2 地方主管部门评审流程

以上海超低能耗建筑项目全过程管理指南为例。

申报流程如下：

1. 设计阶段

（1）超低能耗专项技术方案评估：设计方案报批通过前完成上会，获得超低能耗认定意见及面积认定书并获得认定意见，此阶段获得超低能耗认定意见及面积认定书。

（2）施工图设计完成后，建设单位组织施工图专项论证：此阶段将项目超低能耗技术方案施工图设计完成后的指标性能在施工图审查环节予以固化。

（3）施工图审查环节：建设单位委托审图机构一并审查超低能耗技术方案在施

工图中的落实情况，此阶段确认技术方案评估、施工图专项论证专家意见落实情况。

2. 施工阶段

（1）现场施工：材料、机电设备检验报告，现场施工材料、机电设备复验报告，施工影像资料。

（2）隐蔽工程：测评机构至少开展 2 次现场核查。包含外墙保温施工、门窗安装施工、穿墙管道施工阶段开展隐蔽工程核查，发现现场专项检测问题列入测评整改意见。

（3）现场专项检测：建设单位委托专业检测机构进行现场专项检测，出具第三方专项检测报告（7 项）。

3. 竣工验收阶段

（1）超低能耗建筑项目测评：测评通过后获得测评报告和意见。

（2）综合竣工验收备案。

（3）超低能耗示范项目财政补贴申请：申请财政补贴项目完成综合竣工验收备案后进行超低能耗测评，申请补助只能容积率计算支持和财政补贴二选一。

9.3　测评机构

为推动我国近零能耗建筑发展，规范超低能耗建筑、近零能耗建筑、零能耗建筑测评工作，中国建筑节能协会根据《近零能耗建筑测评管理办法》的要求和程序公布 2024 年测评机构，名单详见表 9-1。

中国建筑节能协会 2024 年近零能耗建筑测评机构名单　　　　表 9-1

序号	机构名称	机构类型	单位地址	联系方式
1	中国建筑科学研究院有限公司	国有企业	北京市北三环东路 30 号	评价机构联系方式详见中国建筑节能协会官网
2	中国质量认证中心有限公司	国有企业	北京市丰台区南四环西路 188 号 9 区	
3	上海市建筑科学研究院有限公司	国有企业	上海市宛平南路 75 号 1 号楼	
4	深圳市建筑科学研究院股份有限公司	其他	广东省深圳市福田区上梅林梅坳三路 29 号建科大厦	
5	四川省建筑科学研究院有限公司	国有企业	成都市金牛区一环路北三段 55 号	
6	河南省建筑科学研究院有限公司	其他	河南省郑州市金水区丰乐路 4 号	
7	辽宁省建设科学研究院有限责任公司	国有企业	沈阳市和平区和平大街 88 号	
8	陕西省建筑科学研究院有限公司	科研机构	陕西省西安市莲湖区环城西路北段 272 号	
9	天津市建筑设计研究院有限公司	国有企业	天津市河西区气象台路 95 号	
10	河北省建筑科学研究院有限公司	国有企业	河北省石家庄市鹿泉区上庄镇槐安西路 395 号	

序号	机构名称	机构类型	单位地址	联系方式
11	山东省建筑科学研究院有限公司	其他	山东省济南市天桥区无影山路 29 号	
12	公信检测（山东）有限公司	其他	青岛市崂山区泉岭路 8 号中商国际大厦 10 楼	
13	吉林省建筑科学研究设计院	事业单位	吉林省长春市春城大街 4398 号	
14	苏州市建筑科学研究院集团股份有限公司	其他	江苏省苏州市吴中经济开发区越溪街道吴中大道 1368 号 3 幢	
15	建科环能科技有限公司	国有企业	北京市朝阳区北三环东路 30 号	
16	华东建筑集团股份有限公司	国有企业	上海市静安区石门二路 258 号	
17	天津建科建筑节能环境检测有限公司	国有企业	天津市河东区上杭路万和里 7 号	
18	江苏省建筑科学研究院有限公司	科研机构	江苏省南京市鼓楼区北京西路 12 号	
19	浙江省建筑科学设计研究院有限公司	国有企业	浙江省杭州市西湖区文二路 28 号	
20	北京中建筑科学研究院有限公司	国有企业	北京市丰台区南苑新华路甲 1 号	
21	中国建筑设计研究院有限公司	国有企业	北京市西城区车公庄大街 19 号	
22	水发能源工程技术（珠海）有限公司	其他	广东省珠海市高新区科技创新海岸金珠路 9 号	评价机构联系方式详见中国建筑节能协会官网
23	中建生态环境集团有限公司	国有企业	北京市海淀区三里河路 15 号中建大厦 A 座 17 层	
24	重庆市绿色建筑与建筑产业化协会 重庆筑能建设工程质量检测有限公司	社会团体 / 其他	重庆市渝北区龙溪街道华怡路 23 号	
25	大连市绿色建筑行业协会 大连市建筑工程质量检测中心有限公司	社会团体 / 其他	辽宁省大连市沙河口区东北路 99 号亿达广场 4 号楼 5 楼	
26	深圳市绿色建筑协会 深圳市建研检测有限公司	社会团体 / 其他	广东省深圳市福田区深南中路 1093 号中信大厦 1502	
27	广东省建筑节能协会 华南理工大学	社会团体 / 事业单位	广州市越秀区解放北路 801 号桂冠大厦 13 楼	
28	北京建筑节能研究发展中心	事业单位	北京市朝阳区香河园街道光熙门北里 29 号	
29	广西壮族自治区建筑科学研究设计院	国有企业	广西壮族自治区南宁市北大南路 17 号	
30	山西省建筑科学研究院集团有限公司	国有企业	山西省太原市迎泽区山右巷 10 号	
31	云南省建筑科学研究院有限公司	国有企业	云南省昆明市五华区学府路 150 号	
32	湖北省建筑工程质量监督检验测试中心有限公司	国有企业	湖北省武汉市汉南区纱帽街兴三路 269 号	
33	江苏城工建设科技有限公司	国有企业	江苏省常州市五一路 303 号	

续表

序号	机构名称	机构类型	单位地址	联系方式
34	福州市建筑设计院有限责任公司	国有企业	福建省福州市闽侯县南屿镇乌龙江南大道 26 号	
35	广州建设工程质量安全检测中心有限公司	国有企业	广州市白云区白云大道北 833 号一、三、四层	
36	湖南省建设工程质量检测中心有限责任公司	国有企业	湖南省长沙市雨花区金海路 128 号国际研创中心 9 栋	
37	北京市建设工程质量第二检测所有限公司	国有企业	北京市西城区南礼士路 62 号 25 号楼 7 层	
38	北京清华同衡规划设计研究院有限公司	国有企业	北京市海淀区清河中街清河家园东区甲一号	
39	中冶检测认证有限公司	国有企业	北京市海淀区西土城路 33 号	
40	建银工程咨询有限责任公司 北京市建设工程质量第六检测所有限公司	国有企业	北京市海淀区西三环北路甲 2 号院 2 号楼 7 层	
41	浙江大学建筑设计研究院有限公司	国有企业	浙江省杭州市天目山路 148 号浙江大学西溪校区东一楼	
42	武汉华中科大检测科技有限公司	国有企业	湖北省武汉市洪山区珞瑜路 1037 号华中科技大学西六楼	评价机构联系方式详见中国建筑节能协会官网
43	黑龙江省寒地建筑科学研究院	事业单位	黑龙江省哈尔滨市南岗区清滨路 60 号	
44	内蒙古自治区建设工程质量检测鉴定和能效测评中心（内蒙古自治区建筑勘察技术服务中心）	事业单位	内蒙古自治区呼和浩特市金桥开发区景观大道锦绣嘉苑 B12 楼	
45	沈阳市绿色建筑协会 北方测盟科技有限公司	社会团体/其他	辽宁省沈阳市和平区和平南大街 84 号	
46	青岛市建筑节能与绿色建筑协会 青岛市建筑材料研究所有限公司	社会团体	山东省青岛市崂山区泉岭路 8 号中商国际大厦 23 楼	
47	陕西省建筑节能协会 陕西省建筑工程质量检测中心有限公司	社会团体/国有企业	陕西省西安市新城区南新街 30 号	
48	安徽省建筑节能与科技协会 安徽建工检测科技集团有限公司	社会团体/国有企业	安徽省合肥市紫云路 996 号	
49	青海省建筑节能协会 青海省建筑建材科学研究院有限责任公司	社会团体/国有企业	青海省西宁市五四西路 65 号青海建设 515	
50	湖北省建筑节能协会 湖北省产品质量监督检验研究院	社会团体/事业单位	湖北省武汉市武昌区中南路 12 号建设大厦 9 楼	
51	雄安绿研检验认证有限公司	其他	河北省保定市容城县城关镇东关村朝阳社区安东大街 44 号	
52	常州市建筑科学研究院集团股份有限公司	其他	江苏省常州市钟楼区木梳路 10 号	

序号	机构名称	机构类型	单位地址	联系方式
53	淮安市建筑工程质量检测中心有限公司	其他	江苏省淮安市枚乘西路 28 号	评价机构联系方式详见中国建筑节能协会官网
54	西藏自治区勘察设计与建设科技协会 四川省建筑设计研究院有限公司	社会团体 / 国有企业	拉萨市城关区林廓北路 17 号	
55	福建省海峡绿色建筑发展中心 福建省建筑工程质量检测中心有限公司	社会团体 / 国有企业	福建省福州市高新区高新大道 58-1 号	
56	江西省建筑技术促进中心	事业单位	江西省南昌市东湖区文教路 418 号	
57	甘肃省建设科技与建筑节能协会 甘肃土木工程科学研究院有限公司	社会团体 / 国有企业	兰州市城关区段家滩路 1188 号	
58	沈阳建大工程检测咨询有限公司	其他	辽宁省沈阳市浑南区高歌路 7-2 号	
59	宝业集团浙江建设产业研究院有限公司	其他	浙江省绍兴市柯桥区瓜渚东路 1687 号	
60	贵州省建筑科学研究检测中心	事业单位	贵州省贵阳市南明区甘荫塘甘平路 4 号	
61	宁夏建筑科学研究院集团股份有限公司	其他	银川市经济技术开发区济民东路 35 号	
62	海南方圆建设工程检测有限公司	其他	海南省海口市城西镇坡崖村梧桐路(景观塔前 100 米)	
63	中新天津生态城环境与绿色建筑实验中心有限公司	国有企业	中新天津生态城动漫中路 334 号创展大厦 B 区 1 层 108 号	

参考文献

[1] 清华大学建筑节能研究中心 . 中国建筑节能年度发展研究报告 2019 [M]. 北京：中国建筑工业出版社，2019.

[2] 国家统计局 . 中华人民共和国 2020 年国民经济和社会发展统计公报 [R].2021.

[3] 钱柏章 . 节能减排——可持续发展的必由之路 [M]. 北京：科学出版社，2008.

[4] Ye Y，Zuo W，Wang G. A comprehensive review of energy-related data for U.S. commercial buildings[J]. Energy and Buildings，2019，186：126-137.

[5] 徐伟 . 中国近零能耗建筑研究和实践 [J]. 科技导报，2017，35（10）：38-43.

[6] 袁镔，本刊编辑部 . 近零能耗建筑的现状与未来——中国建筑科学研究院建筑环境与节能研究院徐伟院长访谈 [J]. 动感（生态城市与绿色建筑），2016（3）：14-17.

[7] 朱玲玲，张梦蝶，张绮英资，等 . 发达国家零能耗建筑对我国的启示 [J]. 中外企业家，2013，000（35）：196-197.

[8] Harvey L D D. Recent advances in sustainable buildings：teview of the energy and cost performance of the state-of- the-art best practices from around the world[C]//Gadgil A，Liverman D M. Annual Review of Environment and Resources. 2013：281-309.

[9] Feist W，Schnieders J，Dorer V，et al. Re-inventing air heating：convenient and comfortable within the frame of the Passive House concept[J]. Energy and Buildings，2005，37（11）：1186-1203.

[10] Yang X，Zhang S，Xu W. Impact of zero energy buildings on medium-to-long term building energy consumption in China[J]. Energy Policy，2019，129：574-586.

[11] 陈亚君 . 建立低碳居住系统——南京锋尚绿色建筑设计 [J]. 建筑学报，2013（3）：34-37.

[12] 施彭格勒 - 维朔勒克，迪特尔特 - 罗伊姆许塞 . 2010 上海世博会汉堡之家 [J]. 世界建筑，2010（2）：84-87.

[13] 吴韬，郭晓晖，邢晓春，等 . 能源自给自足的绿色办公楼——宁波诺丁汉大学可持续能源技术研究中心 [J]. 建筑学报，2008（10）：84-87.

[14] 崔晓强，张松 . 广州珠江城绿色超低能耗关键施工技术 [J]. 施工技术，2011，40（4）：28-31.

[15] 江亿 . 清华大学超低能耗示范楼实践 [J]. 电脑知识与技术，2006（Z1）：116-123.

[16] 林宪德 . 台湾第一座零碳绿建筑——成功大学绿色魔法学校 [J]. 建设科技，2011（2）：35-39.

[17] 赵伟先，张彦栋，方旦 . 居于天地——零碳建筑设计的探索之路 [J]. 绿色建筑，2015，7（3）：24-26.

[18] 孙玲，董维华 . 中新生态城零能耗建筑的光伏发电系统设计 [J]. 智能建筑电气技术，2015，9（3）：34-40.

[19] 靳建华 . "零能耗"建筑实践——尚德太阳能电力有限公司研发楼设计实践 [J]. 建筑学报，

2011（9）: 17-19.

[20] 李兆坚，江亿. 我国广义建筑能耗状况的分析与思考 [J]. 建筑学报，2006（7）: 30-33.

[21] 房建军. 光储直柔在整县光伏开发中的应用分析 [J]. 建筑节能（中英文），2024，52（1）: 120-123.

[22] 张时聪，吕燕捷，徐伟. 64 栋超低能耗建筑最佳案例控制指标和技术路径研究 [J]. 建筑科学，2020，36（6）: 7-13，135.

[23] 于震，刘伟. 中国被动式超低能耗建筑发展现状及展望 [J]. 电力需求侧管理，2018，20（5）: 1-4.